电气工程识图·工艺·预算

主 编 方翠兰 许 军 易德勇
参 编 李晋旭 胡 犀

北京理工大学出版社
BEIJING INSTITUTE OF TECHNOLOGY PRESS

内 容 提 要

本书共分为7章，主要包括绪论、电气工程识图基本知识和变配电工程、照明配电工程、电缆工程、防雷工程的识图、构造、施工工艺与计量计价等内容。

本书可作为高等院校土木工程类相关专业的教材，也可供工程造价管理人员学习参考。

图书在版编目（CIP）数据

电气工程识图·工艺·预算 / 方翠兰，许军，易德勇主编.—北京：北京理工大学出版社，2018.1

ISBN 978-7-5682-5089-4

Ⅰ.①电… Ⅱ.①方… ②许… ③易… Ⅲ.①建筑工程－电气设备－电路图－识别－高等学校－教材 ②建筑工程－电气设备－工程施工－高等学校－教材 ③电气设备－建筑安装工程－建筑预算定额－高等学校－教材 Ⅳ.①TU85 ②TU723.3

中国版本图书馆CIP数据核字（2017）第325048号

出版发行 / 北京理工大学出版社有限责任公司

社　　址 / 北京市海淀区中关村南大街5号

邮　　编 / 100081

电　　话 / (010)68914775(总编室)

(010)82562903(教材售后服务热线)

(010)68948351(其他图书服务热线)

网　　址 / http://www.bitpress.com.cn

经　　销 / 全国各地新华书店

印　　刷 / 北京紫瑞利印刷有限公司

开　　本 / 787毫米×1092毫米 1/16

印　　张 / 13

字　　数 / 313千字

版　　次 / 2018年1月第 1 版 2018年1月第1次印刷

定　　价 / 52.00元

责任编辑 / 赵 岩

文案编辑 / 赵 岩

责任校对 / 黄拾三

责任印制 / 边心超

图书出现印装质量问题，请拨打售后服务热线，本社负责调换

前言

我们在教学过程中，经常收到同学们的反映，在学习安装工程造价知识时，常常把前面学习过的安装工程识图及其构造、施工工艺遗忘，为此，我们把《安装构造及施工工艺》(包括管道、电气)和《安装工程造价》整合成《管道工程识图·工艺·预算》与《电气工程识图·工艺·预算》两本教材，这是其中的《电气工程识图·工艺·预算》。通过这样的整合，以期最大限度帮助学生更好地学习。本书是按照从学生接到造价任务后，应该完成的每一个操作应具备的知识点顺序进行编写，以使学生能够更好地从认识规律的角度去学习安装工程相关知识。通过这样的编排，学生在学习时，思维过程会比较自然，兴趣会更浓厚。

本书力求用简明的语言把抽象的安装工程相关知识阐述出来，同时配以大量的图片帮助学生理解。书中注重培养学生的实际动手能力，其实用和操作性较强。本书的重点部分均给出了识图及施工图预算编制实例，学生通过基本知识及实例的学习后，基本上能掌握电气（强电）工程识图、构造及施工工艺、施工图预算编制，尤其是工程造价专业的学生对预算的编制方法及编制程序会比较清楚，能很快适应工作岗位的要求。

本书由方翠兰、许军、易德勇担任主编，李晋旭、胡犀参与了本书部分章节的编写工作。具体编写分工为：方翠兰编写第1章、第2章，方翠兰、许军共同编写第3章、第4章，方翠兰、易德勇共同编写第5章，方翠兰、李晋旭共同编写第6章，方翠兰、胡犀共同编写第7章，易德勇编写附录。

由于编者的水平和时间有限，书中难免有疏漏或不当之处，恳请广大读者批评指正。

编　者

前言

编 者

目录

第1章　绪　论

作为一名电气安装造价人员，常常接到这样的工作任务：根据招标文件编制招标控制价(标底)或投标书里的预算。招标文件包括封面、目录、正文(招标公告、投标人须知、评标办法、合同条款及格式、工程量清单、图纸、技术标准及要求、投标文件格式)等。以下为部分正文。

(1)招标条件。本招标项目××已由××号文批准建设，项目业主为××有限公司。建设资金来源自筹资金。项目已具备招标条件，现对该项目的××安装工程进行公开招标。

(2)项目概况与招标范围。

2.1　建设地点：××；

2.2　建设规模：××；

2.3　估算金额：××万元；

2.4　计划工期：××天；

2.5　招标范围：本工程为交钥匙工程，采用固定总价包干方式。包括但不限于××住宅强电工程。详见第七章技术标准和要求以及招标人提供的施工图(电子版)。

(3)本工程按《重庆市安装工程计价定额》(CQAZDE—2008)、《重庆市建设工程费用定额》(CQFYDE—2008)、《混凝土及砂浆配合比表、施工机械台班定额》(CQPSDE—2008)及相关配套定额及文件进行计量计价。

(4)图纸(部分)(图1.1、图1.2)。

由此可知，要想编制施工图预算，一是需要识图；二是掌握电气安装工程构造及其施工工艺；三是根据定额或相关文件编制预算。本书采用这一顺序对电气安装工程的变配电、电缆、强电及防雷进行解读。

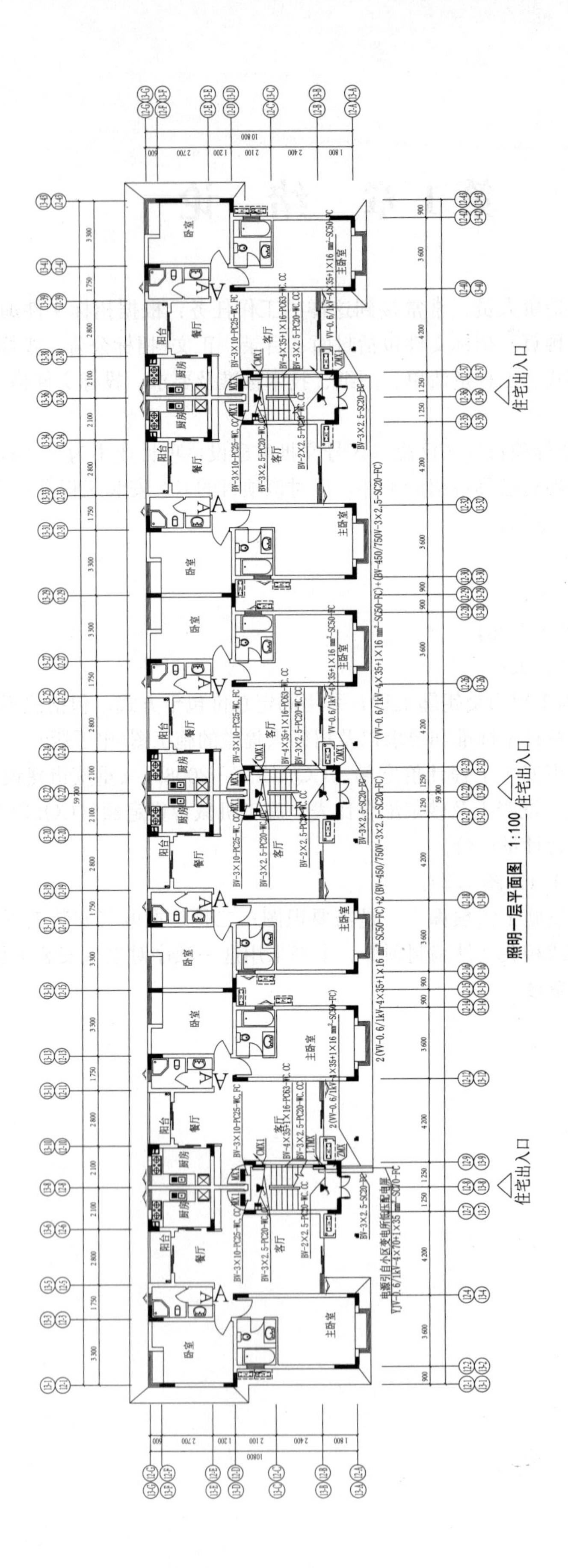

图 1.1 住宅强电平面图

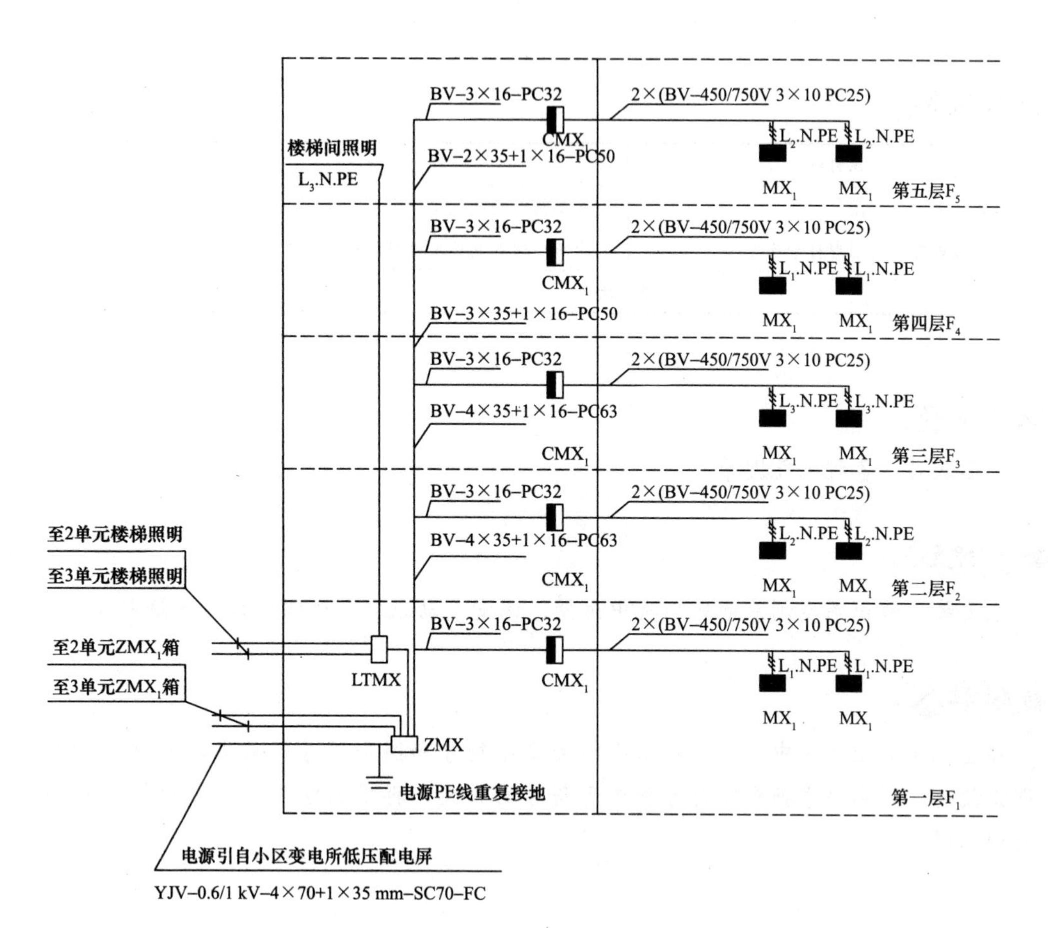
BV-3×16-PC32
2×(BV-450/750V 3×10 PC25)
CMX1
L2.N.PE
L2.N.PE
楼梯间照明
L3.N.PE
BV-2×35+1×16-PC50
MX1
MX1
第五层F5
BV-3×16-PC32
2×(BV-450/750V 3×10 PC25)
CMX1
L1.N.PE
L1.N.PE
BV-3×35+1×16-PC50
MX1
MX1
第四层F4
BV-3×16-PC32
2×(BV-450/750V 3×10 PC25)
L3.N.PE
L3.N.PE
BV-4×35+1×16-PC63
CMX1
MX1
MX1
第三层F3
BV-3×16-PC32
2×(BV-450/750V 3×10 PC25)
L2.N.PE
L2.N.PE
BV-4×35+1×16-PC63
CMX1
MX1
MX1
第二层F2
至2单元楼梯照明
至3单元楼梯照明
BV-3×16-PC32
2×(BV-450/750V 3×10 PC25)
至2单元ZMX1箱
L1.N.PE
L1.N.PE
LTMX
CMX1
至3单元ZMX1箱
MX1
MX1
ZMX
电源PE线重复接地
第一层F1
电源引自小区变电所低压配电屏
YJV-0.6/1 kV-4×70+1×35 mm-SC70-FC

图 1.2 住宅强电系统图

第 2 章　电气工程识图基本知识

学习目标

知识目标	能力目标	权重
正确表述电气工程图	能正确理解电气工程图	0.50
正确表述电气工程图形符号及标注	能正确理解电气工程图形符号及标注的含义	0.50
合　计		1.0

教学准备

画图教具、各种电气图等。

教学建议

在安装工程识图实训基地采用集中讲授、课堂互动教学、分组实训等方法教学。

教学导入

在图 1.1 和图 1.2 中可以看到工程图由文字符号和图形符号所构成，因此在对电气工程图识读前，必须要掌握文字符号和图形符号的含义，再根据电气工程图的特点及阅读程序进行识读。

2.1　电气工程图

电气工程图按其表达形式可分为图、简图、表图、表格四种；其按照用途可分为系统图或框图、功能图、逻辑图、功能表图、电路图、等效电路图、端子功能图、程序图、设备元件图、接线图或接线表、数据单、位置简图或位置图。造价专业中常用的建筑电气工程图可分为以下几种。

1. 系统图或框图

系统图或框图(图 2.1)是指用符号或带注释的框，概略表示系统或分系统的基本组成、相互关系及其主要特征的一种简图。其用途是：为进一步编制详细的技术文件提供依据；供操作和维修时参考，如变配电工程的供配电系统图、照明工程的照明系统图、电缆系统图等。系统图反映了系统的基本组成、主要电气设备、元件之间的连接情况，以及它们的规格、型号、参数等。

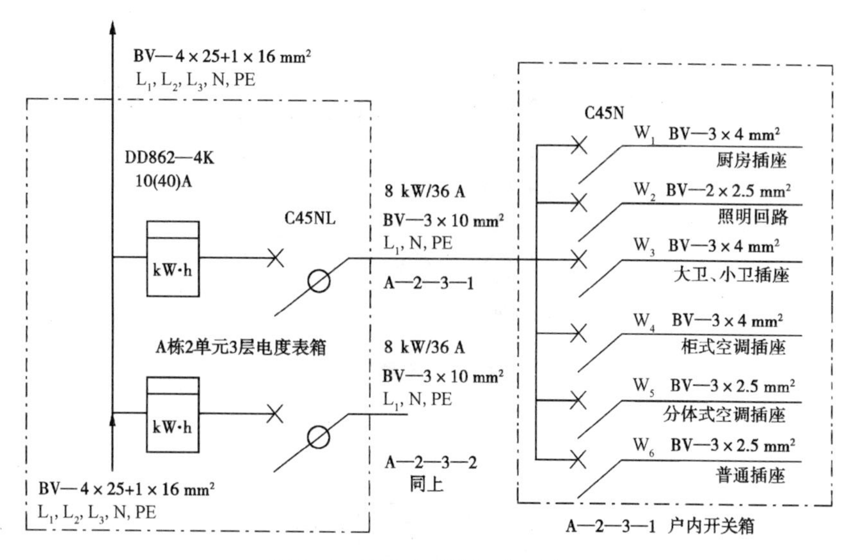

图 2.1　某用户照明配电系统图

2. 位置简图或位置图

位置简图或位置图也即电气平面图，其是表示电气设备、装置与线路平面布置的图纸，是进行电气安装的主要依据。电气平面图是以建筑平面图为依据，在图上绘制出电气设备、装置的安装位置及标注线路敷设方法等。常用的电气平面图有变配电所平面图、动力平面图、照明平面图、接地平面图、弱电平面图等。如照明平面图，用来表示电气设备的编号、名称、型号及安装位置、线路的起始点、敷设部位、敷设方式及所用导线型号、规格、根数、管径大小等。

注：电路有两种表示方法。一种是多线表示法，即每根导线在简图上都分别用一条线表示的方法；另一种是单线表示法，即两根及两根以上的导线，在简图上只用一条线表示，并在线上用短斜线或数字表示出根数的方法。图 2.2 所示照明平面图即采用的是单线表示法(一般未标明根数的电路默认为两根导线)。

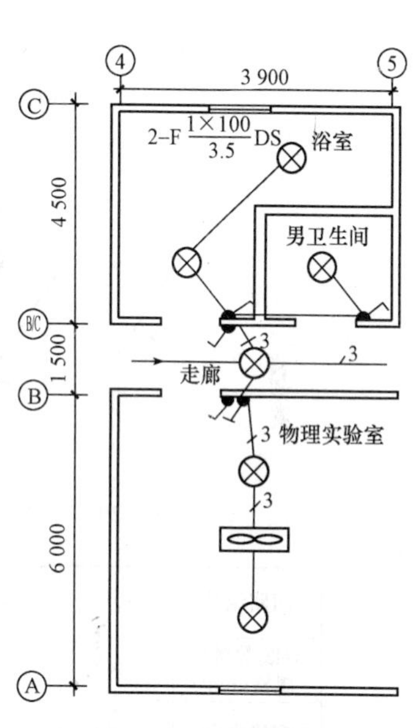

图 2.2　照明平面图

3. 电路图

电路图(图 2.3)是指用图形符号并按工作顺序排列，详细表示电路、设备或成套装置的全部基本组成和连接关系，而不考虑其实际位置的一种简图。其目的是便于详细理解作用原理，分析和计算电路特性。电路图在习惯上又称为电气原理图或原理接线图。其用途是：详细理解电路、设备或成套装置及其组成部分的作用原理；为测试和寻找故障提供信息；作为编制接线图的依据。

4. 接线图或接线表

接线图或接线表(图 2.4)是指表示成套装置、设备或装置的连接关系，用以进行接线和检查的一种简图或表格。接线表不仅可以用来补充接线图，也可以用来代替接线图。

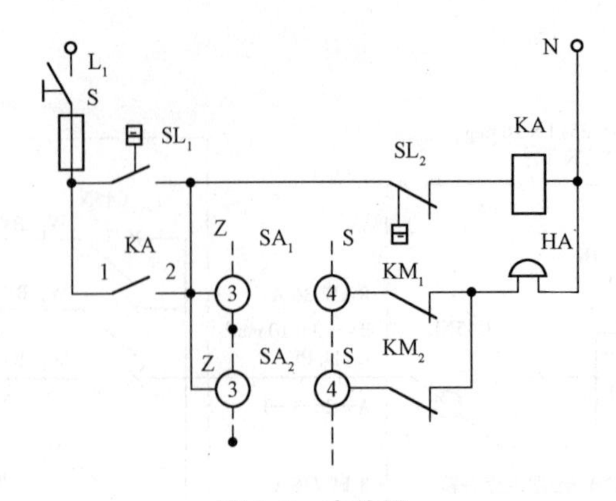

图 2.3　电路图

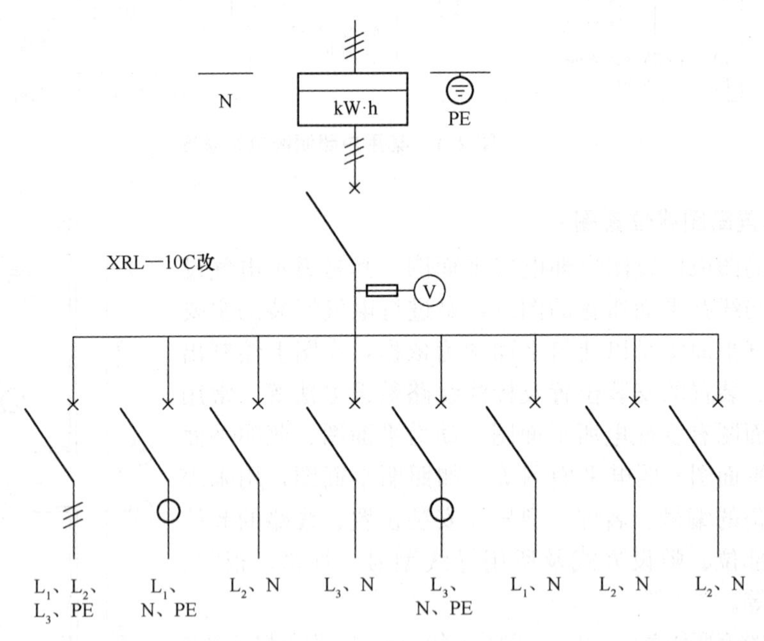

回路编号	W_1	W_2	W_3	W_4	W_5	W_6	W_7	W_8
导线数量与规格/mm^2	4×4	3×2.5	2×2.5	2×2.5	3×4	2×2.5	2×2.5	2×2.5
配线方向	一层 三相插座	一层 ③轴西部	一层 ③轴东部	走廊照明	二层 单相插座	二层 ④轴西部	二层 ④轴东部	备用

图 2.4　配电箱接线图

5. 数据单

数据单是指对特定项目给出详细信息的资料，如电缆清册、设备材料表等。

设备材料表一般都要列出系统主要设备及主要材料的规格、型号、数量、具体要求或产地。但是表中的数量一般只作为概算估计数，不作为设备和材料的供货依据。

6. 大样图

大样图一般是指用来表示某一具体部位或某一设备元件的结构或具体安装方法的图

纸，通过大样图可以了解该项工程的复杂程度。一般非标准的控制柜、箱，检测元件和架空线路的安装等都要用到大样图，大样图通常采用标准通用图集。剖面图也是大样图的一种。

2.2 电气图用图形符号、文字符号及标注方法

2.2.1 建筑电气图形符号

建筑电气图形符号的种类很多，一般都画在电气系统图、平面图、原理图和接线图上，用以标明电气设备、装置、元器件及电气线路在电气系统中的位置、功能和作用。详见附录。

2.2.2 建筑电气文字符号

建筑电气文字符号分为基本文字符号和辅助文字符号两种。一般标注在电气设备、装置、元器件图形符号或其近旁，以表明电气设备、装置和元器件的名称、功能、状态和特征。

1. 基本文字符号

(1)单字母符号。单字母符号是按拉丁字母将各种电气设备、装置、元器件分为23个大类，每一类用一个专用单字母标示，如“R”表示电阻器类，“C”表示电容器类等。单字母应优先使用。

(2)双字母符号。双字母符号由一个表示种类的单字母符号与另一个字母组成。其组合形式以单字母符号在前，另一个字母在后的次序列出。当用单字母符号不能满足要求、需要将大类进一步划分时，才采用双字母符号，以便较详细和更具体地表述电气设备、装置和元器件。双字母符号的第一位字母只允许按单字母所表示的种类使用，第二位字母通常选用该类设备、装置和元器件的英文名词的首位字母，或采用缩略语或约定俗成的习惯用字母。例如，“G”为电源的单字母符号，“Synchronous generator”为同步发电机的英文，“Asynchronous generator”为异步发电机的英文，则同步发电机和异步发电机的双字母符号分别为“GS”和“GA”。其应用可如图2.3所示，SL表示传感器，KM表示接触器，HA表示声响指示器。详见附录。

课堂活动

请熟悉附录中文字符号并结合图2.3把文字符号意思表示出来。

2. 辅助文字符号

辅助文字符号是用以表示电气设备、装置和元器件以及线路的功能、状态和特征的，基本上使用的是英文名字的缩写。如“SYN”表示同步，“ON”表示接通，“OFF”表示断开。还有些辅助文字符号专门用来表示一些特殊用途的接线端子、导线等，如“PE”表示保护接地等。详见附录。

2.2.3 标注方法

电气工程图中常用一些文字(包括英文、汉语拼音字母)和数字按照一定的格式书写，来表示电气设备及线路的规格型号、编号、容量、安装方式、标高及位置等。详见附录。

1. 线缆的标注

$$a\quad b-c(d\times e+f\times g)i-jh$$

其中 a——参照代号；

b——型号(不需要可省略)；

c——电缆根数；

d——相导体根数；

e——相导体截面(mm^2)；

f——PE、N 导体根数；

g——PE、N 导体截面(mm^2)；

h——安装高度(m)；

i——敷设方式和管径；

j——敷设部位。

注：上述字母无内容则省略该部分。

【例 2-1】 WP201 YJV－0.6/1kV－2(3×150＋2×70)SC80－WS3.5

电缆号为 WP201

电缆型号、规格为 YJV－0.6/1 kV－(3×150＋2×70)

2 根电缆并联连接

线缆敷设高度距地 3.5 m

【例 2-2】 W1 BV(4×25＋1×16)PC63－FC

线路编号为 W1

截面面积为 25 mm^2 的有 4 根，截面面积为 16 mm^2 的有 1 根的聚氯乙烯铜芯绝缘电线穿直径为 63 的硬质塑料管，埋地暗敷。

课堂活动

1. 识读 20—BLV(3×25＋1×16)MR50—WC。
2. 识读 WL1—2BLV (3×50＋1×25)PR50—WS。
3. 识读图 2.1 所示某用户照明配电系统图中的电线线路。

2. 照明灯具的标注

$$a-b\,\frac{c\times d\times L}{e}f$$

其中 a——灯数；

b——型号或编号(不需要可省略)；

c——每盏照明灯具的灯泡数；

d——灯泡安装容量；

e——灯泡安装高度(m)，“—”表示吸顶安装；

f——安装方式；

l——光源种类。

【例 2-3】 $5-BYS80\frac{2\times40\times FL}{3.5}CS$

5 盏 BYS—80 型灯具，灯管为 2 根 40 W 荧光灯管，灯具链吊安装，安装高度距地 3.5 m。

上述例题标注中的文字符号参阅国家建筑标准图集《建筑电气工程设计常用图形和文字符号》(09DX001)。其常用文字符号见表 2.1、表 2.2。

表 2.1 标注线路用文字符号

<table>
<tr><th rowspan="2">序号</th><th rowspan="2">中文名称</th><th colspan="3">常用文字符号</th></tr>
<tr><th>单字母</th><th>双字母</th><th>三字母</th></tr>
<tr><td>1</td><td>低压母线、母线槽</td><td rowspan="9">W</td><td>WC</td><td></td></tr>
<tr><td>2</td><td>低压配电线缆</td><td>WD</td><td></td></tr>
<tr><td>3</td><td>应急照明线路</td><td></td><td>WLE</td></tr>
<tr><td>4</td><td>数据总线</td><td>WF</td><td></td></tr>
<tr><td>5</td><td>照明线路</td><td>WL</td><td></td></tr>
<tr><td>6</td><td>电力线路</td><td>WP</td><td></td></tr>
<tr><td>7</td><td>信号线路</td><td>WS</td><td></td></tr>
<tr><td>8</td><td>光缆、光纤</td><td>WH</td><td></td></tr>
<tr><td>9</td><td>应急电力线路</td><td></td><td>WPE</td></tr>
</table>

表 2.2 线路敷设方式和敷设部位用文字符号

<table>
<tr><th></th><th>序号</th><th>名称</th><th>文字符号</th><th>英文名称</th></tr>
<tr><td rowspan="16">线路敷设方式</td><td>1</td><td>穿低压流体输送用焊接钢管敷设</td><td>SC</td><td>Run in welded steel conduit</td></tr>
<tr><td>2</td><td>穿电线管敷设</td><td>MT</td><td>Run in electrical meltallic tubing</td></tr>
<tr><td>3</td><td>穿硬塑料导管敷设</td><td>PC</td><td>Run in rigid PVC conduit</td></tr>
<tr><td>4</td><td>电缆桥架敷设</td><td>CT</td><td>Installed in cable tray</td></tr>
<tr><td>5</td><td>金属线槽敷设</td><td>MR</td><td>Installed in metallic raceway</td></tr>
<tr><td>6</td><td>塑料线槽敷设</td><td>PR</td><td>Installed in PVC raceway</td></tr>
<tr><td>7</td><td>钢索敷设</td><td>M</td><td>Supported by messenger wire</td></tr>
<tr><td>8</td><td>穿塑料波纹电线管敷设</td><td>KPC</td><td>Run in corrugated PVC conduit</td></tr>
<tr><td>9</td><td>穿可挠金属电线保护套管敷设</td><td>CP</td><td>Run in flexible metal trough</td></tr>
<tr><td>10</td><td>直埋敷设</td><td>DB</td><td>Direct burying</td></tr>
<tr><td>11</td><td>电缆沟敷设</td><td>TC</td><td>Installed in cable trough</td></tr>
<tr><td>12</td><td>混凝土排管敷设</td><td>CE</td><td>Installed in concrete encasement</td></tr>
<tr><td>13</td><td>沿或跨梁(屋架)敷设</td><td>AB</td><td>Along or across beam</td></tr>
<tr><td>14</td><td>暗敷在梁内</td><td>BC</td><td>Concealed in beam</td></tr>
<tr><td>15</td><td>沿或跨柱敷设</td><td>AC</td><td>Along or across column</td></tr>
<tr><td>16</td><td>暗敷设在柱内</td><td>CLC</td><td>Concealed in column</td></tr>
</table>

续表

	序号	名称	文字符号	英文名称
线路敷设方式	17	沿墙面敷设	WS	On wall surface
	18	暗敷设在墙内	WC	Concealed in wall
	19	沿顶棚或顶板面敷设	CE	Along ceiling or slab surface
	20	暗敷设在屋面或顶板内	CC	Concealed in ceiling or slab
	21	吊顶内敷设	SCE	Recessed in ceiling
	22	地板或地面下敷设	FC	In floor or ground

灯具的安装方式主要有吸顶安装、嵌入式安装、吸壁安装及吊装。其中，吊装方式又分为线吊、链吊及管吊三种。灯具安装方式的文字符号可参见表2.3。常用光源的种类有白炽灯(IN)、荧光灯(FL)、汞灯(Hg)、碘灯(I)、氙灯(Xe)、氖灯(Ne)等。但光源种类一般很少标注。

表2.3 灯具安装方式的文字符号

序号	名称	标注文字符号		序号	名称	标注文字符号	
		新标准	旧标准			新标准	旧标准
1	线吊式	SW	WP	7	顶棚内安装	CR	无
2	链吊式	CS	C	8	墙壁内安装	WR	无
3	管吊式	DS	P	9	支架上安装	S	无
4	壁装式	W	W	10	柱上安装	CL	无
5	吸顶式	C	—	11	座装	HM	无
6	嵌入式	R	R				

课堂活动

1. 识读5—YZ40 2×40/2.5DS。
2. 识读20—YU601×60/3C。
3. 识读图2.2中的灯具。

小 结

本章主要讲述了电气工程图的种类(系统图、平面图、接线图、电路原理图等)，电气工程图的图形符号、文字标注及线路标注、灯具标注的含义。

习　题

1. 具体列出电气工程图的种类及用途。
2. 熟悉电气工程图常用图形符号。
3. 熟悉线路标注及灯具标注。

第3章　变配电工程

学习目标

知识目标	能力目标	权重
正确表述供配电系统组成	能理解配电系统组成	0.20
正确表述变配电系统组成及常用一次设备	能理解变配电系统组成及常用一次设备	0.30
正确表述变配电系统图	能正确识读变配电系统图	0.30
正确表述变配电系统工程量计算	能正确根据变配电施工图进行预算编制	0.20
合　计		1.0

教学准备

安装施工规范、各种变配电施工图等。

教学建议

在安装工程识图实训基地采用集中讲授、课堂互动教学、分组实训等方法教学。

教学导入

人类社会中电是不可缺少的，那么电是如何产生的，又是如何输送的呢？

3.1　供配电系统概述

3.1.1　供配电系统组成

建筑供配电系统就是解决建筑物所需电能的供应和分配的系统，是电力系统的组成部分。因电能由发电厂产生，一般发电厂较为偏僻，故需长距离输送。为减少输送过程中的电能损失，先用变压器升压，到达城市后，再逐步降压至用户。通常对大型建筑或建筑小区，电源进线电压多采用 10 kV，电能先经过高压配电所，再由高压配电所将电能分送给各终端变电所。经配电变压器将 10 kV 高压降为一般用电设备所需的电压(220/380 V)，然后由低压配电线路将电能分送给各用电设备使用。也有些小型建筑，因用电量较小，仍可采用低压进线，此时只需设置一个低压配电室，甚至只需设置一台配电箱即可。图 3.1

所示为从发电厂到电力用户的送电示意图。

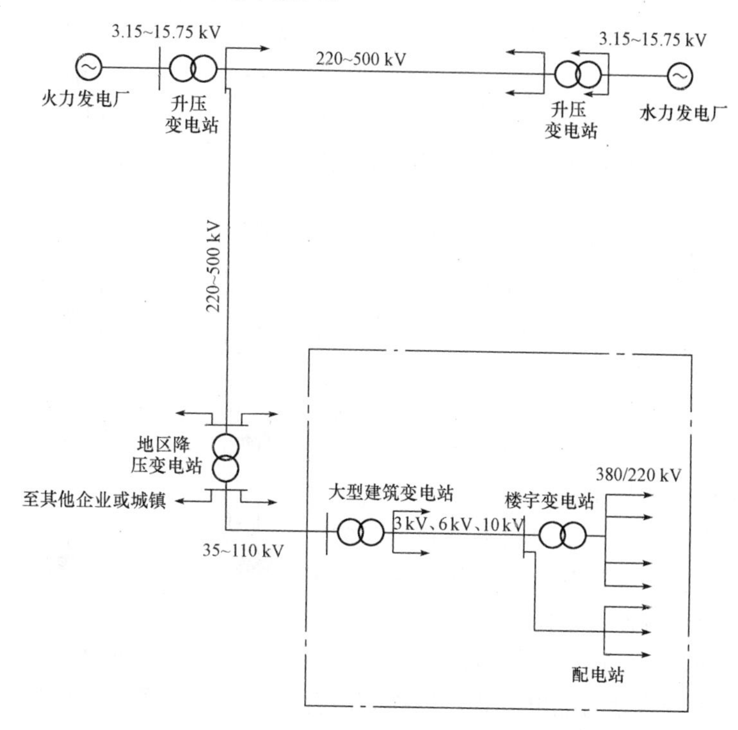

图 3.1　发电送变电示意图

1. 电力系统的组成

(1)发电厂。发电厂是生产电能的场所，其作用是将自然界中的一次能源转换为用户可以直接使用的二次能源——电能。发电厂主要有火力发电、水力发电、风力发电、地热发电、太阳能发电及核电发电等几种发电方式。

(2)变电所。变电所是接受电能、改变电能电压并分配电能的场所，其主要由电力变压器与开关设备组成，是电力系统的重要组成部分。装有升压变压器的变电所称为升压变电所；装有降压变压器的变电所称为降压变电所。接受电能，不改变电压，并进行电能分配的场所称为配电所。

(3)电力线路。电力线路是输送电能的通道。其任务是将发电厂生产的电能输送并分配到用户，将发电厂、变配电所和电能用户联系起来。它由不同电压等级和不同类型的线路构成。

建筑供配电线路的额定电压等级多为 10 kV 线路和 380 V 线路，并有架空线路和电缆线路之分。

2. 配电系统的组成

(1)配电电源。配电系统的电源可以是电力系统的电力网，也可以是企业、用户的自备发电机。

(2)配电网。配电网的主要作用是接受电能并负责将电源得到的电能经过输电线路，直接输送到用电设备。

(3)用电设备。用电设备是指专门消耗电能的电气设备。在用电设备中，约 70%是电动机类设备，20%是照明用电设备，10%是其他类设备。

3. 低压配电系统的配电方式

低压配电系统的配电方式主要有放射式、树干式及混合式三种，如图 3.2 所示。

(1)放射式[图 3.2(a)]。放射式的优点是各个负荷独立受电，因而故障范围一般仅限于本回路。线路发生故障需要检修时，也只切断本回路而不影响其他回路；同时，回路中电动机起动引起电压的波动，对其他回路的影响也较小。其缺点是所需开关设备和有色金属消耗量较多。因此，放射式配电一般多用于对供电可靠性要求高的负荷或大容量设备。

(2)树干式[图 3.2(b)]。树干式配电的特点正好与放射式相反。一般情况下，树干式采用的开关设备较少，有色金属消耗量也较少，但干线发生故障时，影响范围大，因此，供电可靠性较低。树干式配电在机加工车间、高层建筑中使用较多，可采用封闭式母线，灵活方便，也比较安全。

(3)混合式[图 3.2(c)]。在很多情况下往往采用放射式和树干式相结合的配电方式，也称为混合式配电。

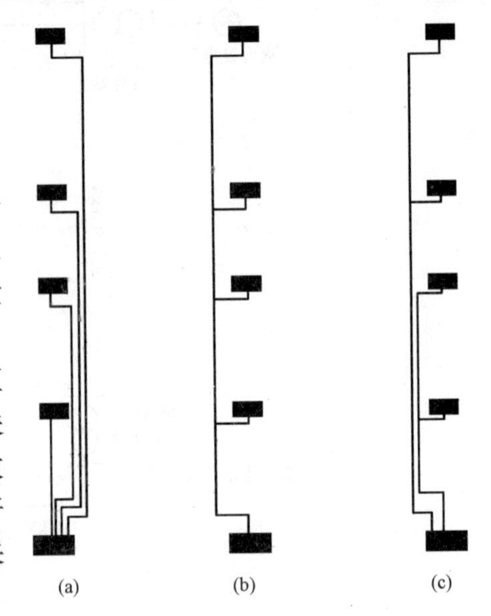

图 3.2　配电方式分类示意图

(a)放射式；(b)树干式；(c)混合式

3.1.2　供电电压等级

在电力系统中的电力设备都规定有一定的工作电压和工作频率。这样既可以安全有效的工作，又便于批量生产及使用中互换，所以，电力系统中规定有统一额定电压等级和频率。我国的交流电网和电力设备额定电压等级见表 3.1。

表 3.1　交流电网和电力设备额定电压等级　　kV

分类	电网和用电设备额定电压	发电机额定电压	电力变压器额定电压	
			一次绕组	二次绕组
低压	0.22	0.23	0.22	0.23
	0.38	0.40	0.38	0.40
	0.66	0.69	0.66	0.69
高压	3	3.15	3 及 3.15	3.15 及 3.3
	6	6.3	6 及 6.3	6.3 及 6.6
	10	10.5	10 及 10.5	10.5 及 11
	—	13.8，15.75，18.20	13.8，15.75，18.20	—
	35	—	35	38.5
	63	—	63	69
	110	—	110	121
	220	—	220	242
	330	—	330	363
	500	—	500	550

根据表3.1可知，交流电力网的额定电压等级有220 V、380 V、3 kV、6 kV、10 kV、35 kV、110 kV、220 kV、330 kV、500 kV等。一般来说，1 kV及以上的电压习惯上称为高压；1 kV以下的电压称为低压。220 kV及以上的电压用于大电力系统的主干输电线，输送距离为几百公里；110 kV电压用于中、小型电力系统的主干输电线，输送距离在100 km左右；35 kV电压用于电力系统的二次电网以及大型工厂的内部供电，输送距离在30 km左右；6～10 kV电压用于送电距离为10 km左右的工业与民用建筑供电。低压配电电压通常采用三相四线制供电方式的380 V和220 V电压。线电压380 V用于建筑物内部供电或向工业生产设备供电；相电压220 V多用于一般照明设备及220 V单相生活设备、小型生产设备。

3.1.3 电力系统中性点运行方式

供配电系统的中性点是指星形联结的变压器或发电机绕组的中间点。所谓系统的中性点运行方式，是指系统中性点与大地的电气联系方式，或简称系统中性点的接地方式。

根据电力系统运行的可靠性、安全性、经济性及人身安全等因素，电力系统中性点常采用不接地、经消弧丝圈接地、直接接地和经低电阻接地四种运行方式。目前，我国380/220 kV低压配电方式一般采用中性点直接接地方式，并引出中性线(N线)、保护线(PE线)或保护中性线(PEN线)，这样的系统称为TN系统。

中性线(N线)的作用，一是用来接相电压为220 V的单相用电设备；二是用来传导三相系统中的不平衡电流和单相电流；三是减少负载中性点电压偏移。

保护线(PE线)的作用是保障人身安全，防止触电事故发生。通过PE线将设备外露可导电部分连接到电源的接地点去，当用电设备发生单相接地故障时，就形成单相短路，使线路过电流保护装置动作，迅速切除故障部分，从而防止人身触电。

根据电源端与地的关系、电气装置的外露可导电部分与大地的关系分为TN、TT、IT系统。其中，TN系统又可分为TN－S、TN－C、TN－C－S系统。第一个字母表示电源与大地的关系。T表示电源有一点直接接地；I表示电源端所有带电部分不接地或有一点通过阻抗接地。第二个字母表示电气装置的外露可导电部分与大地的关系。N表示电气装置的外露可导电部分与电源端有直接电气连接；T表示电气装置的外露可导电部分直接接地，此接地点在电气上独立于电源端的接地点。

(1)TN－S系统[图3.3(a)]。整个系统的中性线和保护线是分开的，所有设备的外露可导电部分(如金属外壳)均与公共PE线相连。这种系统的特点是公共PE线在正常情况下没有电流通过，因此不会对接在PE线上的其他用电设备产生电磁干扰。另外，由于其N线与PE线分开，因此其N线即使断线也并不影响接在PE线上的用电设备的安全。该系统多用于环境条件较差，对安全可靠性要求较高及用电设备对抗电磁干扰要求较严的场所。

(2)TN－C系统[图3.3(b)]。整个系统的中性线和保护线是合一的，所有设备的外露可导电部分均与公共PEN线相连。保护中性线(PEN线)的功能，当三相负荷不平衡或接有单相用电设备时，PEN线上均有电流通过。这种系统一般能够满足供电可靠性的要求，而且投资较少，过去在我国低压配电系统中应用较广，但PEN线断线时，可使设备外露可导电部分带电，对人有触电危险，故对安全可靠性要求较高及用电设备对抗电磁干扰要求较严的场所不允许使用。

(3)TN－C－S系统[图3.3(c)]。TN－C－S系统中有一部分中性线和保护线是合一的。它兼有 TN－C 系统和 TN－S 系统的优点，常用于配电系统末端环境条件较差且要求无电磁干扰的数据处理或具有精密检测装置等设备的场所。

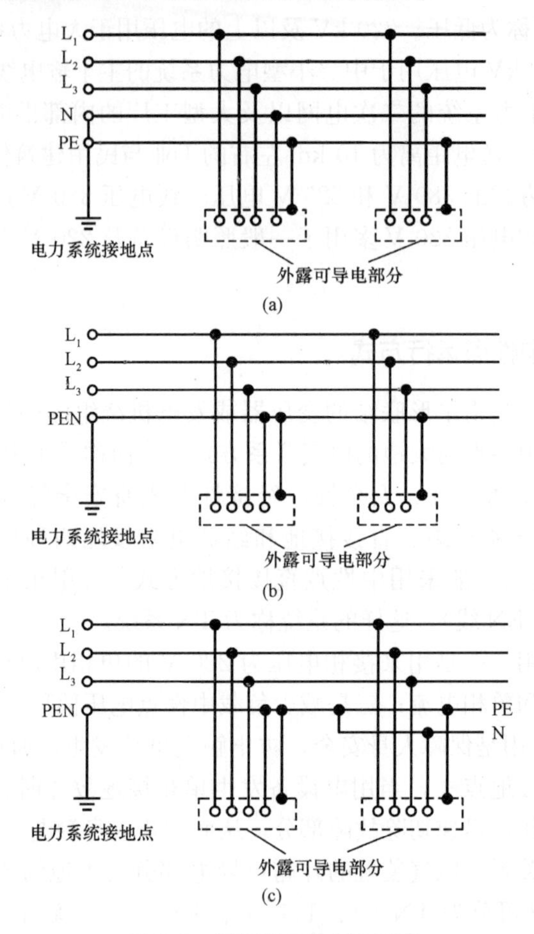

图 3.3 低压配电的 TN 系统

(a)TN－S 系统；(b)TN－C 系统；(c)TN－C－S 系统

在 TN－C、TN－S、TN－C－S 系统中，为确保 PE 线或 PEN 线安全可靠，除在电源中性时直接接地外，对 PE 线和 PEN 线还必须进行必要的重复接地。

3.2 变配电系统

3.2.1 变配电系统组成

民用建筑变配电系统的组成一般有配电装置、母线、变电装置、电缆等，如图 3.4 所示。

3.2.2 变配电系统主要设备

电气设备中有一次设备和二次设备。一次回路是指供配电系统中用于传输、变换和分配电力电能的主电路，其中的电气设备称为一次设备，主要包括变压器、高压开关、高压熔断器、低压开关、互感器等；二次回路是指用来控制、指示、监测和保护一次回路运行的电路，其中的电气设备称为二次设备。通常，二次设备和二次回路是通过电流互感器和电压互感器与一次回路相连的。

1. 变压器

在变配电系统中，使用的变压器为三相电力变压器。根据其散热方式不同可分为油浸式和干式两大类。油浸式电力变压器应用较为广泛，其绕组和铁芯浸泡在油中，以油为介质散热，如图 3.5 所示。其型号的表示及含义如图 3.6 所示。

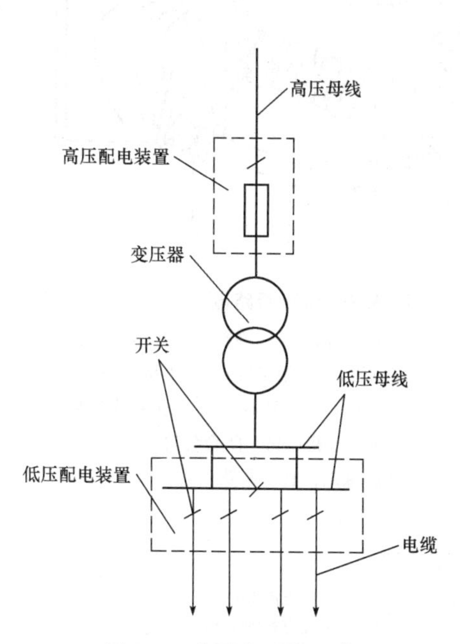

图 3.4　变配电系统组成

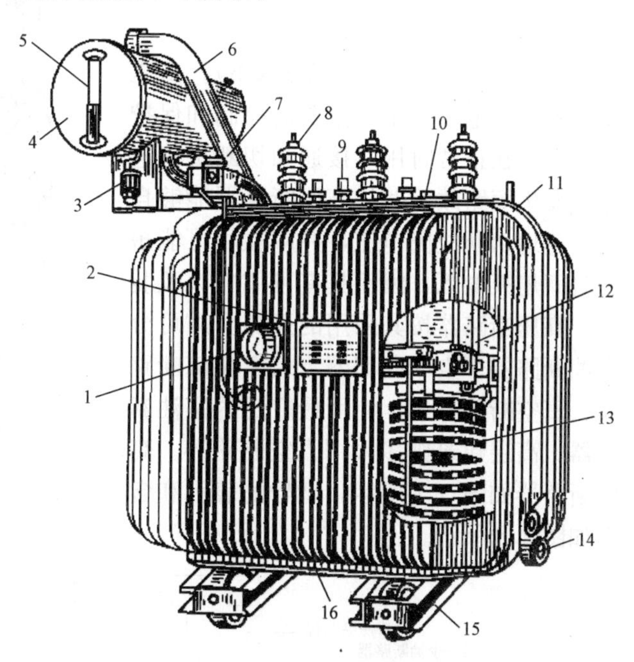

图 3.5　三相油浸式电力变压器

1—信号温度计；2—铭牌；3—吸湿器；4—油枕(储油柜)；
5—油位指示器(油标)；6—防爆管；7—瓦斯继电器；
8—高压套管；9—低压套管；10—分接开关；11—油箱；
12—铁芯；13—绕组及绝缘；14—放油阀；
15—小车；16—接地端子

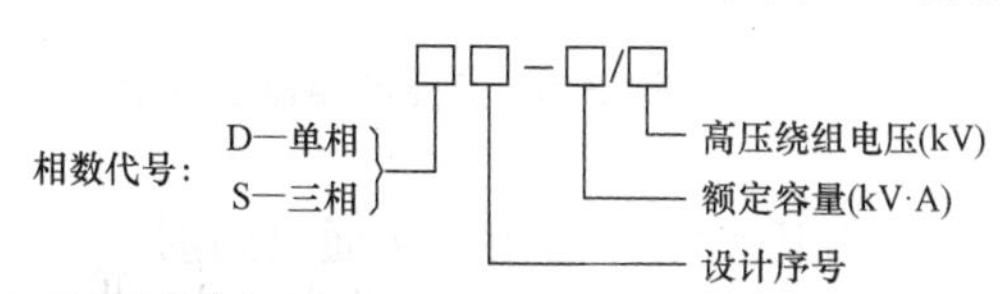

绝缘代号：　C—线圈外绝缘介质为成型固体

G—线圈外绝缘介质为空气，油浸式不表示

冷却代号：　F—风冷

自然冷却不表示

调压代号：　Z—有载调压

无激磁调压不表示

绕组导线材质代号：L—铝绕组

铜绕组不表示

图 3.6　油浸式电力变压器型号表示

2. 配电装置

6～10 kV 及以下供配电系统中常用的高压一次设备有高压熔断器、高压隔离开关、高压负荷开关、高压断路器、高压开关柜等。常用的低压一次设备有低压熔断器、低压刀开关、低压自动开关、低压配电屏等。

(1)高压一次设备。

1)高压断路器(文字符号 QF)。高压断路器是配电装置中最重要的控制和保护设备。其在正常时用以接通和切断负荷电流；发生短路故障时，高压断路器能够自动迅速地切断故障电流，并应在尽可能短的时间熄灭电弧，因而具有可靠的灭弧装置。高压断路器按其采用的灭弧介质可分为油断路器、空气断路器、六氟化硫断路器、真空断路器等。使用最广泛的是油断路器，高层建筑则多采用真空断路器。高压断路器如图 3.7 所示，型号的表示和含义如图 3.8 所示。

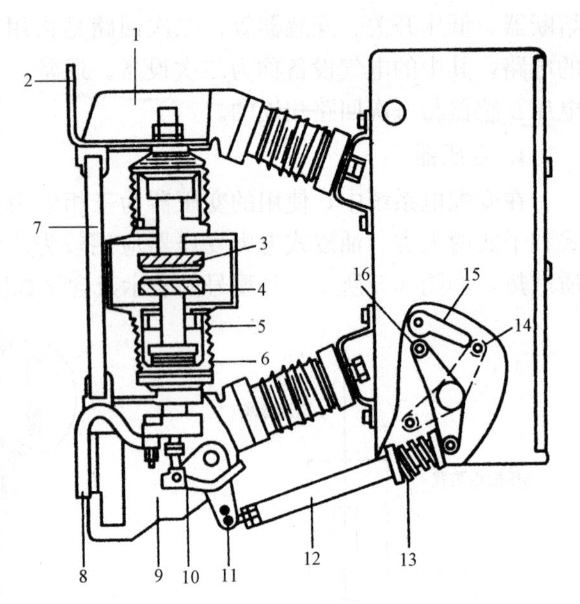

图 3.7　高压断路器

1—上支架；2—上接线端子；3—静触点；4—动触点；5—外壳；6—伸缩软管；7—绝缘轩；8—下接线端子；9—下支架；10—导向杆；11—角杆；12—绝缘耦合器；13—触点弹力压簧；14—闭合位置；15—释放棘爪；16—断路位置

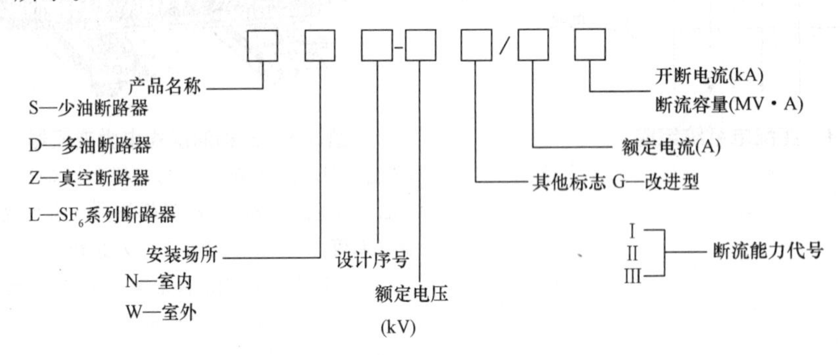

图 3.8　高压断路器型表示

高压断路器一般与隔离开关配合使用。接通电路时，先合隔离开关，后合断路器；断开电路时，先拉断路器，后拉隔离开关。

2)高压隔离开关(文字符号 QS)。隔离开关的功能主要是隔离电源，将需要检修的设备与电源可靠的断开。隔离开关没有灭弧装置，不允许带电操作。高压隔离开关断开后有明显的间隙。其构造如图 3.9 所示。其型号的表示和含义如图 3.10 所示。

3)高压熔断器(文字符号 FU)。熔断器的功能就是对电路及电路中的设备进行短路保护。它主要由熔体管、接触导电部分、支持绝缘子和底座等组成。按其使用场所不同可分为室内式[图 3.11(a)]和室外式(图 3.12)两大类。其内部构造如图 3.11(b)所示。熔断器型号的表示和含义如图 3.13 所示。

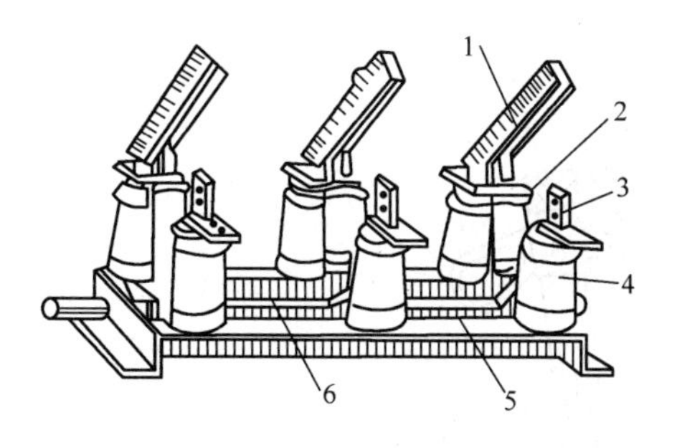

图 3.9　高压隔离开关

1—导电闸刀；2—操作瓷绝缘子；3—静触点；
4—支柱瓷绝缘子；5—底座；6—转轴

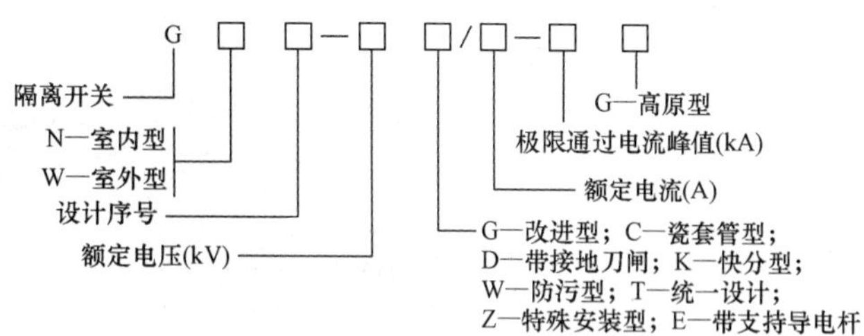

图 3.10　高压隔离开关型号表示

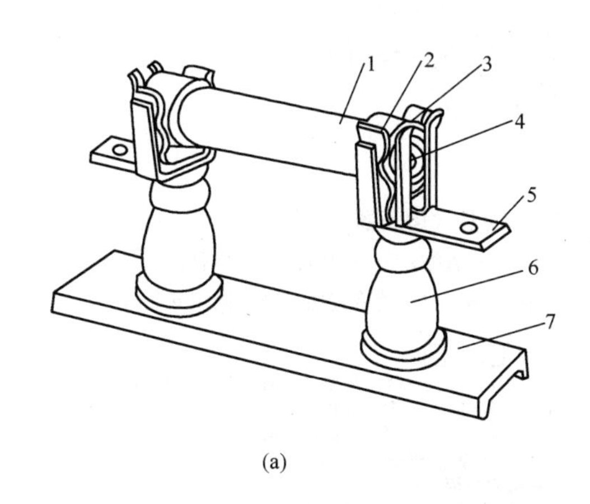

(a)

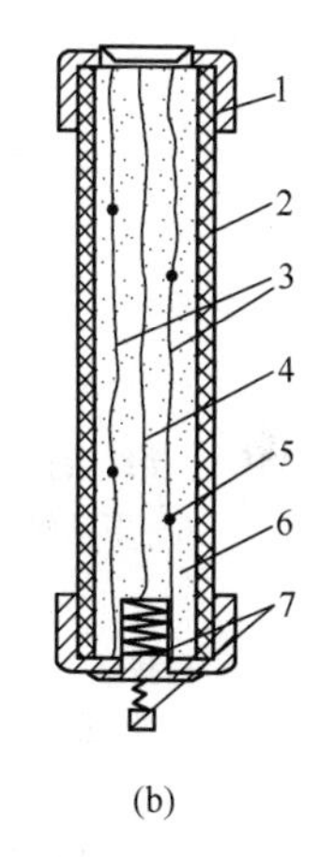

(b)

图 3.11　室内高压管式熔断器

(a)外形图

1—瓷熔管；2—金属管帽；3—弹性触座；4—熔断指示器；5—接线端子；6—瓷绝缘子；7—底座

(b)内部构造图

1—管帽；2—瓷熔管；3—工作熔体；4—指示熔体；5—锡球；6—石英砂填料；7—熔断指示器

图 3.11(b)中工作熔体 3 为铜熔丝，上焊有小锡球。锡是低熔点金属，过负荷使锡球受热首先熔化，包围铜熔丝，铜锡互相渗透形成熔点较低的铜锡合金，使铜丝在较低的温度下熔断，使得熔断器能在较小的故障电流时动作。当短路电流或过负荷电流通过熔体时，首先，工作熔体上的小锡球熔体会引起工作熔体熔断，接着指示熔体熔断，红色熔断指示器弹出。

室外高压跌落式熔断器由绝缘瓷瓶、跌落机构、锁紧机构及熔丝组成。正常运行时，跌落式熔断器串联在线路上。熔管上部动触头借熔丝张力拉紧后，推入上静触头内锁紧，同时，下动触头与下静触头也相互压紧，从而使电路接通。发生故障时，故障电流使熔丝熔断，形成电弧。消弧管因电弧燃烧分解出大量气体导致管内形成很大压力，并沿管道形成强烈的纵向吹弧，使得电弧拉长而熄灭。熔丝熔断后，熔管上动触头因失去张力而下翻，使锁紧机构释放熔管，在触头弹力及熔管自重作用下，回转跌落，造成明显可见的间隙。

4)高压负荷开关(文字符号 QL)。负荷开关是专门用于接通和切断负荷电路的开关设备，具有简单的灭弧装置，但不能切断短路电流。通常负荷开关与熔断器串联使用，借助熔断器切断短路电流。高压负荷开关如图 3.14 所示。其型号表示及含义如图 3.15 所示。

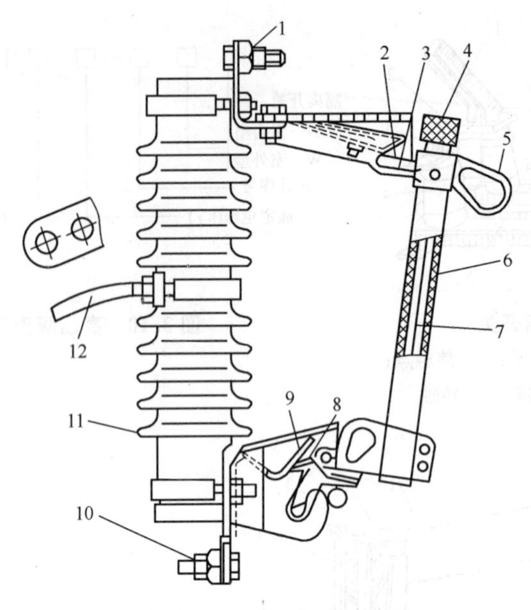

图 3.12　室外跌落式熔断器

1—上接线端；2—上静触头；3—上动触头；4—管帽；5—操作环；6—熔管；7—熔丝；
8—下动触头；9—下静触头；10—下接线端；11—绝缘瓷瓶；12—固定安装板

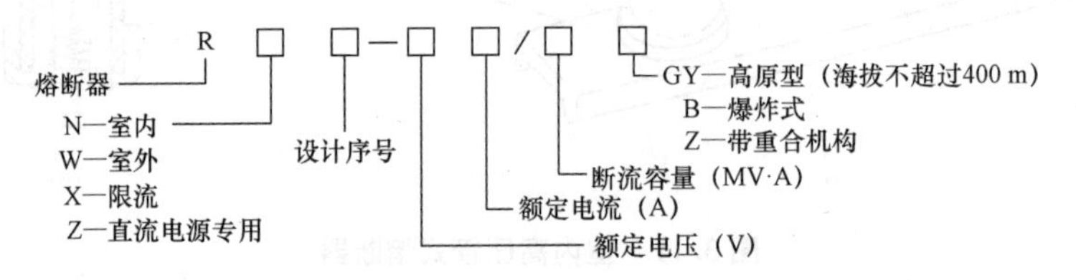

图 3.13　熔断器型号表示

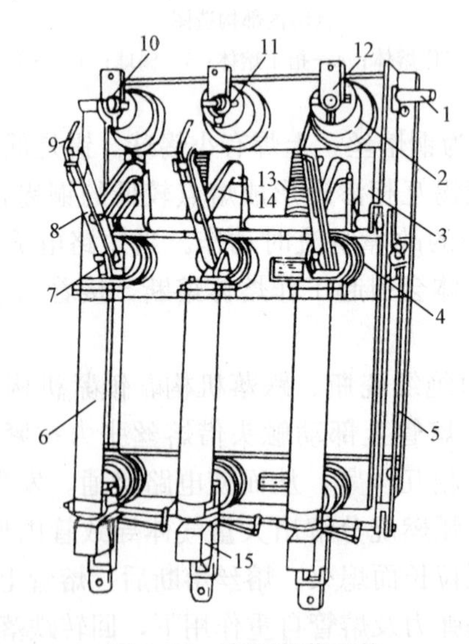

图 3.14　高压负荷开关

1—主轴；2—上绝缘子兼气缸；3—连杆；4—下绝缘子；5—框架；6—高压熔断器；
7—下触座；8—闸刀；9—弧动触头；10—灭弧喷嘴(内有弧静触头)；
11—主静触头；12—上触座；13—断路弹簧；14—绝缘拉杆；15—热脱扣器

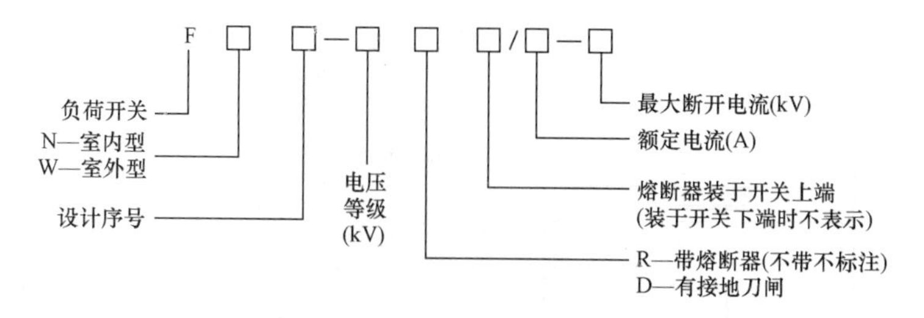

图 3.15　高压负荷开关型号表示

5)高压开关柜(文字符号 AH)。由厂家按一定的接线方式将各种用途电气设备组装封闭在金属柜中。高压开关柜按结构形式可分为固定式及手车式两种；按柜体结构形式可分为封闭式和开启式两类，如图 3.16 所示。

(2)低压一次设备。低压电气设备是指电压在 500 V 以下的各种控制设备、继电器及保护设备等。

1)低压断路器。低压断路器又称为空气开关或自动开关，具有良好的灭弧性能，用作交、直流线路的过载、短路及欠电压保护，其分为塑料外壳式和框架式两大类。如图 3.17、图 3.18 所示。

低压断路器型号的表示和含义如图 3.19 所示。

2)低压熔断器。低压熔断器是一种保护电器，对电路起短路及过载保护作用，当电流超过规定值一定时间后，以它本身产生的热量，使熔体熔化。熔断器由熔断管、熔体和插座三部分组成。其型号的表示和含义如图 3.20 所示。

常用熔断器有螺旋式或塞头式(RL1、RL2)、管式(RM1、RM3、RM10)、有填料封闭管式(RTO)、快速熔断器(RS0、RS3)及瓷插式(RC)等几种类型。

①瓷插式熔断器(图 3.21)。瓷插式熔断器一般用于民用交流电 50 Hz，额定电压 380 V 或 220 V，额定电流小于 200 A 的低压照明线路或分支回路中，作短路或过电流保护用，目前已较少使用。

②螺旋式熔断器(图 3.22)。螺旋式熔断器一般用于电气设备的控制系统中作短路和过电流保护。其熔体支持部分是一个瓷管，内有石英砂和熔体，熔体两端焊在瓷管两端的导电金属端盖上，其上端盖中有一个染有红漆的熔断指示器。当熔体熔断时，熔断指示器弹出脱落。

③管式熔断器(图 3.23)。管式熔断器作为短路保护和过载保护之用，由纤维管、变截面的锌片和触头底座组成。

④有填料高分断熔断器(图 3.24)。有填料高分断熔断器广泛应用于各种低压电气线路和设备中作为短路和过电流保护。它具有较高的分断电流(120 kA)的能力，额定电流也可达 1 250 A。其熔体是采用紫铜箔冲制的网状多根并联形式的熔片，中间部位有锡桥，装配时将熔片围成笼状，以充分发挥填料与熔体接触的作用，这样既可均匀分布电弧能量而提高分断能力，又可使管体受热比较均匀而不易使其断裂。

3)低压刀开关(低压隔离开关)。刀开关没有任何防护，安装在低压配电柜中，用于隔离电源和分断交直流电路。按闸刀投放位置分为单投刀开关与双投刀开关。常用 HD 系列单投与 HS 系列双投、开启式 HK 型及封闭式 HH 型，如图 3.25 所示。其型号的表示和含义如图 3.26 所示。

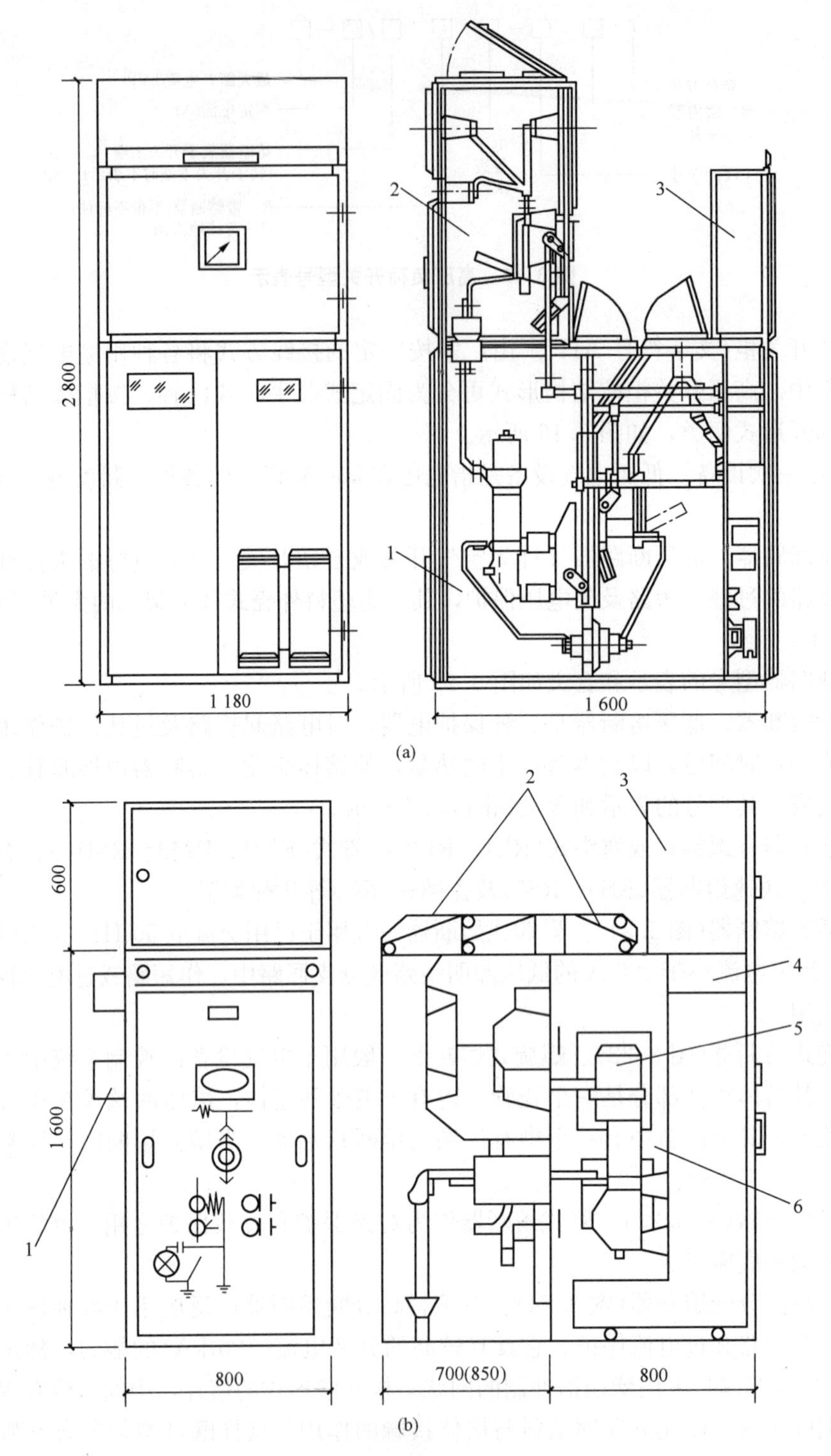

图 3.16　高压开关柜

(a)KGN—10 型固定式金属铠装开关柜

1—本体装配；2—母线式装配；3—继电器室装配

(b)KYN—10 型移开式金属铠装开关柜

1—穿墙套管；2—泄压活门；3—继电器仪表箱；4—端子室；

5—手车；6—手车室

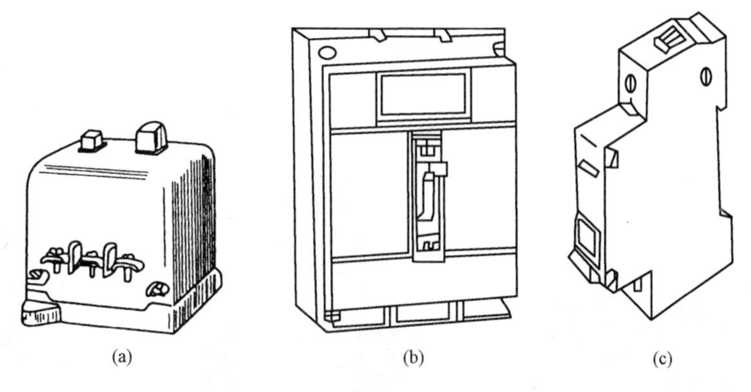

图 3.17　常用塑料外壳式断路器

(a)DZ5 型；(b)DZ10 型；(c)DZ47 型

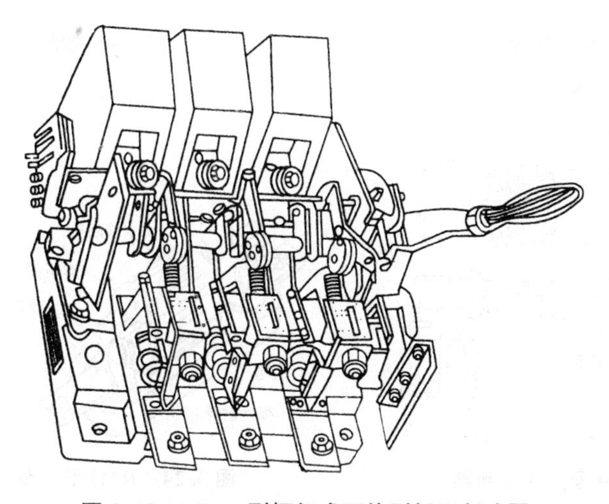

图 3.18　DW10 型框架式万能型低压断路器

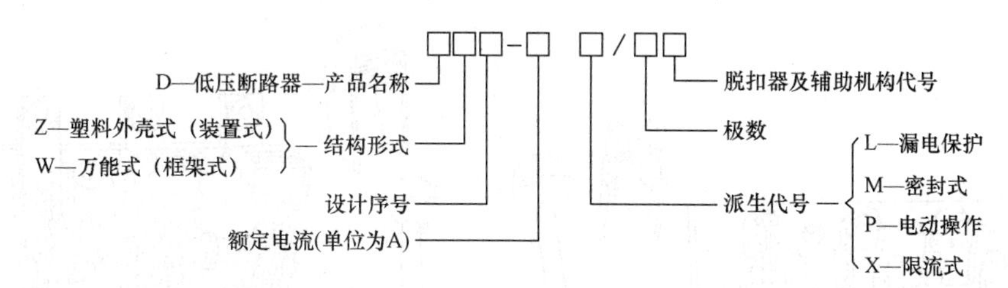

图 3.19　低压断路器型号表示

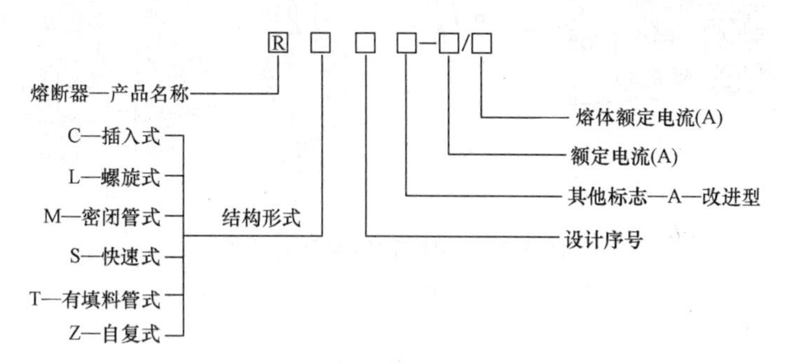

图 3.20　低压熔断器型号表示

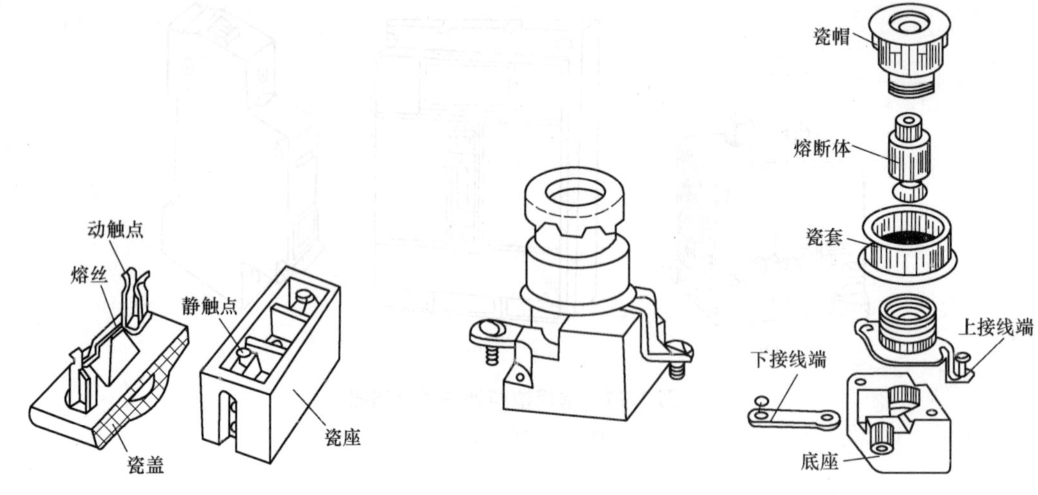

图 3.21　瓷插式熔断器

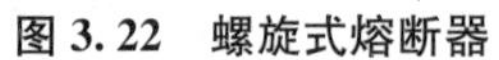

图 3.22　螺旋式熔断器

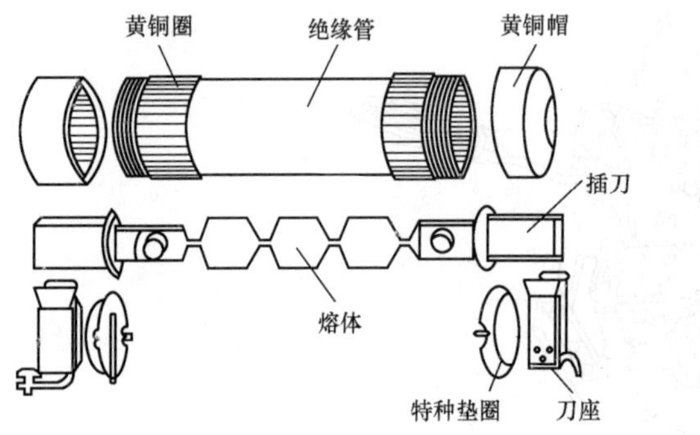

图 3.23　RM10 型管式熔断器

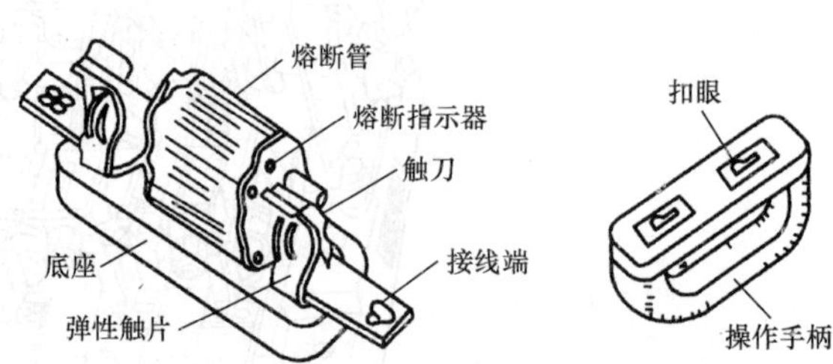

图 3.24　RTO 型有填料封闭管式熔断器

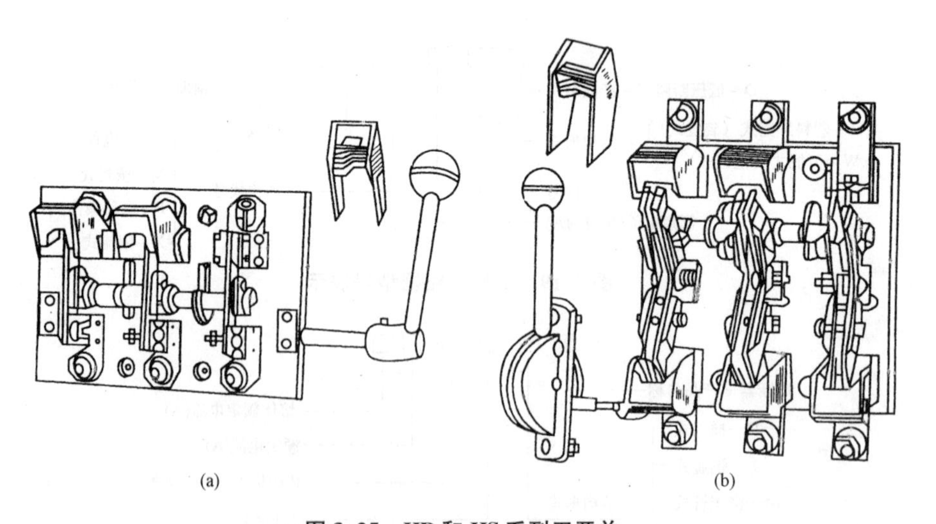

图 3.25　HD 和 HS 系列刀开关

(a)HD 系列单极刀开关；(b)HS 系列双极刀开关

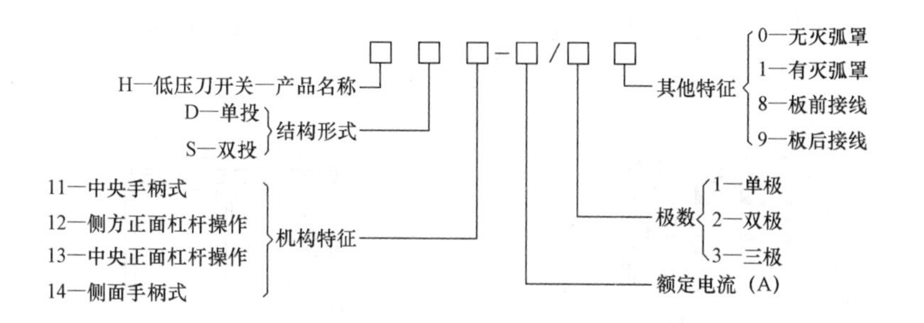

图 3.26　低压刀开关型号表示

4)低压负荷开关。低压负荷开关(图 3.27)是指由带灭弧装置的刀开关与熔断器串联组合而成，外装封闭式铁壳或开启式胶盖的开关电器。低压负荷开关具有带灭弧罩刀开关和熔断器的双重功能，既可带负荷操作，又能进行短路保护。其可用作设备和线路的电源开关。目前已使用较少，常用断路器取代。其型号的表示和含义如图 3.28 所示。

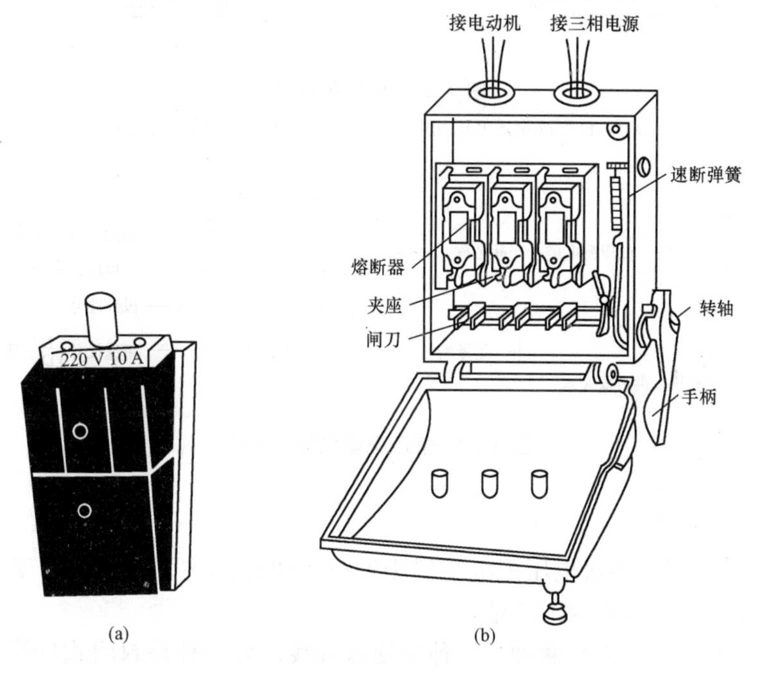

图 3.27　低压负荷开关

(a)开启式 HK 型负荷开关；(b)封闭式 HH 型负荷开关

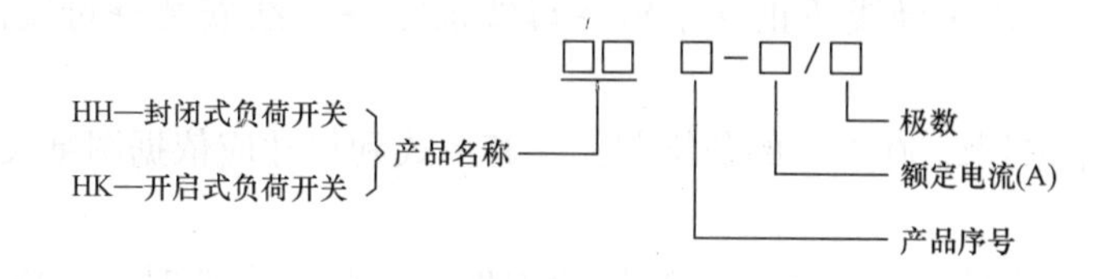

图 3.28　低太负荷开关型号表示

5)低压配电屏(文字符号 AL)。低压配电屏是指按照一定的接线方式将有关低压的设备组合而成的成套设备，是主要作为动力及照明等用电设备的配电设备。其可分为固定式(常用的有 PGL 型及 GCD 型)和抽屉式(常用的有 GCS 型、GCK 型及 BFC 型)两种类型，如图 3.29 所示。其型号的表示及含义如图 3.30 所示。

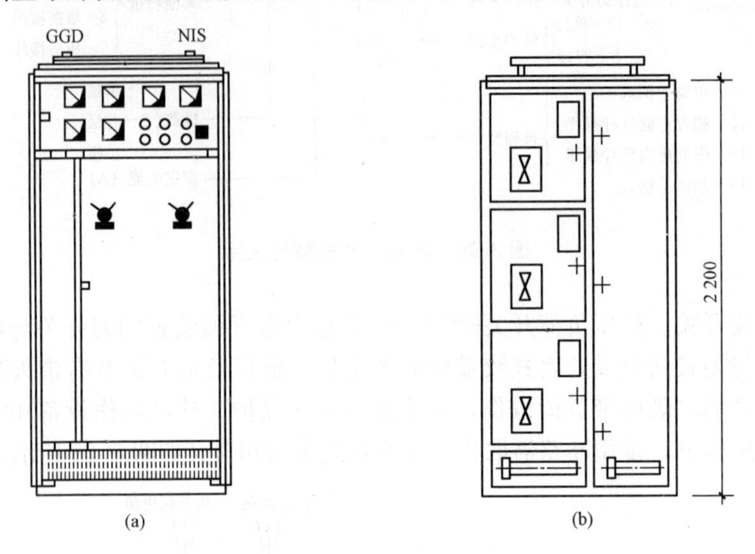

图 3.29 低压配电屏

(a)GCD 型固定式低压配电屏；(b)GCS 型抽屉式低压配电屏

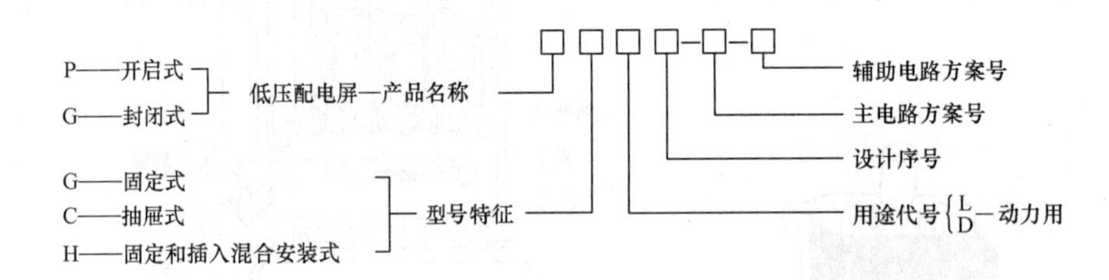

图 3.30 低压配电屏型号表示

3. 母线

(1)母线。母线是指各级电压配电装置中通过大电流的主干导线，在变电所内用于汇集、分配和传输电能，又称为汇流排。

变电所室内硬母线通常有两种，一种是硬裸母线；另一种是封闭式母线。封闭式母线安装不需要对母线加工，只是按图纸所示位置用支架将封闭式母线架设起来；硬裸母线安装，必须在现场加工，并应在设备安装就位调整后进行，其施工程序为：测量→支架制作安装→绝缘子加工安装→母线矫正→下料→母线加工→母线安装→母线涂色刷油→检测送电。

(2)支架。支架采用∟50×50 的角钢制作，其形式和尺寸应依据图纸尺寸和母线架设路径来决定。

支架一般是埋设在墙上或固定在建筑物的构件上。装设支架时，应横平竖直，支架埋入深度宜大于 150 mm。孔洞要用混凝土填实、灌注牢固。

(3)绝缘子。绝缘子主要用来绝缘及固定配电线路。室内用绝缘子种类较多，且有高低压之分，比较常用的是高压支柱绝缘子和低压电车绝缘子，如图 3.31 所示。

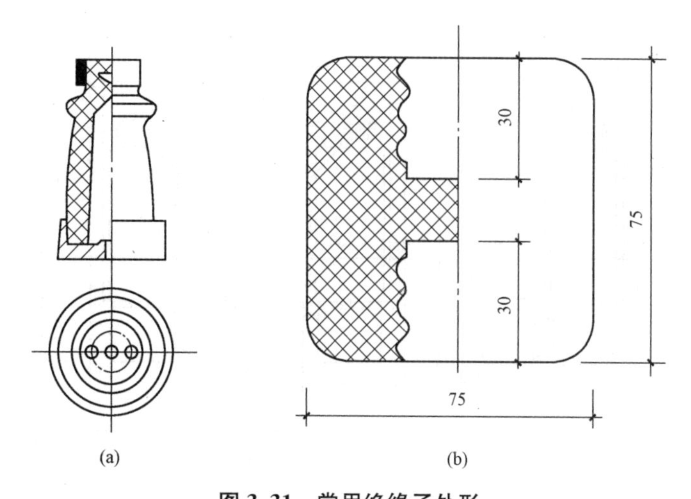

图 3.31　常用绝缘子外形

(a)高压支柱绝缘子；(b)低压电车绝缘子

(4)电缆。内容见本书第六章。

3.2.3　变配电所

6～10 kV 室内变电所主要由高压配电室、变压器室和低压配电室三部分组成，如图 3.32 所示。

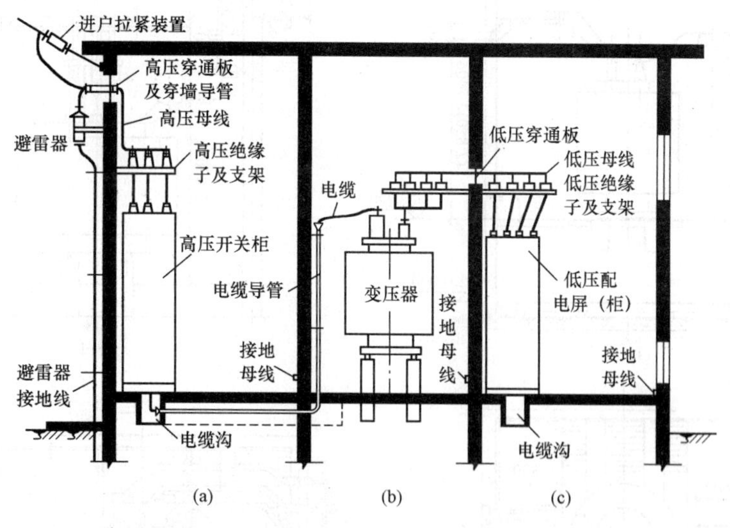

图 3.32　变配电所组成

(a)高压配电室；(b)变压器室；(c)低压配电室

1. 高压配电室

高压配电室是指安装高压配电设备的房间，其布置方式取决于高压开关柜的数量和形式，运行维护时的安全与方便。当台数较少时，采用单列布置；当台数较多时，采用双列布置，如图 3.33 所示。

2. 变压器室

变压器室是指安装变压器的房间，变压器室的形式与变压器的形式、容量、安放方向，

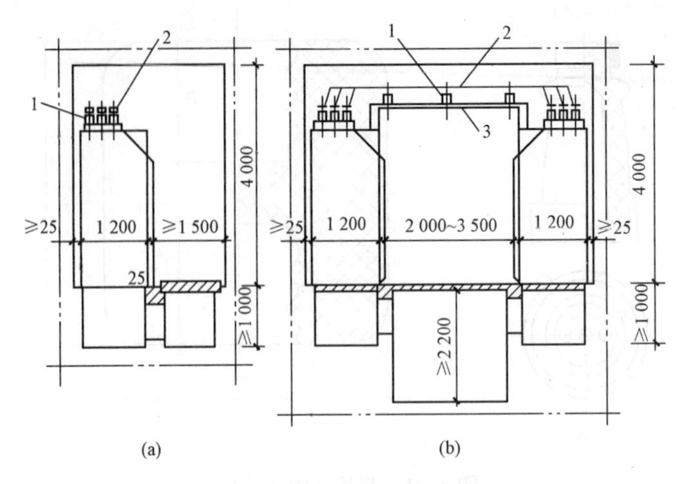

图 3.33　高压配电室

(a)单列布置；(b)双列布置

1—高压支柱绝缘子；2—高压母线；3—母线桥

进出线方位及电气主接线方案等有关，如图 3.34 所示。

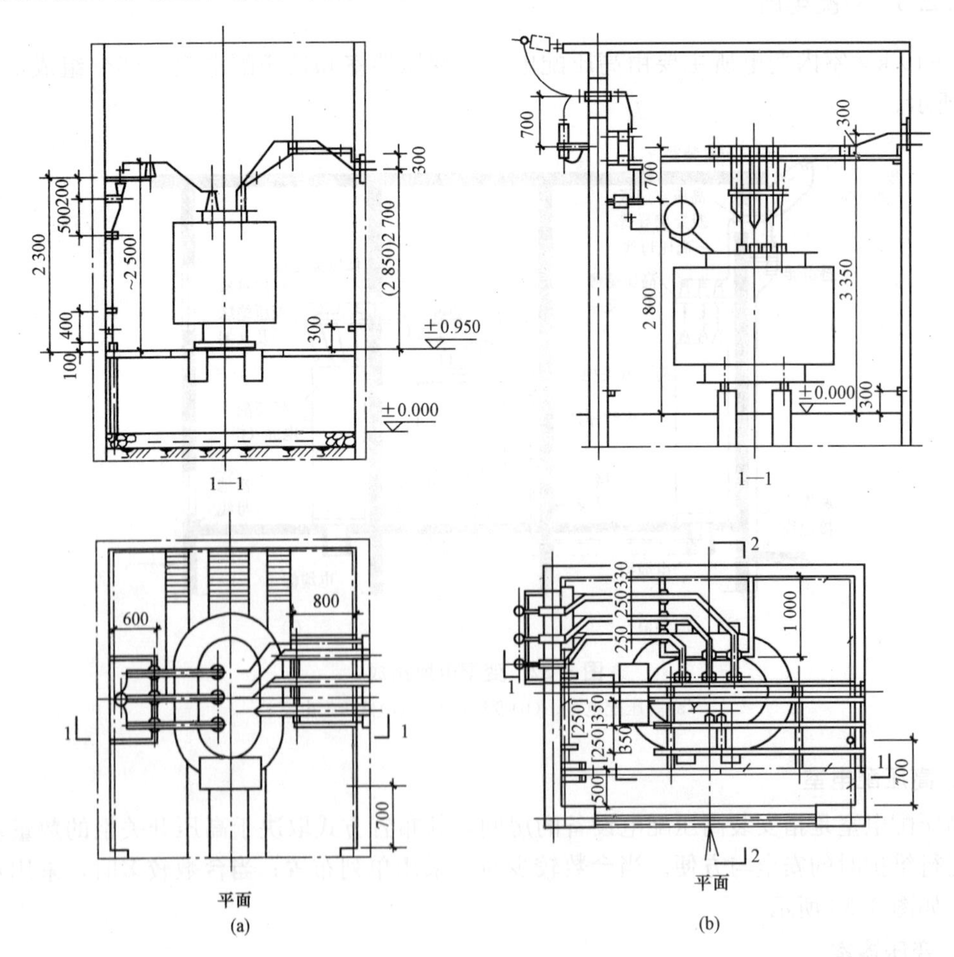

图 3.34　变压器室

(a)变压器窄面推进式(电缆进线)；(b)变压器宽面推进式(架空进线)

3. 低压配电室

低压配电室是指安装低压开关柜(配电屏)的房间，其布置方式也取决于低压开关柜的数量与形式，运行维护时的安全与方便。当数量少时，单列布置；当数量多时，双列布置。如图 3.35 所示。

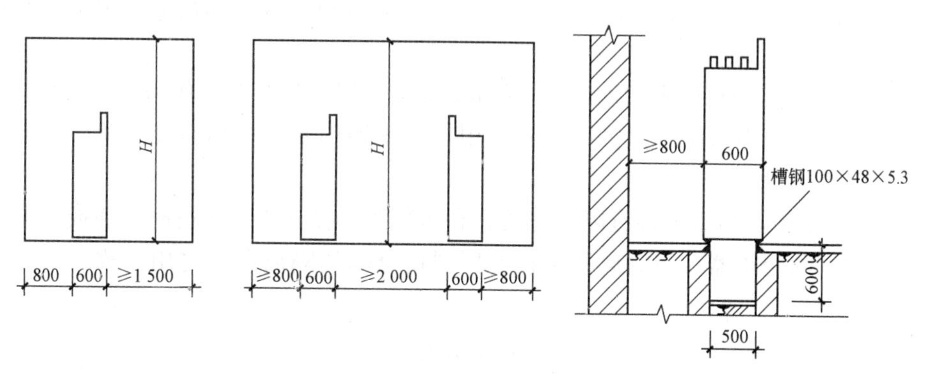

图 3.35 低压配电室

3.3 变配电系统图

变配电所工程图是设计单位提供给施工单位进行电气安装所依据的技术图纸，也是单位进行竣工验收、维护、检修等的依据。其主要包括系统图，二次回路电路图及接线图，变配电所设备安装平、剖面图，变配电所照明系统图和平面布置图，变电所接地系统平面图等。本章主要介绍变配电系统图。

1. 变配电系统图及识图要领

变配电系统图一般是用图形符号或带注释的框进行绘制，描述对象是系统或分系统。大的系统图可以表示大型区域电力网；小的系统图可以表示一个用电设备的供电关系。图 3.36 所示为一个小型变配电所的供电系统图。

识图要领：从电源进线开始，按照电能流动的方向进行识读。

2. 变配电所配电系统

由于变配电所配电系统主要是用来表示电能发生、输送、分配过程中一次设备相互连接关系的电路图，而不表示用于一次设备的控制、保护、计量等二次设备的连接关系，因此，习惯称为一次接线图或主接线图。用于表示二次设备连接关系的控制、保护、计量等的电路，习惯称为二次接线图。

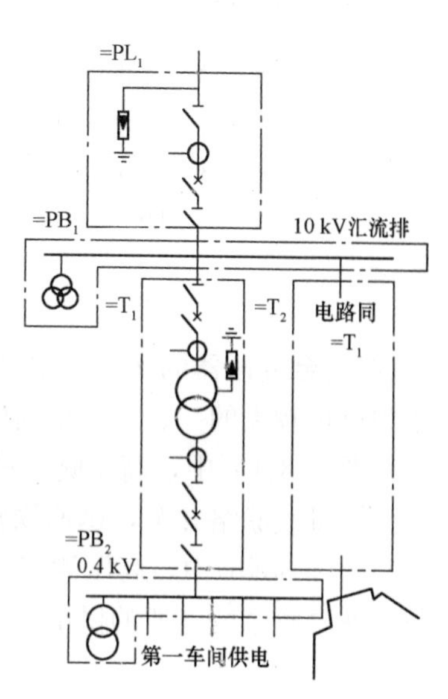

图 3.36 小型变配电所的供电系统图

变配电所配电系统图的绘制一般都习惯采用单线表示法。只有在个别情况下才有可能采用三线制。

(1)一台变压器的变电所主接线。将 6～10 kV 的高压降为一般用电设备所需的 380/220 V

低压，只有一台变压器时，其变压器的容量都不会大于 1 250 kV·A，故其主接线比较简单，高压侧无母线，投资少，操作方便，但供电可靠性较差。如图 3.37 所示。

1)图 3.37(a)中，高压侧装有隔离开关和高压熔断器。隔离开关用在检修变压器时切断变压器与高压电源的联系；高压熔断器能在变压器故障时熔断而切断电源。低压侧装有自动空气开关。因隔离开关仅能切断容量在 320 kV·A 及以下变压器的空载电流，故此类变电所的变压器容量不大于 320 kV·A。

2)图 3.37(b)中，高压侧选用负荷开关和高压熔断器。负荷开关作为正常运行时操作变压器之用；熔断器作为短路时保护变压器之用。低压侧仍安装自动空气开关。故此类变电所的变压器容量可达 560～1 000 kV·A。

3)图 3.37(c)中，高压侧装有隔离开关和高压断路器作为正常运行时接通或断开变压器之用，故障时切除变压器。因隔离开关在变压器检修时作隔离电源之用，故要安装在断路器之前。

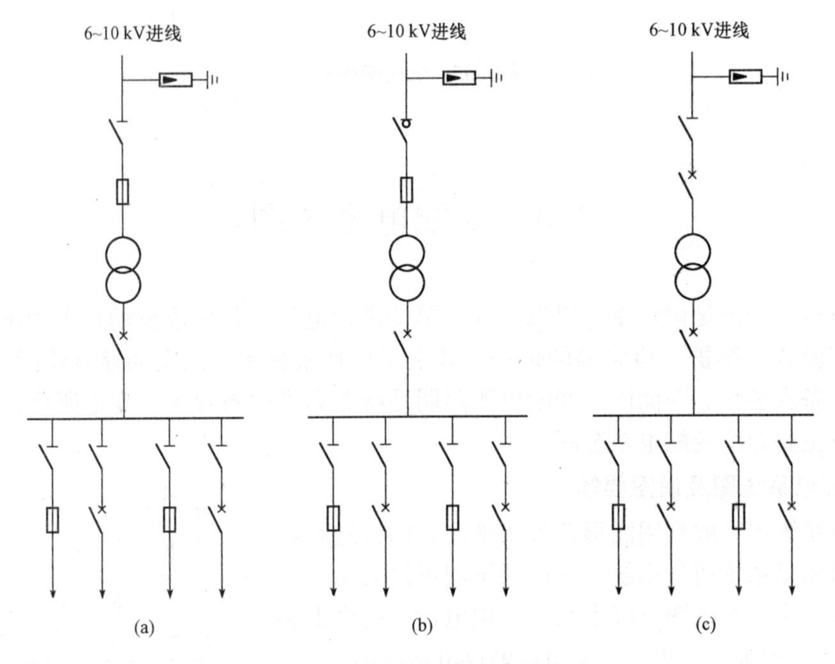

图 3.37　变配电系统图

(2)两台变压器的变电所主接线。这种接线方式供电可靠性比一台变压器要高得多，故用于用电量较大的一、二类负荷的电力用户，如图 3.38 所示。

1)图 3.38(a)中，高压侧无母线，当任一变压器停电检修或发生故障时，变电所可通过闭合低压母线联络开关，迅速恢复对整个变电所的供电。

2)图 3.38(b)中，高压侧有单母线，当任一变压器检修或发生故障时，通过切换操作，能较快恢复整个变电所的供电。但在高压母线及电源进线检修或发生故障时，整个变电所都要停电。

(3)例题分析。图 3.39 所示为某小型工厂变电所的主电路图，图中元件材料参数见表 3.2。它采用单线图表示，元件技术数据表示方法采用两种基本形式：一种是标注在图形符号的旁边(如变压器、发电机等)；另一种以表格形式给出(如开关设备等)。

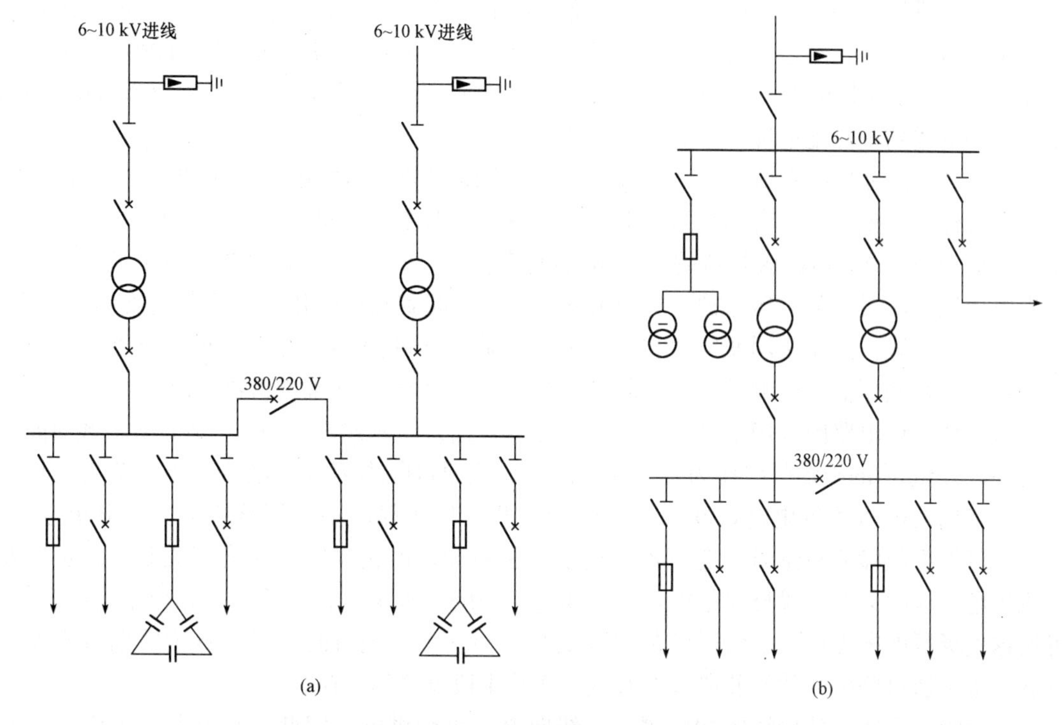

图 3.38　两台变压器变配电系统图

(a)双回路供电两台变压器的系统图；(b)单回路供电两台变压器的系统图

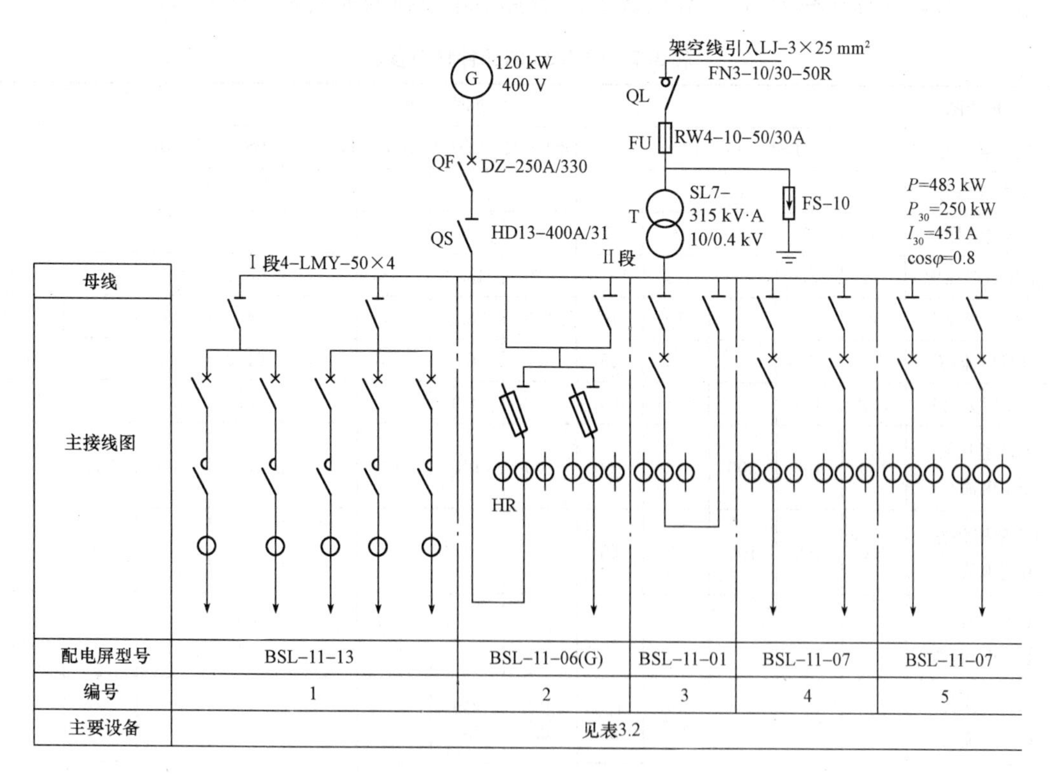

图 3.39　某小型工厂变电所的主要电路

1)电源进线。在图3.39中，电源进线是采用LJ－3×25 mm^2 的3根25 mm^2 的铝绞线，架空敷设引入，经过负荷开关QL（FN3－10/30－50R）、熔断器FU（RW4－10－50/30A)送入主变压器(SL7－315 kV·A，10/0.4 kV)，将10 kV的电压变换为0.4 kV的电压，由铝排送到3号配电屏，然后进到母线上。

3号配电屏的型号是BSL－11－01，是一双面维护的低压配电屏，主要用于电源进线。由图和元件表可见，该屏有两个刀开关和一个万能型低压断路器。低压断路器为DW10型，额定电流为600 A。电磁脱扣器的动作额定电流为800 A，能对变压器进行过电流保护，它的失电压线圈能进行欠电压保护。屏中的两个刀开关起到隔离作用，一个隔离变压器供电，另一个隔离母线，防止备用发电机供电，便于检修低压断路器。为了保护变压器，防止雷电波袭击，在变压器高压侧进线端安装了一组(共三个)FS－10型避雷器。

2)母线。该电路图采用单母线分段式，配电方式为放射式，以四根LMY型、截面面积均为50×4 mm^2 的硬铝母线作为主母线，两段母线通过隔离刀开关联络。当电源进线正常供电而备用发电机不供电时，联络开关闭合，两段母线都由主变压器供电。当电源进线、变压器等发生故障或检修时，变压器的出线开关断开，停止供电，联络开关断开，备用发电机供电。这时只有Ⅰ段母线带电，供给职工、医院、水泵房、试验室、办公室、宿舍等，可见这些场所的电力负荷是该系统的重要负荷。但这不是绝对的，只要备用发电机不发生过载，也可通过联络开关使Ⅱ段母线有电，送给Ⅰ段母线的负荷。

3)出线。出线是从母线经配电屏、馈线向电力负荷供电。因此，在电路图中都标注有配电屏的型号，馈线的编号，馈线的型号、截面面积、长度、敷设方式，馈线的安装容量(或功率 P)，计算功率 P_{30}，计算电流 I_{30}，线路供电负荷的地点等，见表3.2。

表3.2　图3.39的元件材料参数

主接线图	见图3.39												
配电屏型号	BSL－11－13					BSL－11－06(G)		BSL－11－01		BSL－11－07		BSL－11－07	
配电屏编号	1					2		3		4		5	
馈线编号	1	2	3	4	5		6			7	8	9	10
安装功率/kW	78	38.9		15	12.6	120	43.2	315		53.5	182		64.8
计算功率/kW	52	26		10	10	120	38.2	250		40	93		26.5
计算电流/A	75	43.8		15	15	217	68	451		61.8	177		50.3
电压损失/%	3.2	4.1		1.88	0.8		3.9			3.78	4.6		3.9
HD型开关额定电流/A	100	100	100	100	100	400	100	600		200	400	200	200
GJ型接触器额定电流/A	100	100	100	60	60								
DW型开关额定电流/A								$\frac{600}{800}$		$\frac{400}{100}$			$\frac{400}{100}$
DZ型开关额定电流/A	$\frac{100}{75}$	$\frac{100}{50}$	100	$\frac{100}{25}$	$\frac{100}{25}$	$\frac{250}{330}$	$\frac{250}{150}$						
电流互感器变比(A/A)	150/5	150/5	150/5	150/5	50/5	250/5	100/15	500/5		75/5	300/5	100/15	75/5

续表

主接线图		见图 3.39												
配电屏型号		BSL—11—13					BSL—11—06(G)		BSL—11—01		BSL—11—07		BSL—11—07	
配电屏编号		1					2		3		4		5	
馈线编号		1	2	3	4	5		6			7	8	9	10
电线电缆	型号	BLX	BLV		BLV	BLV	VLV2	LJ	LMY		BLV	LGJ		BLV
	截面面积/mm^2	3×50+1×16	4×16		4×10	4×10	3×95+1×50	4×16	4×50		4×16	3×95+1×50		4×16
敷设方式		架空线	架空线		架空线	架空线	电缆沟	架空线	母线穿墙		架空线	架空线		架空线
负荷或电源名称		职工医院	试验室	备用	水泵房	宿舍	发电机	办公楼	变压器		礼堂	附属工厂	备用	路灯

该变电所共有 10 个馈电回路，其中 3、9 回路为备用。下面以第 6 回路为例进行论述。

第 6 回路由 2 号屏输出，供给办公楼，安装功率 $P_e=43.2$ kW，计算功率 $P_{30}=38.2$ kW，其可见需要系数为

$$k_d=\frac{P_{30}}{P_e}=\frac{38.2}{43.2}=0.88$$

若平均功率因数为 0.85，则该回路的计算电流为

$$I_{30}=\frac{P_{30}}{\sqrt{3}U_N\cos\varphi}=\frac{38.2}{\sqrt{3}\times0.38\times0.85}=68(\text{A})$$

这个计算电流值是设计时选用开关设备及导线的主要依据，也是维修时更换设备、元器件的论证依据。

该回路采用了刀熔开关 HR3—100/32，回路中装有三个变比为 100/5 的电流互感器供测量用。馈线采用四根 16 mm^2(LJ—4×16)铝绞线进行架空线敷设，全线电压损失为 3.9%，符合供电规范要求(即小于 5%)。

4)备用电源。该变电所采用柴油发电机组作为备用电源。发电机的额定功率为 120 kW，额定电压为 400/230 V，功率因数为 0.8，那么额定电流为

$$I_{30}=\frac{P_N}{\sqrt{3}U_N\cos\varphi}=\frac{120}{\sqrt{3}\times0.4\times0.8}=216.5(\text{A})$$

因此，选用发电机出线断路器的型号为 DZ 系列，额定电流为 250 A。

备用电源供电过程：备用发电机电源经低压断路器 QF 和刀开关 QS 送到 2 号配电屏，然后引至Ⅰ段母线。低压断路器的电磁脱扣的整定电流为 330 A，对发电机进行过电流保护。刀开关起到隔离带电母线的作用，便于检修发电机出线的自动空气断路器。从发电机房至配电室采用型号为 VLV_2—500 V 的 3 根截面面积为 95 mm^2(作为相线)和 1 根截面面积为 50 mm^2(作为零线)的电缆沿电缆沟敷设。

2 号配电屏的型号是 BSL—11—06 (G)(“G”是在标准进线的基础上略有改动)，这是一个受电、馈电兼联络用配电屏，有一路进线，一路馈线。进线用于备用发电机，它经三个变比为 250/5 的电流互感器和一组刀熔开关 HR，然后又分成两路，左边一路接Ⅰ段母线，右边一路经联络开关送到 n 段母线。其馈线用于第 6 回路，供电给办公楼。

课堂活动

请对图3.36进行简单识读。

3.4 变配电工程量计算

变配电工程量需根据变配电站的施工图进行计算。变配电工程量计算从进线开始按先高压后低压的顺序进行，具体顺序为：进线开关→高压配电装置→变压器→低压配电装置→高低压母线和附属设备。在计算某一单项设备的安装时，要注意其相关联项目的工程量计算。

变配电工程量计算以设备安装工程量为主要内容，一般按变配电施工图的设备材料明细表中所列项目的数量计算。在变配电工程设计中，许多辅助项目多引用标准图集中的有关项目。

1. 变压器安装工程量计算

(1)变压器安装按不同电压等级、不同容量和不同类型分别以“台”计量，用《重庆市安装工程计价定额》第二册定额。

变压器安装不包括以下内容：

变压器油的耐压试验、混合化验，无论施工单位自检，或委托电力试验研究部门代验。以上均按实际发生另计算。其中，变压器油耐压试验每一试样以油杯装盛，故以“只”计量，可用《重庆市安装工程计价定额》第二册定额。

当变压器油需要过滤时，按变压器上铭牌所注油量，加上损耗计算过滤工程量，以“100 kg”计量。按下式计算：

$$油过滤量=变压器铭牌油量\times(1+1.8\%)$$

(2)根据技术规范要求，变压器绝缘受潮需要干燥时，按电压等级及容量，以“台”计量，需搭拆干燥棚时按实计算。

(3)变压器安装不包括变压器系统调试，其调试工程量需另计。

(4)变压器端子箱、控制箱安装和端子板外接线，以“台”和“10头”计量。

2. 配电装置安装工程量计算

(1)断路器(QF)、负荷开关(QL)、隔离开关(QS)、电流互感器(TA)、电压互感器(TV)、电力电容器等安装，均以“台”计量。安装时须注意以下内容：

1)负荷开关安装与隔离开关安装，均包括操动机构安装，不另计算。

2)1 kV以下电流及电压互感器安装，不分规格型号均以“台”计量。

3)电力电容器安装仅指本体安装，以器体质量分档，以“个”计量。与电容器本体连接的导线及导线的安装，应按导线连接的形式和材料规格、数量用《重庆市安装工程计价定额》第二册定额。

(2)熔断器、避雷器安装，以“组”计量，每三相为一组。

熔断器安装，本条指高压熔断器安装(10 kV以内及1 kV以内)，套用相应子目。低压熔断器用《重庆市安装工程计价定额》第二册第四章第八节定额相应子目，以“个”计量。

阀式避雷器在杆上、墙上安装，定额包括与相线连接裸铜线材料，不另计算。但引下线应另列项计算，用《重庆市安装工程计价定额》第二册第十章接地线相应子目。

避雷器安装，定额不包括放电记录调试和固定支架制作。避雷器固定支架制作，以“100 kg”计量，用《重庆市安装工程计价定额》第二册第四章相应子目。

避雷器的调试，按“组”计量，用《重庆市安装工程计价定额》第二册第十二章相应子目。

(3)配电设备安装的支架、抱箍、延长轴、轴套、间隔板和配电箱(板)，现场制作时，按施工图纸为准计算制作工程量，以“100kg”计量，用《重庆市安装工程计价定额》第二册第四章相应子目。

3. 母线及绝缘子安装工程量计算

10 kV 以下母线(WB)安装按刚度分为硬母线(汇流排)、软母线两种；按材质分为铜母线、铝母线、钢母线三类；按断面形状可分为带形、槽形、管形、组合形四种；按安装方式分为矩形单片、叠合或组合；目前，高层建筑及工厂车间应该广泛应用低压封闭式插接母线。

(1)母线安装工程量。母线均以“m/单相”计量。

母线安装不包括支持(柱)绝缘子安装和母线伸缩接头制作安装，也不包括母线钢托架、支架的制作与安装。其计算公式如下：

$$L = \sum(\text{母线各单相按图计算长度} + \text{母线预留长度}) \times (1 + 2.3\%)$$

式中 2.3%——硬母线材料损耗率。

母线预留长度见表 3.3。

表 3.3 硬母线配制安装预留长度

m/根

序号	项目	预留长度/m	说明
1	带形、槽形母线终端	0.3	从最后一个支点算起
2	带形、槽形母线与分支线连接	0.5	分支线预留
3	带形母线与设备连接	0.5	从设备端子接口算起
4	多片重形母线与设备连接	1.0	从设备端子接口算起
5	槽形母线与设备连接	0.5	从设备端子接口算起
注：固定母线的金具包括在母线安装定额内，其材料消耗量按设计用量加 1%损耗计算。			

1)托架、支架制作及安装以“100 kg”计量；上述各项分别用《重庆市安装工程计价定额》第二册第四章有关子目。

2)母线伸缩接头(补偿器)安装，以“个”计量。因伸缩接头是按成品供货考虑的，故应计算其价值。

3)母线与设备相连，需焊铜铝过渡端子，或安装铜铝过渡线夹时，以“个”计量。应计算过渡端子和过渡线夹价值。

4)母线安装定额已包括涂刷分相色漆，不另计算。

(2)绝缘子安装。

1)悬式绝缘子安装。10 kV 以下悬式绝缘子安装以“串”计量，以单串为准。

定额包括绝缘子绝缘摇测，耐压试验另计。

主要材料：绝缘子、悬垂线夹、耐张线夹和金具。

2)支持绝缘子安装。分户内、户外 10 kV 以下支持绝缘子安装，以绝缘子结构形式安装孔数分档，以“个”或“柱”计量。

安装工作包括清扫、安装、刷漆、接地及绝缘摇测。绝缘子耐压试验另计。

3)穿墙导管安装。10 kV 以下穿墙导管以“个”计量，不论水平安装和垂直安装，工作包括检查、清扫、安装固定、刷漆、接地及绝缘摇测。

4)悬式绝缘子、支柱绝缘子、穿墙导管耐压试验。单独测试时以测试绝缘子的数量计数，以“10 个测试件”计量，按实计算。

5)穿通板安装。穿通板是为了安装和支持穿墙套管，其安装制作以“块”计量，以板材质分档。有电木板、环氧树脂板、钢饭、塑料板、石棉水泥板等。角钢框架及板材包括在定额之内，其中电木板、环氧树脂板为主要材料。用《重庆市安装工程计价定额》第二册第四章定额。

小　结

本章主要介绍了变配电知识，包括供配电系统组成、变配电系统组成、常用一次设备、一次接线图(主接线图)的识读和变配电系统工程量的计算。

习　题

1. 隔离开关、负荷开关、断路器在使用功能上有哪些区别？画出三者的图形符号。
2. 为什么在接负荷电流时，要先接通隔离开关，再接断路器？
3. 10 kV 变电所的一次设备有哪些？
4. 变配电系统的组成有哪些？
5. 变配电系统图的识读要领是什么？

第4章　照明配电工程识图与工艺

学习目标

知识目标	能力目标	权重
表述照明供电系统的组成	能理解照明供电系统的组成	0.10
正确表述室内配电线路的构造及施工工艺	能正确理解室内配电线路的构造及施工工艺	0.30
正确表述电气设备的构造及施工工艺	能正确理解电气设备的构造及施工工艺	0.25
正确表述照明配电工程图	能正确识读照明配电工程图	0.35
合计		1.0

教学准备

安装施工规范、照明配电工程施工图等。

教学建议

在安装工程识图实训基地采用集中讲授、课堂互动教学、分组实训等方法教学。

教学导入

照明与动力工程是现代建筑工程中最基本的电气工程。动力工程主要是指以电动机为动力的设备、装置及其起动器、控制柜(箱)和配电线路的安装。照明工程主要包括灯具、开关、插座等电气设备和配电线路的安装。

4.1　照明供电系统的组成

1. 照明电气系统的组成

(1)用电设备。在日常生活中，人们与用电设备紧密相关，如照明所需的灯具，供应电能的插座以及控制开关等，如图4.1所示。

(2)输电线路。用电设备能够正常运行，必须给其提供电能，电能输送、分配的管网为输电线路，通常其为暗配，故不常看见。在支、干线上表示电能分配关系的一般用系统图，如图4.2所示；连接用电设备的线路一般可见平面图，如图4.3所示。

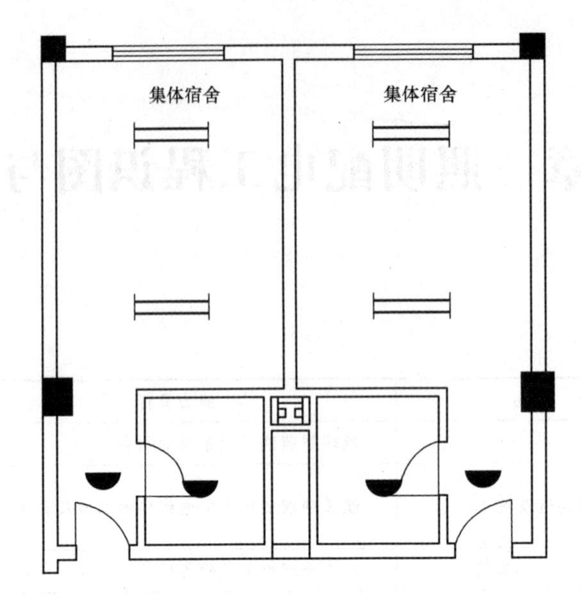

图 4.1　灯具平面布置图

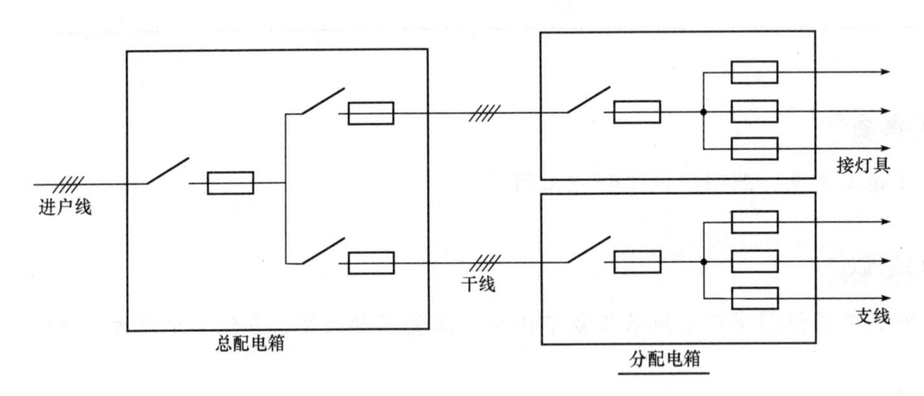

图 4.2　电气系统图

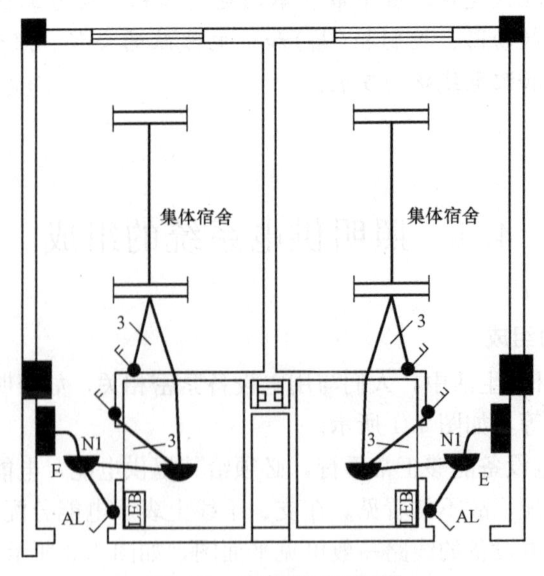

图 4.3　电气照明平面图

温馨提醒：这是按照人们认识事物的先后顺序对照明电气系统的组成进行划分的，但在识图时往往按照电源进线的顺序进行识读。

2. 照明供电系统的组成

一般建筑物的电气照明供电，通常都采用 380/220 V 三相四线制供电系统，即由配电变压器的低压侧引出三根相线（L_1、L_2、L_3）和一根零线（N）。这样的供电方式，可同时提供两种不同的电源电压，对于动力负荷可使用 380 V 的线电压，对于照明负荷可使用 220 V 的相电压。

（1）进户线。从低压架空线或电缆直埋进入建筑物，由进户点引入到建筑物内的总配电箱一段线路称为进户线（现一般为变配电电缆直埋进入建筑物总配电箱）。

（2）配电箱。配电箱是指接受和分配电能的装置。对于用电量小的建筑物，可以只安装一台配电箱；对于用电负荷大的建筑物，如多层建筑可以在某层（通常是底楼楼梯间或过道）设置总配电箱，在楼层设置分配电箱（层配电箱，通常设在该层楼梯间或过道）。同时，在房间内设置户配电箱。在配电箱中应装有用来接通和切断电路的开关以及防止短路故障的熔断器和计算耗电量的电度表等。

（3）干线和支线。从总配电箱到分配电箱的一段线路称为干线，分配电箱到户配电箱的一段线路称为支干线；户配电箱引至灯具及其他用电设备的一段线路称为支线。从图 4.2 中可以看出，进户线上有四根导线（三根火线和一根零线），电能通过进户线引入总配电箱，再从总配电箱分出两组干线接至分配电箱。干线的布置方式有放射式、树干式和混合式三种，如图 4.4 所示。

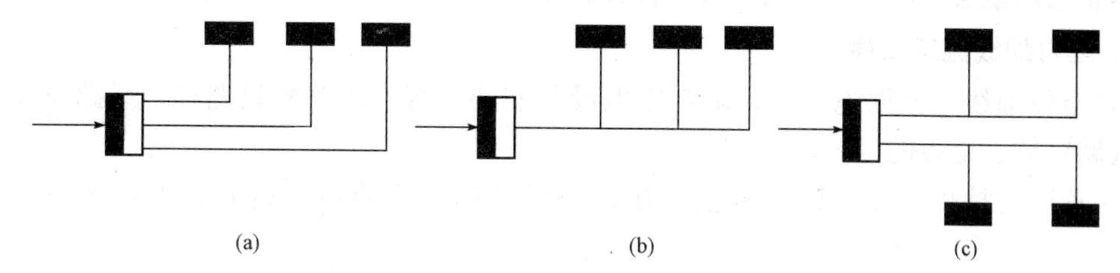

图 4.4　照明供电线路的三种布置方式

（a）放射式；（b）树干式；（c）混合式

（4）用电设备。电能通过支、干线引入到电灯、插座及其他用电设备，这些用电设备均连接在支线上。

4.2　室内配电线路

用电设备的供电是通过室内配电线路得以实现的，但室内配电线路的敷设方式、敷设部位，以及所用的导线的种类都存在不同，这些信息在施工图中会表现出来（详见第二章线路的标注），但是这些施工工艺又是怎么回事呢？

4.2.1　室内配电线路概述

1. 室内配线方式

导线的敷设方法有许多种，按线路在建筑物内敷设位置的不同，可分为明敷设和暗敷设两种；按在建筑结构上敷设位置不同，可分为沿墙敷设、沿柱敷设、沿梁敷设、沿顶棚敷设和沿地面敷设五种。

导线明敷设，是指线路敷设在建筑物表面可以看得见的部位，就是将绝缘导线直接或穿于管子、线槽等保护体内，敷设于墙壁、顶棚的表面及桁架、支架等处。导线明敷设是在建筑物全部完工以后进行，一般用于简易建筑或新增加的线路。

导线暗敷设，是指将导线穿于管子、线槽等保护体内，敷设于墙壁、顶棚、地坪及楼板等内部或在混凝土板孔内敷设。导线暗敷设与建筑结构施工同步进行，在施工过程中，首先将各种导管和预埋件置于建筑结构中，建筑完工后再完成导线敷设工作。暗敷设是建筑物内导线敷设的主要方式。

常用的配线方法有瓷瓶(瓷柱)配线、管子配线、线槽配线、塑料护套线配线及钢索配线等。其中管子配线应用最为广泛。

2. 室内配线基本要求

(1)安全。室内配线及电器、设备必须保证安全运行。

(2)可靠。保证线路供电的可靠性和室内电器设备运行的可靠性。

(3)方便。保证施工和运行操作的方便，以及使用维修的方便。

(4)美观。不因室内配线及电器设备安装而影响建筑物的美观，相反应有助于建筑物的美化。

(5)经济。在保证安全、可靠、方便、美观和具有发展可能的条件下，应考虑其经济性，尽量选用最合理的施工方法，节约资金。

3. 室内配线施工工序

(1)定位画线。根据施工图，确定用电设备安装位置，线路敷设路径，线路支持件位置，线路穿墙、楼板的位置。

(2)预埋支持件。在土建抹灰前，在线路所有的固定点处，打好孔洞，埋设好支持构件。

(3)装设绝缘支持物、线槽或桥架、保护管等。

(4)敷设导线。

(5)安装灯具、开关及电器设备等。

(6)测试导线绝缘、连接导线。

(7)检验、自检、试通电。

课堂活动

思考室内配线主要包括哪几部分?

4.2.2 管子配线

管子配线是指将绝缘导线穿入保护管内，这种配线方式是使用最多的配线方法。

1. 常用管材

管子配线所用材料主要为金属管与聚乙烯(塑料)管。

(1)金属管。常使用的金属管有薄壁钢管、厚壁钢管、金属波纹管和普利卡金属套管四类。

1)薄壁钢管。薄壁钢管又称为电线管，是专门用来穿电线的。其内外均已做过防腐处理。电线管无论管径大小，管壁厚度均为 1～1.6 mm，多用于敷设在干燥场所的电线、电缆的保护管，可明敷也可暗敷。

2)厚壁钢管。厚壁钢管又称为焊接钢管或水煤气钢管，可以用于通水与煤气。焊接钢管的管壁厚度，按管径的不同分成 2.5 mm 和 3 mm 两种，还可分为镀锌管和不镀锌黑管，若是黑管则在使用前需先做防腐处理。在地下或一些潮湿的场所或有轻微腐蚀性气体的场所或有防爆要求的场所通常选用焊接钢管。

3)金属波纹管。金属波纹管也称为金属软管或蛇皮管，主要用于设备配线或管、槽与设备的连接。它是用 0.5 mm 以上的双面镀锌薄钢带加工压边卷制而成。

4)普利卡金属套管。普利卡金属套管可用于各种场合的明、暗装和现浇混凝土内的暗装。外层为镀锌钢带卷绕成螺纹状，里层为电工纸。它是可挠性金属套管，具有搬运方便、施工容易等特点。

(2)聚乙烯(塑料)管。电气工程中常用的聚乙烯(塑料管)有硬质塑料管 PVC、半硬性塑料管两种。为了保证建筑电气线路安装符合防火规范要求，各种塑料管均应具有良好的阻燃性能，若有防火要求，则应采用钢管。

1)硬质塑料管 PVC。PVC 塑料管为白颜色，绝缘性能好，耐腐蚀，抗冲击、抗拉、抗弯强度大(可以冷弯)，不燃烧，附件种类多，是建筑物中暗敷设常用的管材。但 PVC 塑料管在高温下机械强度会下降，故在温度高于 40 ℃的场所及常发生碰撞、摩擦的场所不使用。

2)半硬性塑料管。半硬性塑料管多用于一般居住和办公建筑等干燥场所的电气照明工程中，通常暗敷布线。半硬性塑料管又可分为聚氯乙烯半硬质管和聚氯乙烯波纹管。聚氯乙烯半硬质管又称为流体管，由于半硬质管易弯曲，主要用于砖混结构中开关、灯具、插座等处线路的敷设，阻燃型聚氯乙烯半硬质管如图 4.5(a)所示；聚氯乙烯波纹管也称为可挠管，波纹管的抗压性和易弯曲性比半硬质管好，但波纹管比半硬质管薄，易破损。另外，由于管上有波纹，穿线的阻力较大。聚氯乙烯波纹管外形示意图如图 4.5(b)所示。

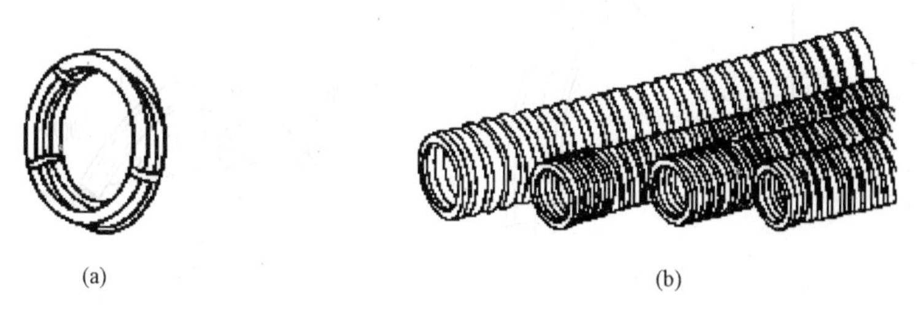

图 4.5　聚氯乙烯波纹管外形示意图

(a)聚氯乙烯半硬质管；(b)聚氯乙烯波纹管

2. 管子敷设

管子敷设俗称配管，可分为明配管与暗配管。明配管要求横平竖直、排列整齐、固定点间距均匀、安装牢固。暗配管要求管路短、弯头少、不外露。

(1)管子加工。管子敷设之前，有必要对管子进行加工。

钢管的加工主要有防腐、切割套丝及管子弯曲，塑料管主要是管子弯曲。

1)管子的防腐。除埋设于混凝土内的钢导管内壁应防腐处理，外壁可不防腐处理外，其余场所敷设的钢导管内、外壁均应做防腐处理。

2)管子的切割套丝。钢管若是螺纹连接，需在现场将管子切割、套丝，以便连接。管子与管子、管子与配电箱、管子与接线盒的连接都需要在管子端部套丝。切割后要保证管口与端面光滑，以防止割破导线绝缘。

3)管子弯曲。管子转弯是不可避免的，因此需在安装前对管子进行弯曲。明配导管的弯曲半径不宜小于管外径的 6 倍，当两个接线盒之间只有一个弯曲时，其弯曲半径不宜小于管外径的 4 倍；埋设于混凝土内的导管的弯曲半径不宜小于管外径的 6 倍，当直埋于地下时，其弯曲半径不宜小于管外径的 10 倍，如图 4.6(a)所示。

温馨提醒： 导管的弯曲半径的数值是经验数据，在实践中证明是可行的，弯曲半径越小，穿线时拉力越大，绝缘层被管壁磨损越严重。埋设于地下或混凝土内的导管，其弯曲半径均不应小于管外径的 10 倍，规定值比其他情况均较大的原因是为了更方便穿线，不致使导线穿不过而造成开凿返工。地下和混凝土内返工难度大，还会影响结构安全，因此将地下和混凝土中的弯曲半径值区分开来，地下仍规定为导管外径的 10 倍，而混凝土内改为导管外径的 6 倍。主要考虑到现在建筑物楼板均为现浇，导管弯曲半径值规定太大，则竖向沿墙导管引入楼板时在墙根处导管会裸露在外，影响装修和日后使用效果，由于规定的是最小值，所以，楼板内的弯曲半径值可尽量做大。

①钢管。钢管主要采用电动弯管机。弯曲时，要注意焊缝的位置，若焊缝放在弯曲方向的内侧或外侧时，管子容易裂缝。

②塑料管。塑料管管径在 20 mm 及以下可直接加热摵弯。加热时均匀转动管身，到适当温度，立即将管放在平木板上摵弯，也可采用模型摵弯，如图 4.6(b)所示。管径在 25 mm 及以上，应在管内填砂摵弯。先将一端管子堵好，然后将干砂子灌入管内蹾实，将另一端管口堵好后，用热砂子加热到适当温度，即可放在模型上弯制成形。

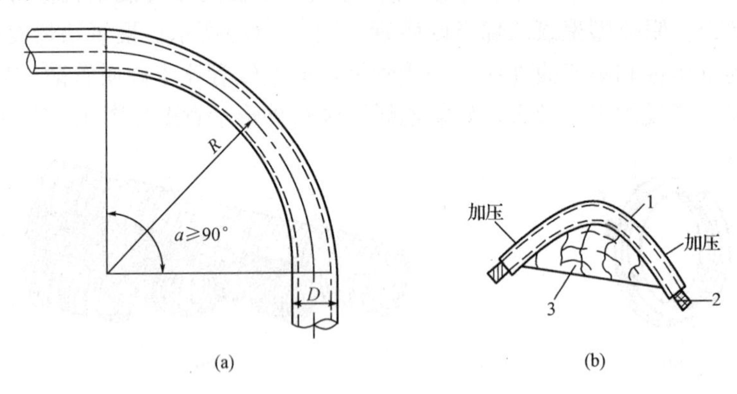

图 4.6 管子弯曲

(a)按标准角度弯制的管件；(b)塑料管的摵弯

1—硬聚氯乙烯管；2—木塞；3—木模型

(2)管子的连接。

1)钢管连接。

①螺纹连接。钢管与钢管之间用螺纹连接时，管端螺纹长度不应小于管接头的 1/2；连接后，螺纹宜外露 2～3 扣。螺纹表面应光滑、无缺损。

②套管连接。钢管与钢管之间用套管连接时，套管长度宜为管外径的 1.5～3 倍，管与管的对口处应位于套管的中心。

使用套管连接时，套管可购成品，也可用大一级管径的管加工制作。套管内径与连接管外径应吻合，套管长度为连接管外径 D 的 1.5～3 倍，对口处应在套管中心，套管周边采用焊接应牢固严密，如图 4.7 所示。

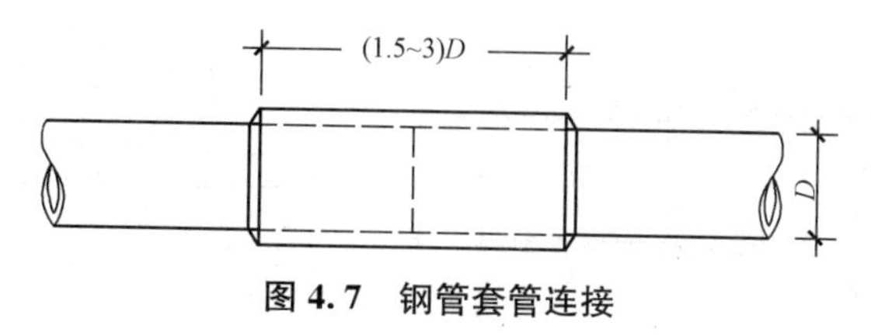

图 4.7　钢管套管连接

2)塑料管连接。

①一步插入法。塑料管与塑料管连接时，先管口倒角，即将被插入的外管倒内角，内管口倒外角，以便插入；然后用汽油或酒精将内、外管插接段清洁；跟着将外管插接段(长度为管子直径的 1.2～1.5 倍)用电炉或喷灯加热至柔软的状态；最后将内管插入段涂上胶粘剂，并迅速插入外管中，待内外管管口一致时，立即用湿布或浇水冷却，使管子快速恢复硬度，如图 4.8 所示。一步插入法适用于管径小于 50 mm 的硬质塑料管。

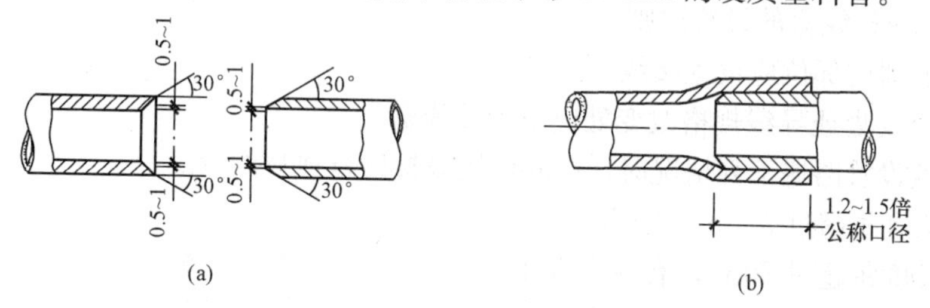

图 4.8　塑料管一步插入法

(a)管口倒角；(b)插接情况

②二步插入法。二步插入法步骤与一步插入法差不多，只是外管插接管加热至柔软后，立即插入被加热了的金属成形模具进行扩口，扩完后用水冷却至 50 ℃左右，取下模具，再用水继续冷却使管子恢复原来硬度，再用清洁过的内管插入段涂上胶粘剂插入外管中，同时加热，使其扩口部分收缩，再用水急速冷却。这道工序也可改用焊接，即用硬聚氯乙烯焊条在连接处焊 2～3 圈后使其有良好的密封性，如图 4.9 所示。二步插入法主要适用于管径 50 mm 以上的硬质塑料管。

③套接法。连接前，先将同径的硬质或半硬塑料管加热扩大成套管，然后将需要接合的两管端倒角，并用汽油或酒精擦干净，等汽油挥发后，涂上胶粘剂，迅速插入加热套管中。也可用上述方法焊接予以焊牢密封，如图 4.10 所示。

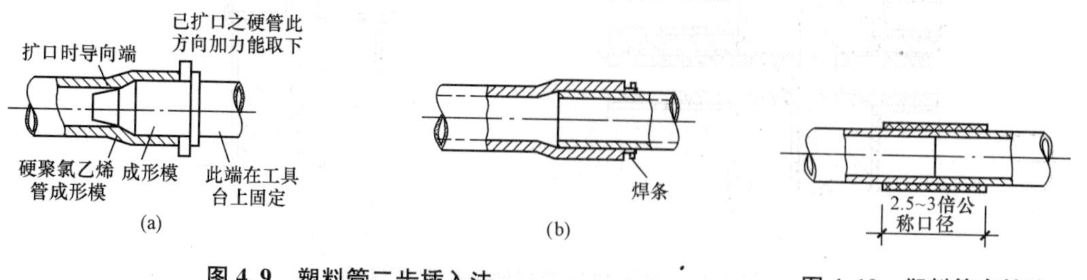

图 4.9　塑料管二步插入法

(a)成形模具插入；(b)焊接连接

图 4.10　塑料管套接法

3)钢、塑管连接。钢管与塑料管连接需用专门的过渡管接头，具体连接如图 4.11 所示。

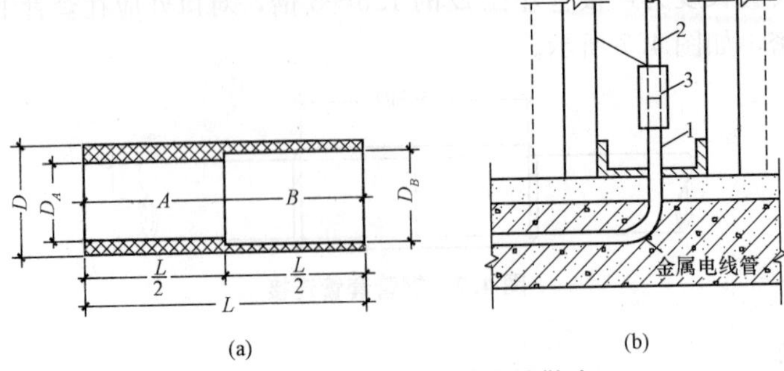

图 4.11　钢、塑管过渡连接做法

(a)过渡管接头；(b)用过渡管接头过渡

1—钢管；2—塑料管；3—过渡管接头

4)管、盒连接。与开关、插座、灯具等设备相连接时，导线与设备连接处需设置开关盒、插座盒、灯头盒；配管过长或弯头过多时，需在管路中间适当设置接线盒或拉线盒。

①接线盒或拉线盒的设置原则：

a. 安装电器的部位应设置接线盒。

b. 线路分支处或导线规格改变处应设置接线盒。

c. 水平敷设管路遇下列情况时，中间应增设接线盒或拉线盒。

ⓐ管子长度每超过 30 m，无弯曲。

ⓑ管子长度每超过 20 m，有一个弯曲。

ⓒ管子长度每超过 15 m，有两个弯曲。

ⓓ管子长度每超过 8 m，有三个弯曲。

d. 垂直敷设管路遇下列情况时，应增设固定导线用的拉线盒。

ⓐ导线截面 50 mm^2 及以下，长度每超过 30 m。

ⓑ导线截面 70～95 mm^2，长度每超过 20 m。

ⓒ导线截面 120～240 mm^2，长度每超过 18 m。

e. 管子通过建筑物变形缝时，加设接线盒作补偿器，如图 4.12 所示。

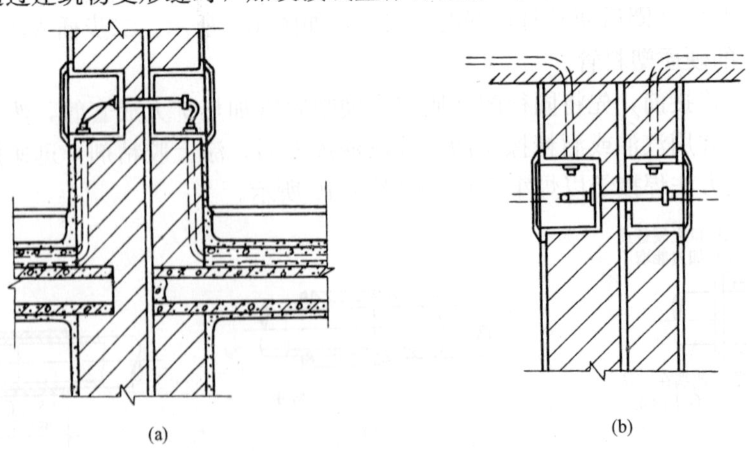

图 4.12　暗配管过变形缝补偿装置做法

(a)墙体下部接线箱；(b)墙体上部接线箱

②接线盒的固定。接线盒有 1 型(正方形)和 2 型(长方形)两种。其外观如图 4.13 所示。接线盒在石膏板上、现浇混凝土、模板上(注意待混凝土凝固后，必须将钢丝或螺钉切断除掉，以免影响接线)的固定如图 4.13～图 4.17 所示。

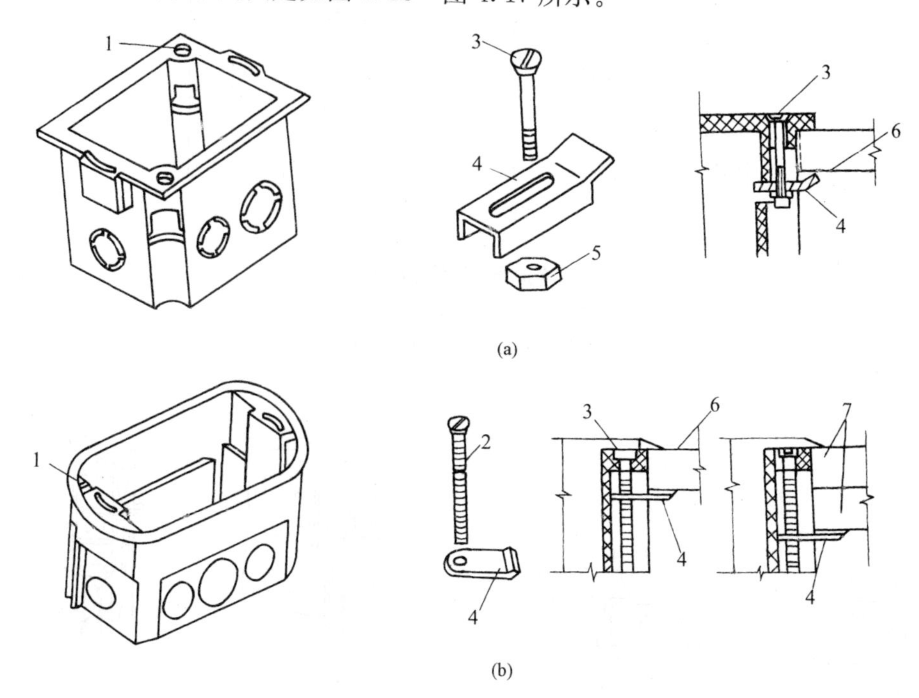

图 4.13 接线盒在石膏壁板上安装做法

(a)1 型接线盒安装；(b)2 型接线盒安装

1—接线盒固定孔；2—长颈机螺栓；3—机螺栓；4—金属夹固片；

5—螺母；6—单层石膏壁板；7—双层石膏壁板

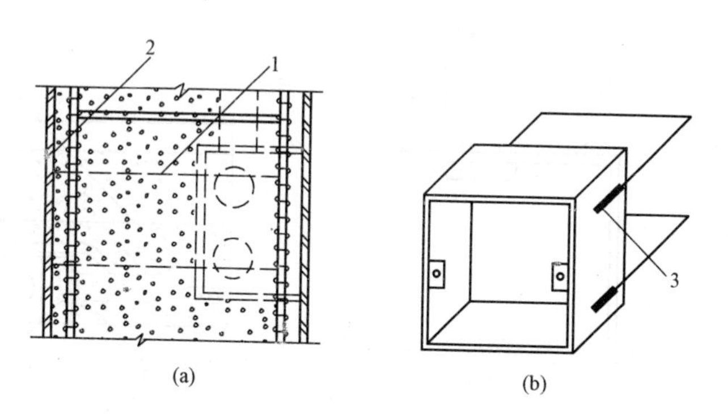

图 4.14 现浇混凝土用钢筋套箍固定盒位

(a)接线盒的固定；(b)盒的处理

1—钢筋套箍；2—钢板模；3—焊接处

③导管与接线盒的连接。

a. 钢管与接线盒的连接。暗配黑铁管的可采用焊接，管口应凸出盒内壁 3～5 mm，焊后补刷防锈漆；明配钢管或暗配镀锌钢管与盒(箱)的连接应采用锁紧螺母或护圈帽固定，用锁紧螺母的管端螺纹宜锁紧螺母 2～3 扣，如图 4.18、图 4.19 所示。

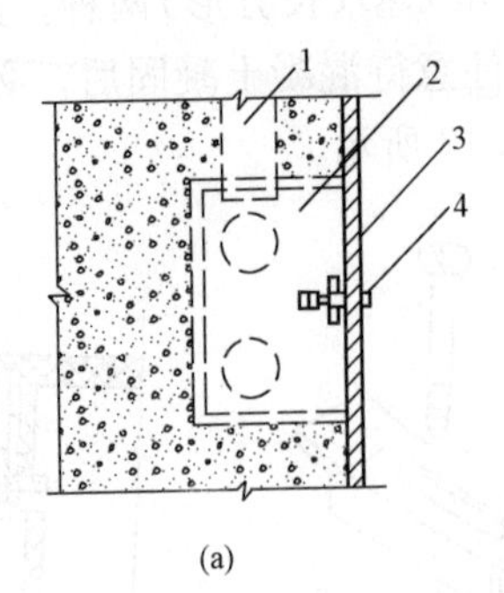

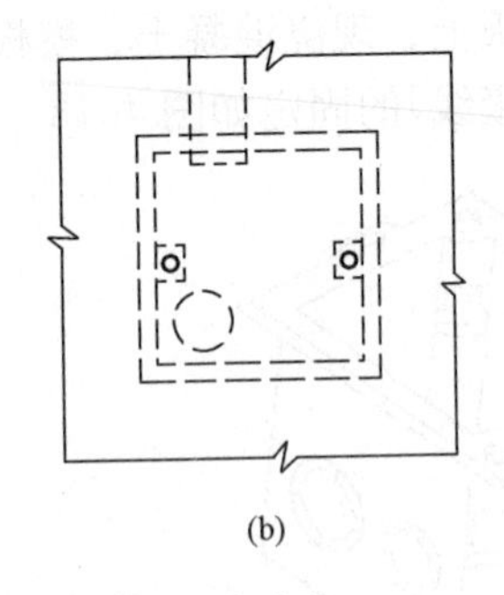

图 4.15　现浇混凝土用圆头螺栓固定盒位

(a)侧面图；(b)正面图

1—钢管；2—开关盒；3—钢模板；4—固定螺栓

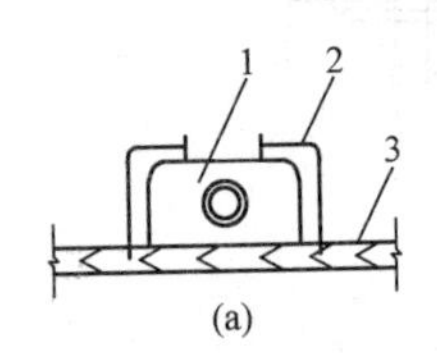

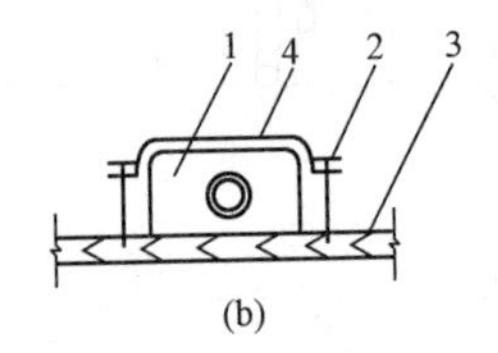

图 4.16　灯头盒在模板上固定

(a)用铁钉固定；(b)用钢丝、铁钉固定

1—灯光盒；2—铁钉；3—模板；4—钢丝

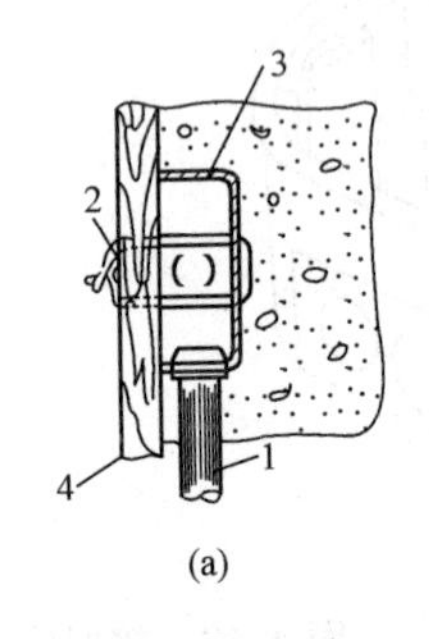

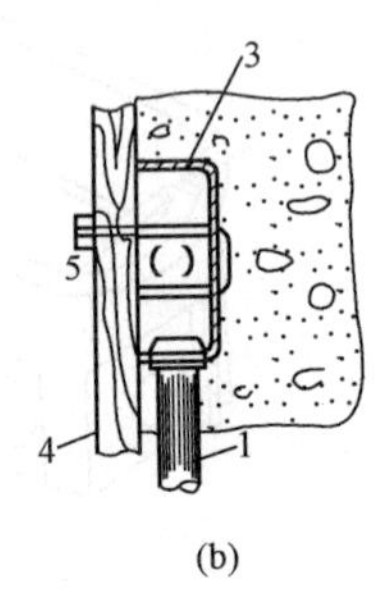

图 4.17　接线盒在模板上固定

(a)钢丝固定；(b)螺钉固定

1—导管；2—钢丝；3—接线盒；4—模板；5—螺钉

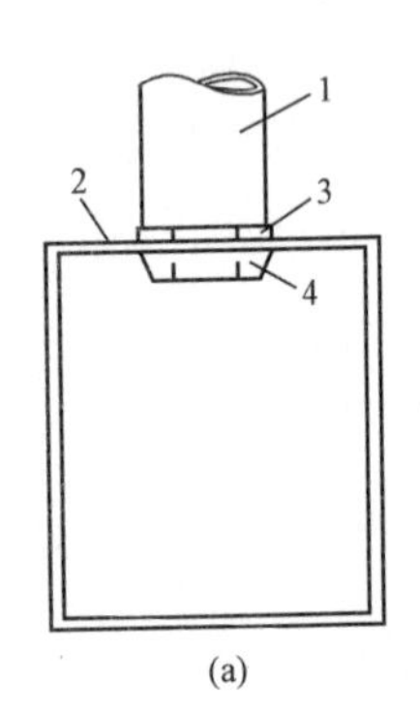

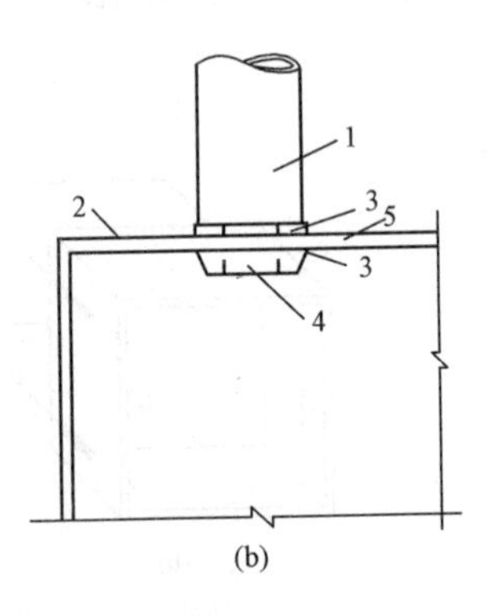

图 4.18　钢导管与盒(箱)螺纹连接

(a)钢导管与盒体连接；(b)钢导管与箱体连接

1—钢管；2—接线盒；3—锁紧螺母；

4—金属护圈帽；5—箱体

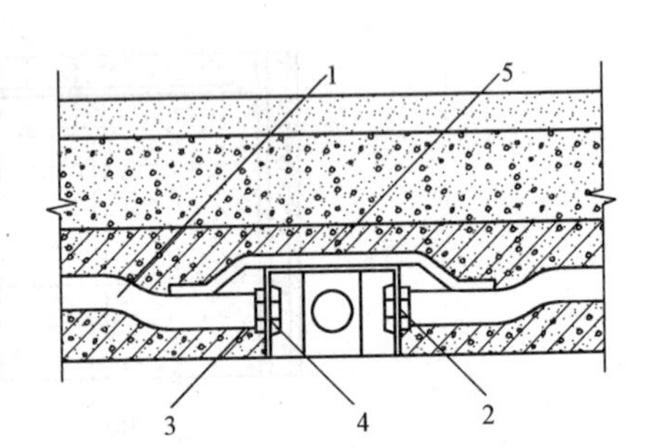

图 4.19　钢导管与灯头盒连接

1—钢管；2—灯头盒；3—锁紧螺母；

4—金属护圈帽；5—跨接接地线

b. 塑料管与接线盒的连接。使用专用接头，做法和钢管与接线盒连接类似，如图 4.20 所示。

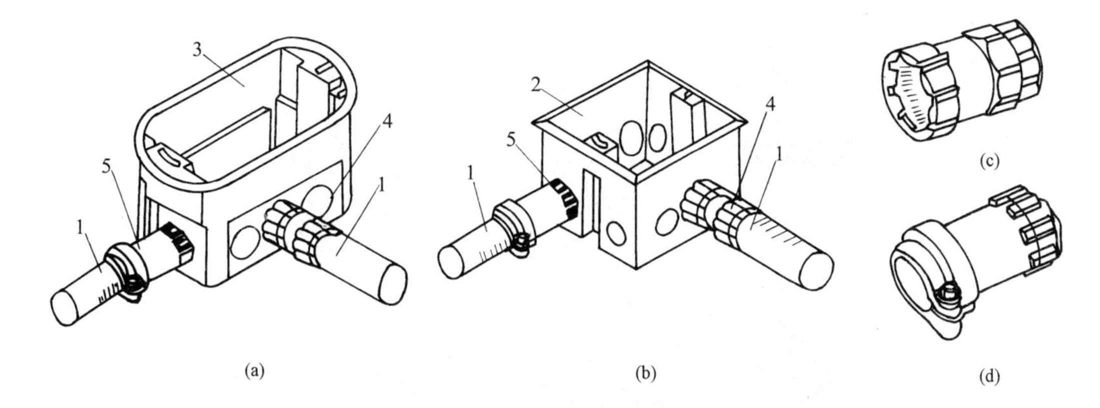

图 4.20 塑料管与接线盒连接

(a)管与 1 型接线盒连接；(b)管与 2 型接线盒连接；(c)A 型接头；(d)B 型接头

1—配管；2—1 型接线盒；3—2 型接线盒；4—A 型接头；5—B 型接头

(3)管子的敷设。

1)明配管。配管敷设时要求横平竖直，管路短，弯头少。因要穿线的原因，在拐弯处不能过直，如图 4.21 所示。明配管多是沿墙、柱及各种构架的表面用管卡固定，其安装固定可用塑料胀管、膨胀螺栓或角钢支架(图 4.22)，以及半硬塑料管(图 4.23)。固定点与终端、转弯中心、电器或间接盒边缘的距离宜为 150～500 mm。管卡间的最大距离见表 4.1。

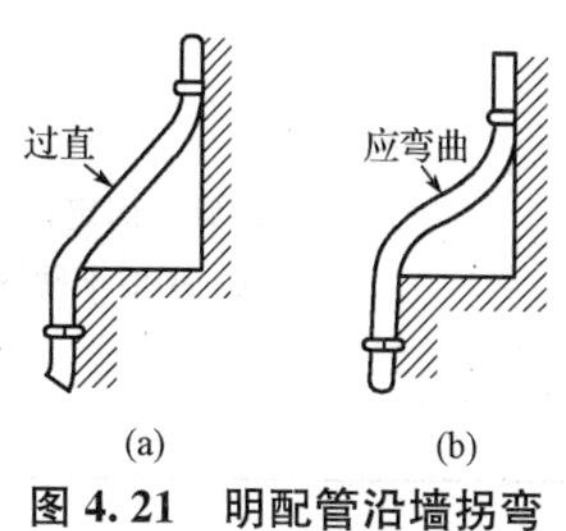

图 4.21 明配管沿墙拐弯

(a)不正确；(b)正确

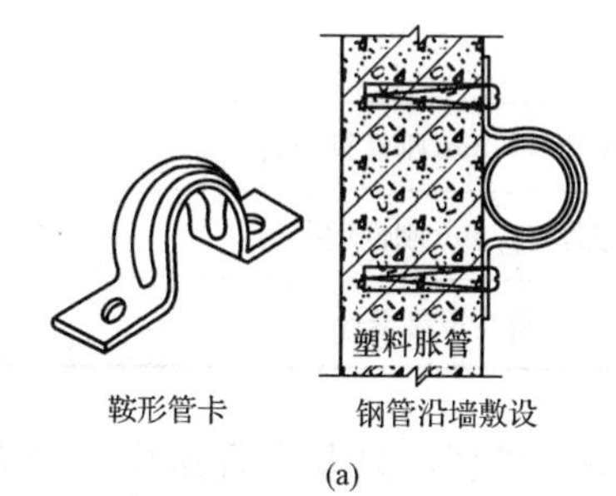

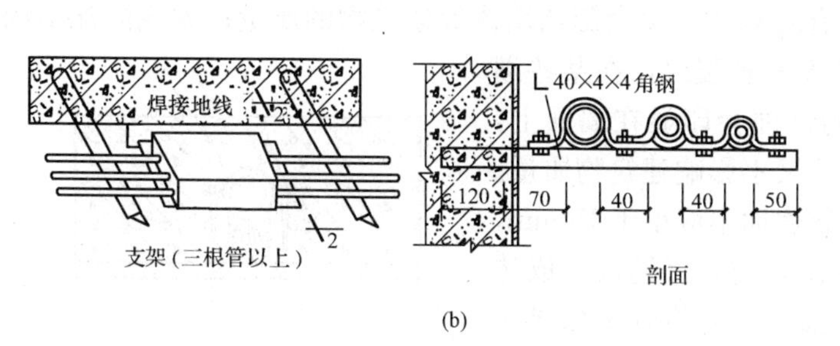

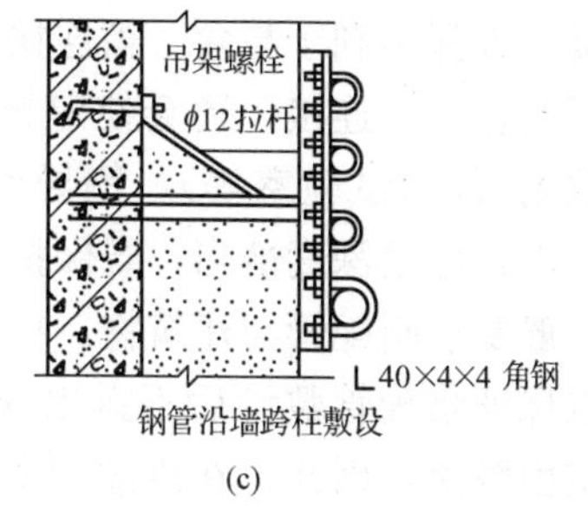

图 4.22 钢管沿墙敷设做法

(a)管卡固定；(b)角钢支架沿墙水平敷设；(c)沿墙跨柱敷设

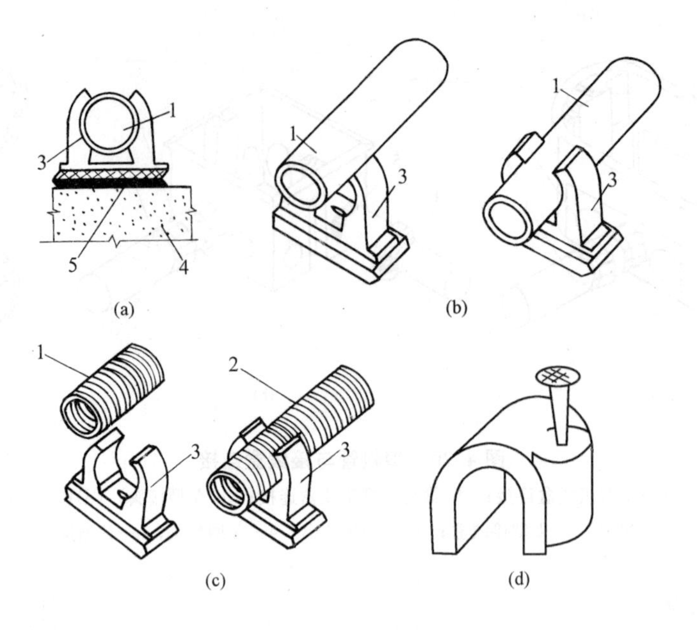

图 4.23 塑料管固定做法

(a)管卡固定；(b)平滑半硬塑料管的固定；(c)塑料波纹管固定；(d)塑料卡钉

1—平滑半硬塑料管；2—波纹管；3—开口管卡；4—石膏壁板；5—胶接处

表 4.1 管卡间的最大距离

敷设方式	导管种类	导管直径/mm			
		15～20	25～32	40～50	65 以上
		管卡间最大距离/m			
支架或沿墙明敷	壁厚>2 mm 刚性钢导管	1.5	2.0	2.5	3.5
	壁厚≤2 mm 刚性钢导管	1.0	1.5	2.0	—
	刚性塑料导管	1.0	1.5	2.0	2.0

2)暗配管。暗配不要求横平竖直，只要求管路短，弯头少。暗配管要有一定的埋设深度，太深不利于与盒、箱连接，有时剔槽太深会影响墙体等建筑物的质量；太浅同样不利于与盒、箱连接，还会使建筑物表面有裂纹，在某些潮湿场所(如试验室等)，钢导管的锈蚀会印显在墙面上，所以，埋设深度恰当，既保护导管又不影响建筑物质量。一般要求暗配管与建筑物、构筑物表面不应小于 15 mm，以保证暗配管敷设后不露出抹灰层，防止因锈蚀造成抹灰面脱落，因此，在浇灌混凝土前，需先将管子用垫块(石块)垫高 15 mm 以上，使管子与混凝土模板间保持足够距离，再将管子用钢丝绑扎在钢筋上，或用钉子卡在模板上，如图 4.24 所示。

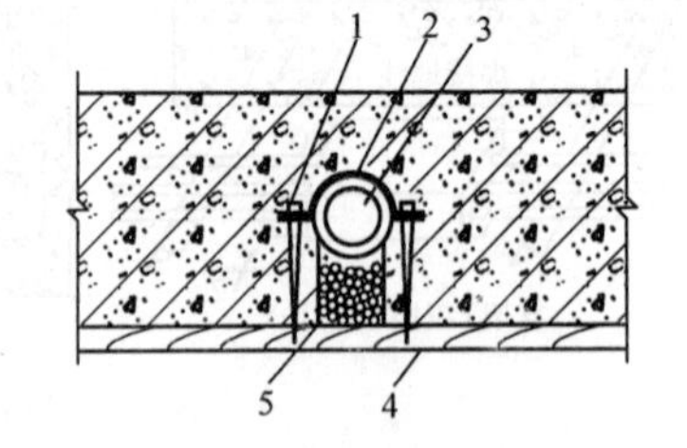

图 4.24 配管在模板上固定

1—铁钉；2—钢丝；3—配管；4—模板；5—垫块

暗配管在空心板、现浇混凝土及轻质砌块墙内的敷设，如图 4.25～图 4.27 所示。

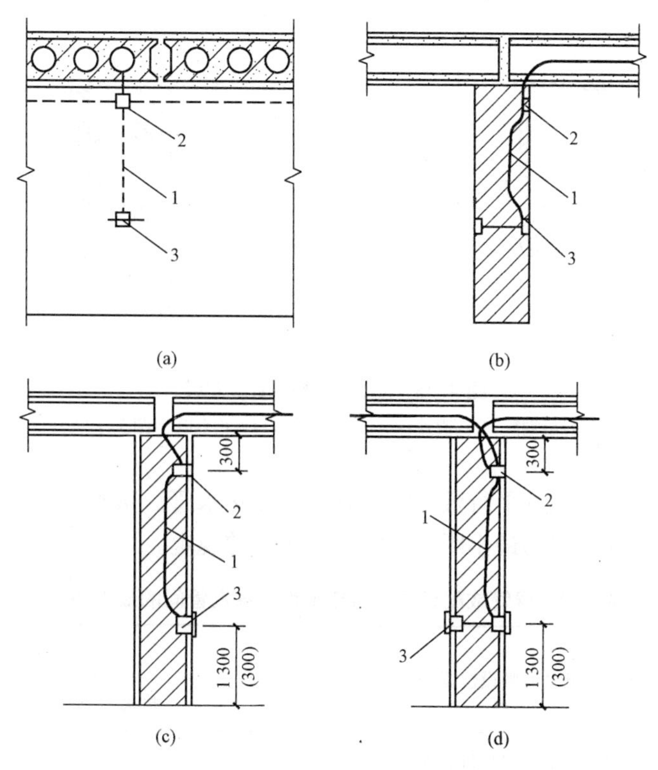

图 4.25　暗配管在空心板的做法

(a)墙体上配管位置；(b)引上板孔处留槽；(c)单向引上板孔预埋管；(d)双向引上板孔预埋管

1—配管；2—接线盒；3—开关(或插座)盒

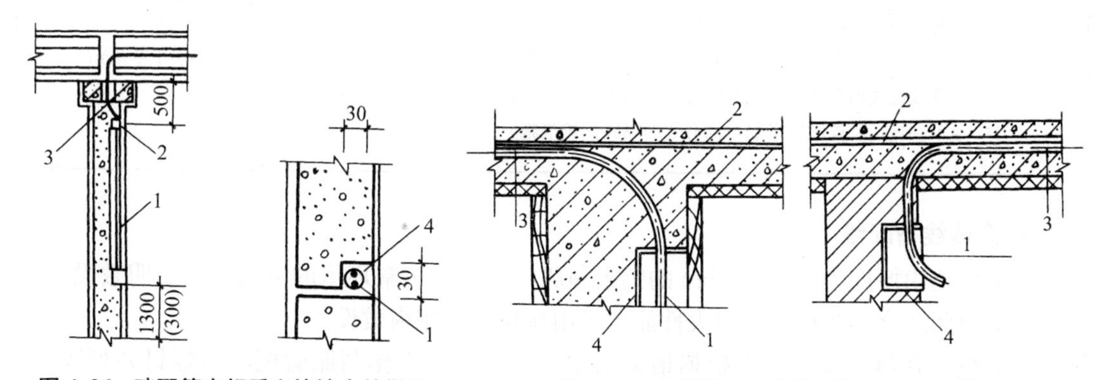

图 4.26　暗配管在轻质砌块墙内的做法

1—配管；2—接线盒；

3—保护管；4—混凝土填实

图 4.27　暗配管在现浇楼(屋)面板上的做法

1—配管；2—钢筋；3—绑扎处；4—接线盒

3)导管敷设。导管在墙上的敷设，如图 4.28 所示。

直埋于地下或楼板内的刚性塑料导管，在穿出地面或楼板易受机械损伤的一段应采取保护措施；同时导管敷设应符合下列规定：

①导管穿越外墙时应设置防水套管，且应做好防水处理。

②钢导管或刚性塑料导管跨越建筑物变形缝处应设置补偿装置，如图 4.12 所示。

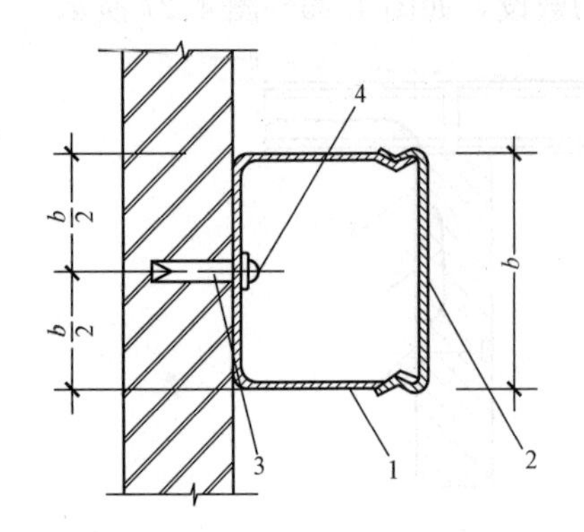

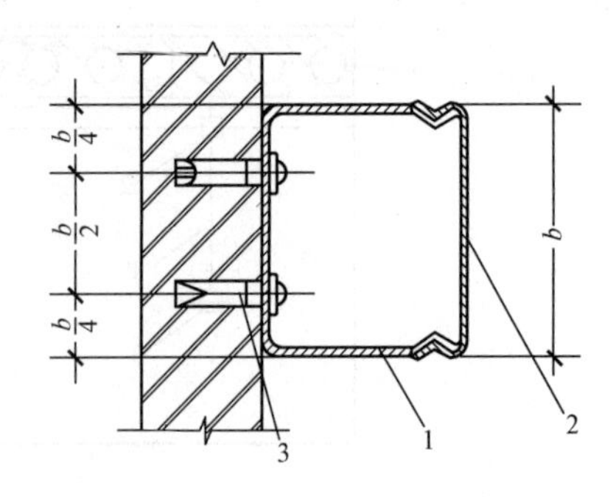

图 4.28　金属线槽在墙上安装

1—金属线槽；2—槽盖；3—塑料胀管；4—8×35 半圆头木螺钉

③导管与热水管、蒸汽管平行敷设时，宜敷设在热水管、蒸汽管的下面，当有困难时，可敷设在其上面；相互之间的最小距离宜符合表 4.2 的规定。

表 4.2　导管或配线槽盒与热水管、蒸汽管间的最小距离　　mm

导管或配线槽盒的敷设位置	管道种类	
	热水	蒸汽
在热水、蒸汽管道上面平行敷设	300	1 000
在热水、蒸汽管道下面或水平平行敷设	200	500
与热水、蒸汽管道交叉敷设	不小于其平等的净距	

注：1. 对有保温措施的热水管、蒸汽管，其最小距离不宜小于 200 mm；
2. 导管或配线槽盒与不含可燃及易燃易爆气体的其他管道的距离，平行或交叉敷设不应小于 100 mm；
3. 导管或配线槽盒与可燃及易燃易爆气体不宜平行敷设，交叉敷设处不应小于 100 mm；
4. 达不到规定距离时应采取可靠有效的隔离保护措施。

3. 金属线槽配线

金属线槽由厚度为 1～2.5 mm 的钢板制成，适用于正常环境的室内场所的明敷设。具有槽盖的封闭式金属线槽，有耐火性能，可用在建筑顶棚内敷设。

金属线槽在墙上安装时，根据槽宽采用 1 个或者 2 个塑料胀管配合木螺钉并列固定。当槽宽≤100 mm 时，采用一个胀管；当槽宽>100 mm 时，采用 2 个胀管固定，如图 4.28 所示。线槽固定点不少于 2 个，中间间隔 500 mm 设置一个，在线槽的转角、分支和端部应设有固定点。另外，线槽也可由支吊架固定，如图 4.29 所示。

金属线槽的连接应不间断，直线段连接采用连接板，用垫圈、螺栓、螺母紧固，且螺母应在线槽外。在线槽进行转角、分支的地方采用专用的弯头、三通附件。线槽在穿过墙壁或楼板内时不得进行连接，变形缝处加设补偿器。

金属线槽应可靠接地或接零，一般金属线槽不少于 2 处与接地保护线 PE 或接零 PEN 干线连接。但它不作为设备的接地导体。

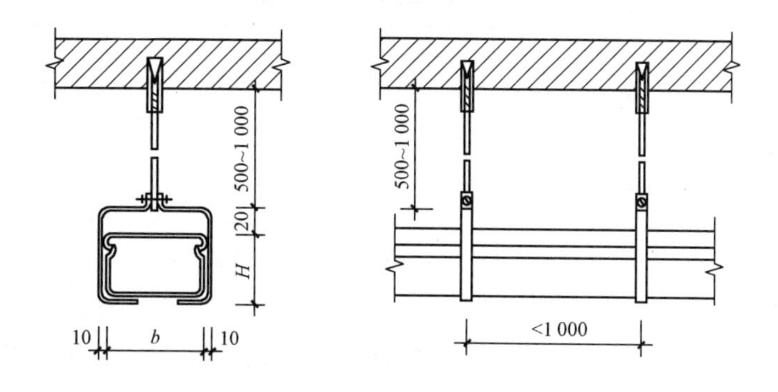

图 4.29 金属线槽用吊架安装

4. 塑料线槽配线

塑料线槽一般适用于正常环境室内场所的配线，也用于预制板墙结构或无法暗配线的工程，由槽底、槽盖及附件组成，产品类型繁多。塑料线槽的配线示意如图 4.30 所示。

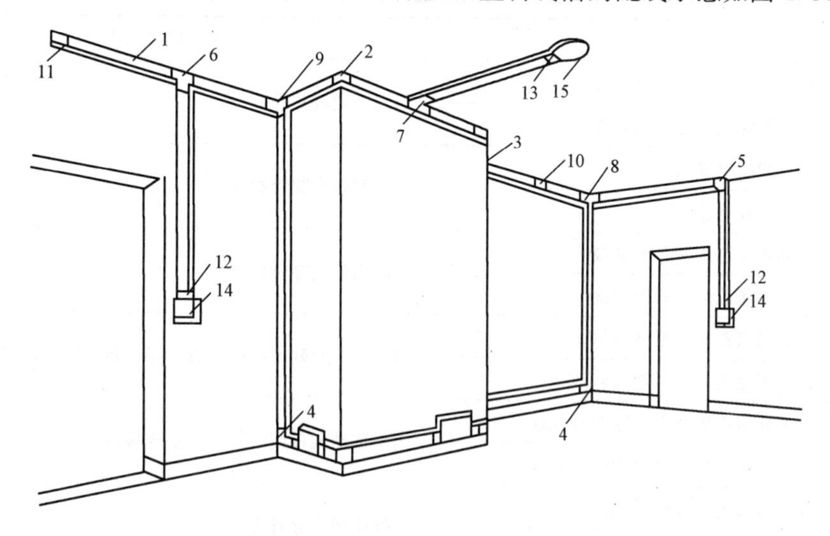

图 4.30 塑料线槽的配线示意图

1—直线线槽；2—阳角；3—阴角；4—直转角；5—平转角；6—平三通；
7—顶三通；8—左三通；9—右三通；10—连接头；11—终端头；
12—开关盒插口；13—灯位盒插口；14—开关盒及盖板；15—灯位盒及盖板

线槽敷设时，宜沿着建筑物顶棚与墙壁交角处的墙上及墙角和踢脚板上口线敷设，固定方式和金属线槽相同，间隔一般取 0.8～1.2 m。

4.2.3 管内穿线

1. 室内配电线路常用绝缘电线

绝缘电线主要有聚氯乙烯绝缘电线及橡皮绝缘电线。目前，聚氯乙烯绝缘电线使用较多。其型号类型见表 4.3，主要应用范围见表 4.4。

表 4.3　聚氯乙烯绝缘电线型号类型及特点

类型		型号		主要特点
		铝芯	铜芯	
聚氯乙烯绝缘电线	普通型	BLV、BLVV(圆形)、BLVVB(扁形)	BV、BVV(圆形)、BVVB(扁形)	这类普通电线的绝缘性能良好，制造工艺简便，价格较低。缺点是对气候适应性能差，低温时变硬发脆，高温或日光照射下增塑剂容易挥发而使绝缘老化加快。因此，在未具备有效隔热措施的高温环境、日光经常照射或严寒地区，宜选择相应的特殊型塑料电线
	绝缘软线		BVR、RV、RVB(扁形)、RVS(绞形)	
	阻燃型		ZR－BV、ZR－BVV、ZR－RV、ZR－RVB(扁形)、ZR－RVS(绞形)	
	耐热型	BLV_{105}	BV_{105}、RV_{105}	
	耐火型		NH－BV、NH－BVV	

表 4.4　常用绝缘电线型号名称及主要应用范围

型号	名称	主要应用范围
BV	铜芯聚氯乙烯塑料绝缘线	户内明敷或穿管敷设
BLV	铝芯聚氯乙烯塑料绝缘线	
BX	铜芯橡胶绝缘线	户内明敷或穿管敷设
BLX	铝芯橡胶绝缘线	
BVV	铜芯聚氯乙烯塑料护套线	户内明敷或穿管敷设
BLVV	铝芯聚氯乙烯塑料护套线	
BVR	铜芯聚氯乙烯塑料绝缘软线	用于要求柔软电线的地方，可明敷或穿管敷设
BLVR	铝芯聚氯乙烯塑料绝缘软线	
BVS	铜芯聚氯乙烯塑料绝缘双绞软线	用于移动式日用电器及灯头连接线
RVB	铜芯聚氯乙烯塑料绝缘平行软线	
BBX	铜芯橡胶绝缘玻璃丝编织线	户外明敷或穿管敷设
BBLX	铝芯橡胶绝缘玻璃丝编织线	

2. 管子穿线原则

(1)穿线前，应清除管内杂物及积水。穿线后，管口应密闭。

(2)采用多相供电时，同一建筑采用的电线绝缘层颜色应一致。PE 黄绿相间、N 线淡蓝色、A 相黄色、B 相绿色、C 相红色。

(3)不同回路、不同电压等级的交流电与支流电线不应穿于同一导管内；同一交流回路的电线应穿于同一金属导管内，且管内电线不得有接头。

3. 绝缘导线连接

绝缘导线连接一般在接线盒内进行。单芯铜导线在直线连接、分支连接时可采用铰接、缠卷法，如图 4.31 所示；多芯铜导线采用缠卷法、单卷法及复卷法，在直线连接、分支连接处，如图 4.32 所示；铜导线在接线盒连接时常采用并接和压线帽连接，如图 4.33 所示。

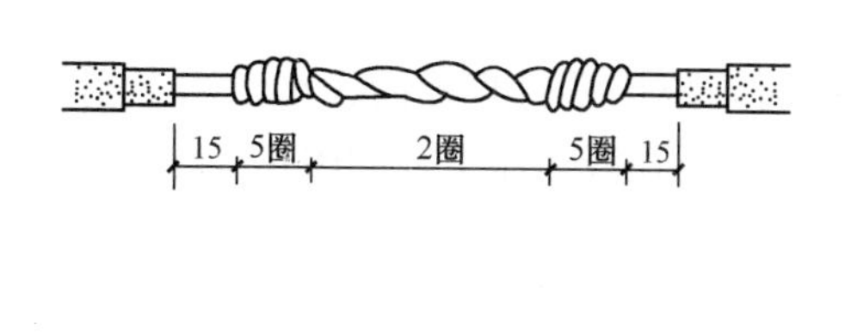

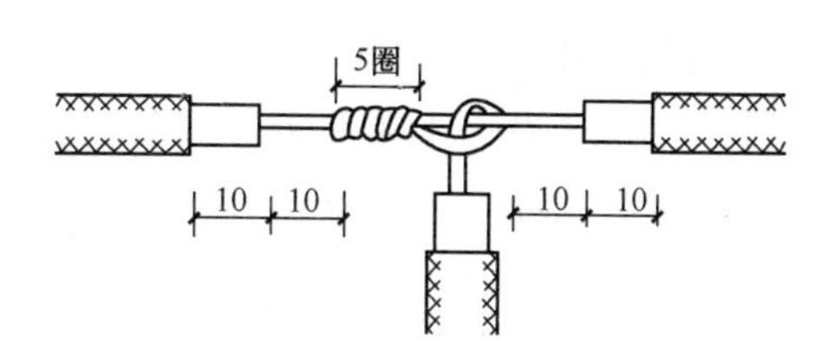

(a)

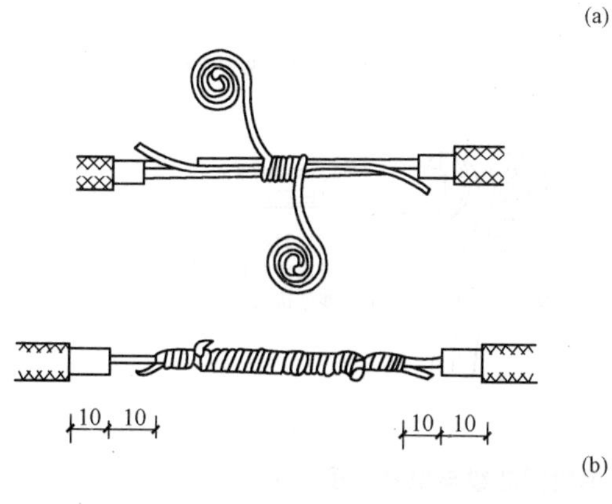

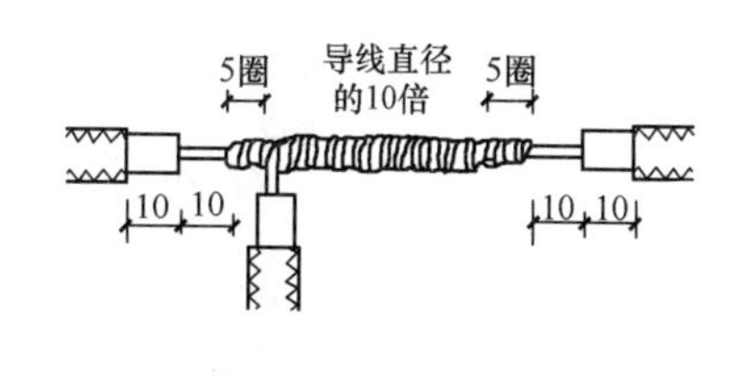

(b)

图 4.31　单芯铜导线连接

(a)铰接法；(b)缠卷法

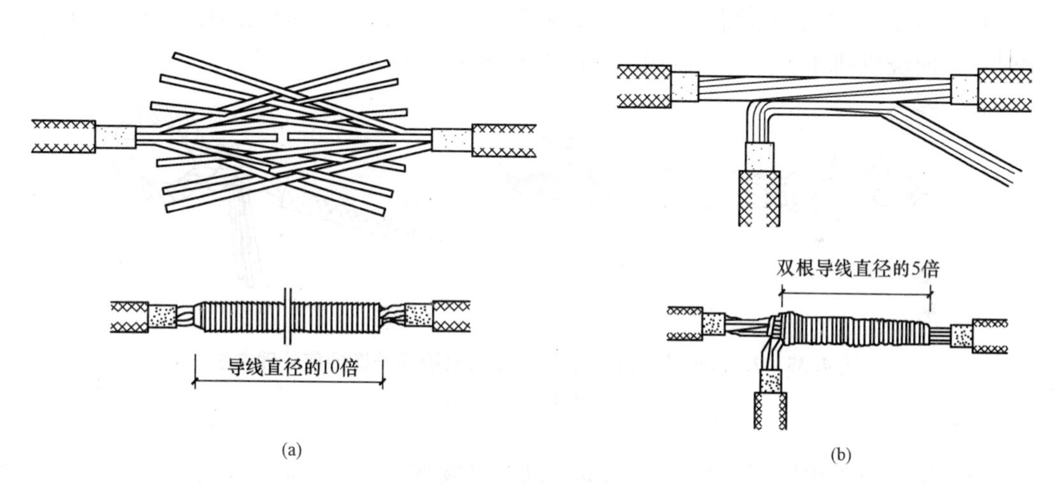

(a)　　(b)

图 4.32　多芯铜导线连接

(a)直线连接；(b)分支连接

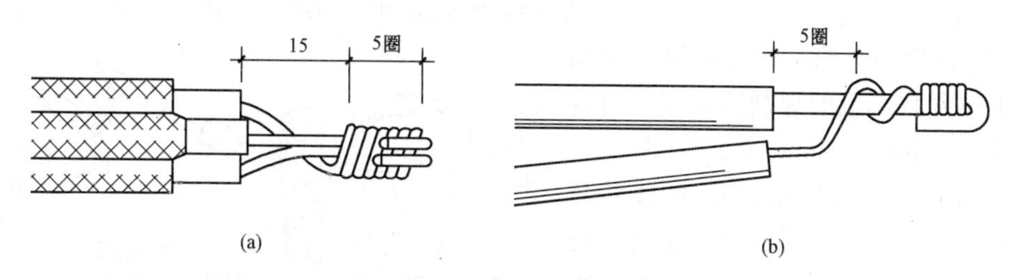

(a)　　(b)

图 4.33　铜导线在接线盒连接

(a)并接；(b)压线帽连接

4. 导线与电器端子连接

(1)10 mm^2 及以下单股铜芯线与电器端子连接时，根据螺钉直径的大小，用专用钳将导线端部弯成圈环，再用螺丝刀拧紧螺钉，并将导线环压在线平座上，如图 4.34 所示。

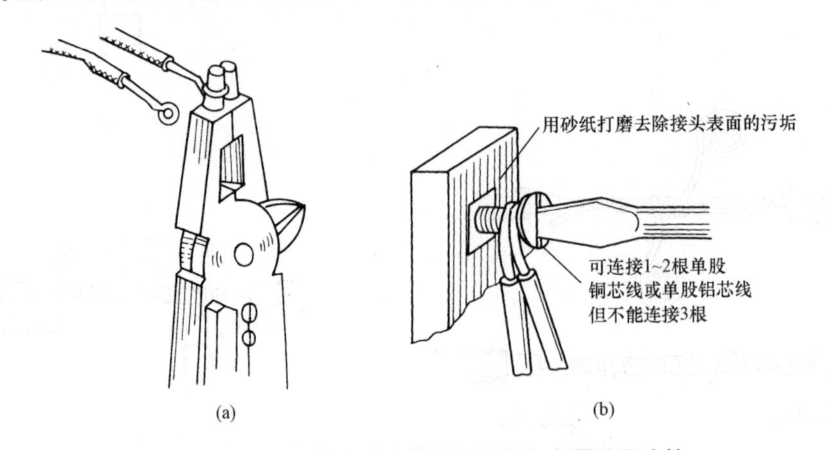

图 4.34　10 mm^2 及以下单股铜芯线与电器端子连接

(a)专用钳将导线端部弯成环；(b)10 mm^2 及以下单股铜芯线与电器端子连接

(2)2.5 mm^2 及以下多股铜芯线与电器端子连接时，需将导线的线芯拧紧搪锡，再将线端顺时针方向绕成圆环形再与电器端子连接，如图 4.35 所示。

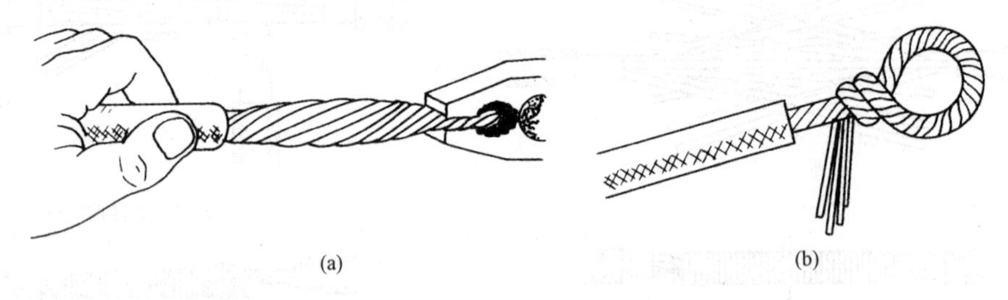

图 4.35　2.5mm^2 及以下多股铜芯线与电器端子连接前处理方法

(a)拧紧搪锡；(b)圈成环状

(3)10 mm^2 以上单股铜芯线及 2.5 mm^2 以上多股铜芯线与电器端子连接时，应先将导线剥去 10 mm 绝缘层，用砂纸将导线表面打光，将内壁打光了的端子筒插到芯线上，再焊接或压接端子。

焊接端子时，将端子套在线芯端，从导线绝缘层边缘到端子筒的端部用石棉绳绑 2～3 层，以防止焊剂流淌，然后用焊枪火焰将端子加热并将熔融的焊剂滴入端子筒直到充满为止，如图 4.36 所示。

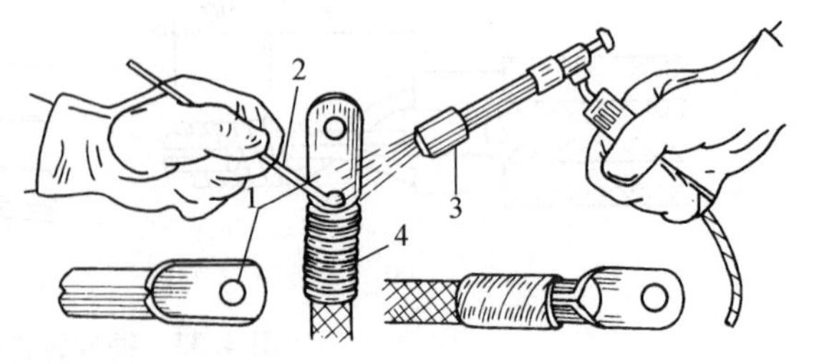

图 4.36　铜芯导线焊接端子

1—接线端子；2—焊剂；3—焊枪；4—石棉防火绳

压接端子时，将弯成圆环形的线芯套装在环形端子上，再把环形端子连同芯线放到阳模的芯柱上，并使端子与导线绝缘层中间的裸线芯进入凹槽内，再合拢钳柄进行压接，直到阳模顶压到阴模上为止，如图 4.37 所示。最后用绝缘胶布将端子与导线连接处缠绕起来。

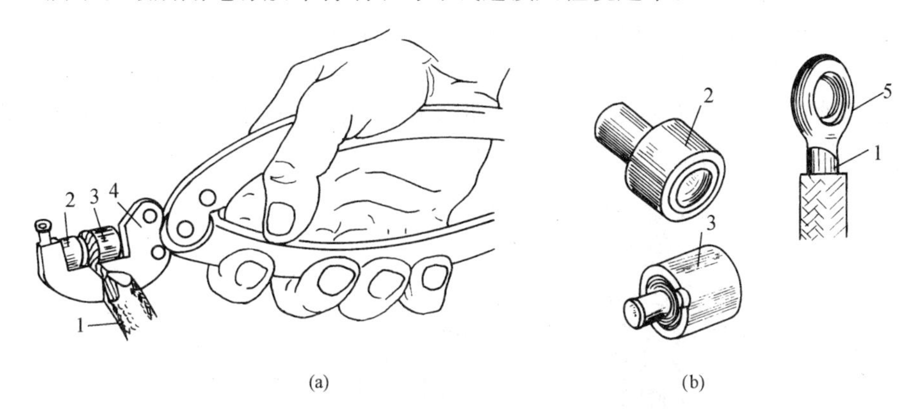

图 4.37　多股铜芯导线压接端子

(a)压接环形端子；(b)压模与压接好的模子

1—多股铜芯导线；2—阴模；3—阳模；4—压钳；5—环形端子

铝端子都是压接没有焊接的，铜端子有开口和窥口的，一般开口端子的采用焊接，窥口端子采用压接。

4.3　电气照明装置

4.3.1　常用电光源和灯具安装

1. 常用电光源

根据光的产生原理不同，可以将光源分为两大类：一类是以热辐射作为光辐射原理的电光源，称为热辐射光源，如白炽灯和卤钨灯，都是用钨丝为辐射体，通电后使之达到白炽温度，产生热辐射；另一类是气体放电光源，它们主要以原子辐射为形式产生光辐射，根据这些光源中气体的压力，可分为低压气体放电光源和高压气体放电光源。常用低压气体放电光源有荧光灯和低压钠灯；常用高压气体放电光源有高压汞灯、金属卤化物灯、高压钠灯、氮灯等。

(1)常用电光源的种类及适用范围。

1)白炽灯应用在照度和光色要求不高、频繁开关的室内外照明。除普通照明灯泡外，还有 6～36 V 的低压灯泡以及用作机电设备局部安全照明的携带式照明。

2)卤钨灯光效高，光色好，适用于大面积、高空间场所照明。

3)荧光灯光效高，光色好，适用于需要照度高、区别色彩的室内场所，如教室、办公室和轻工车间。

4)荧光高压汞灯光色差，常用于街道、广场和施工工地大面积的照明。

5)氙灯发出强白光，光色好，又称为“小太阳”，其适合大面积、高大厂房、广场、运动场、港口和机场的照明。

6)高压钠灯光色较差，适用于城市街道、广场的照明。

7)低压钠灯发出黄绿色光，穿透烟雾性能好，多用于城市道路、户外广场的照明。

8)金属卤化物灯光效高，光色好，室内外照明均适用。

(2)白炽灯。白炽灯的结构由灯头、灯丝和玻璃外壳组成。灯头有螺纹口和插口两种形式，可拧进灯座中。对于螺口灯泡的灯座，相线应接在灯座中心接点上，零线接到螺纹口端接点上，如图 4.38 所示。

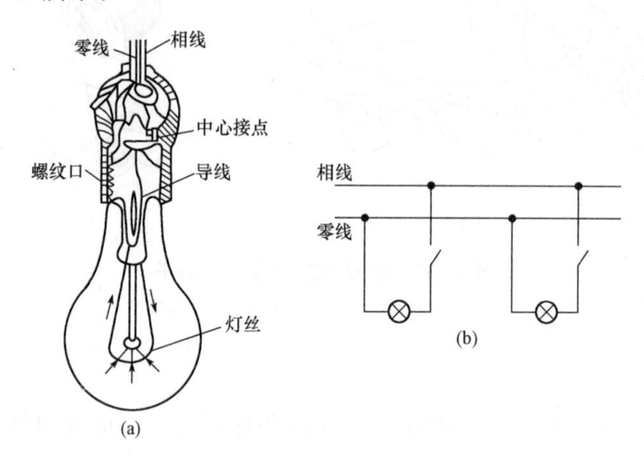

图 4.38　白炽灯

(a)白炽灯构造；(b)接线

灯丝由钨丝制成，当电流通过时加热钨丝，使其达到白炽状态而发光。一般 40 W 以下的小功率灯泡内部抽成真空，60 W 以上的大功率灯泡先抽真空，再充以氩气等惰性气体，以减少钨丝发热时的蒸发损耗，提高使用寿命。

(3)荧光灯。荧光灯又称为日光灯，是气体放电光源。其由灯管、镇流器和启辉器三部分组成，如图 4.39 所示。其灯管由灯头、灯丝和玻璃管壳组成。灯管两端分别装有一组灯丝与灯脚相连。灯管内抽成真空，再充以少量惰性气体氩和微量的汞。玻璃管壳内壁涂有荧光物质，改变荧光粉成分可以获得不同的可见光光谱。目前，荧光灯有日光色、冷白色、暖白色以及各种彩色等光色。灯管外形有直管形、U 形、圆形、平板形和紧凑型(双曲形、H 形、双 D 形和双 X 形，常见紧凑型荧光灯如图 4.40 所示)。

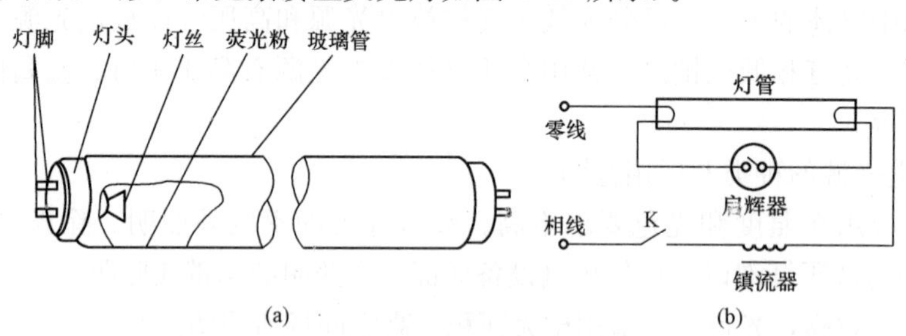

图 4.39　荧光灯

(a)荧光灯构造；(b)接线

2. 灯具安装

(1)灯具分类。灯具按结构特点可分为开启型，闭合型，封闭型，密闭型，防爆、安全型，隔爆型，防腐型七种类型，如图 4.41 所示。

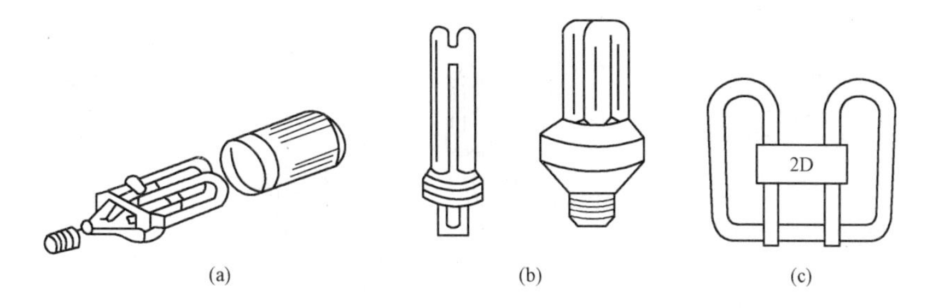

图 4.40　几种常见的紧凑型荧光灯

(a)双曲形灯；(b)H 形灯；(c)双 D 形灯

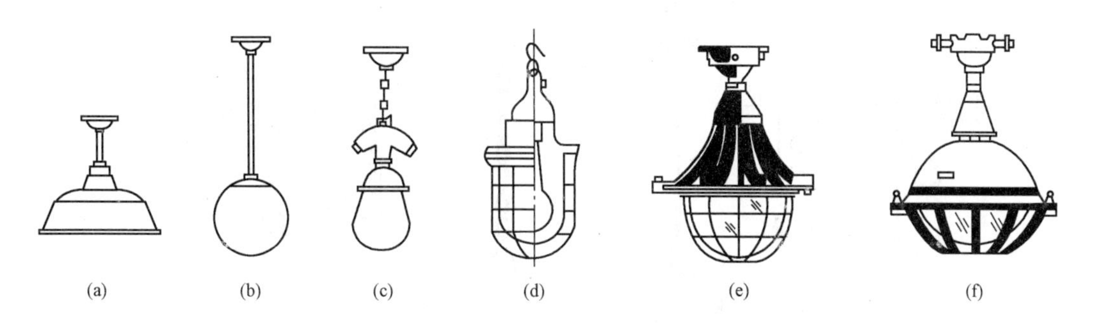

图 4.41　按灯具结构特点分类的灯具

(a)开启型；(b)闭合型；(c)密闭型；(d)防爆型；(e)隔爆型；(f)安全型

1)开启型。开启型灯具的光源裸露在外，灯具是敞口的或无灯罩的。

2)闭合型。闭合型灯具是指透光罩将光源包围起来的照明器。但透光罩内外空气能自由流通，尘埃易进入罩内，照明器的效率主要取决于透光罩的透射比。

3)封闭型。封闭型灯具是指透光罩固定处加以封闭，使尘埃不易进入罩内，但当内外气压不同时空气仍能流通的照明器。

4)密闭型。密闭型灯具是指透光罩固定处加以密封，与外界可靠地隔离，内外空气不能流通的照明器。根据用途又分为防水防潮型和防水防尘型，适用于浴室、厨房、潮湿或有水蒸气的车间、仓库及隧道、露天堆场等场所。

5)防爆、安全型。防爆、安全型照明器适用于在不正常情况下可能发生爆炸危险的场所。其功能主要使周围环境中的爆炸性气体进不了照明器内，可避免照明器正常工作中产生的火花而引起爆炸。

6)隔爆型。隔爆型照明器适用于在正常情况下可能发生爆炸的场所。其结构特别坚实，即使发生爆炸，也不易破裂。

7)防腐型。防腐型照明器适用于含有腐蚀性气体的场所。灯具外壳用耐腐蚀材料制成，且密封性好，腐蚀性气体不能进入照明器内部。

灯具按安装方式可分为吸顶式、嵌入式、悬吊式、壁式等，可参照图 4.42 所示。

1)吸顶式。吸顶式照明器吸附在顶棚上，适用于顶棚比较光洁且房间不高的建筑内。这种安装方式常有一个较亮的顶棚，但易产生眩光，光通利用率不高。

2)嵌入式。嵌入式照明器的大部分或全部嵌入顶棚内，只露出发光面。其适用于低矮的房间。一般来说顶棚较暗，照明效率不高。若顶棚反射比较高，则可以改善照明效果。

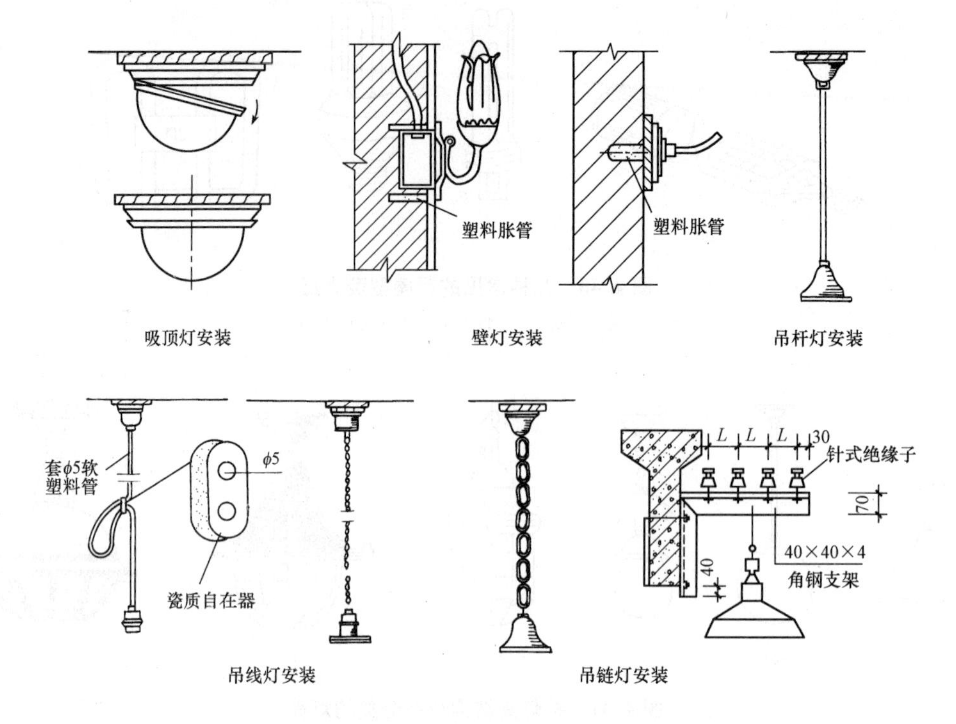

图 4.42　按灯具安装方式分类的灯具

3)悬吊式。悬吊式照明器挂吊在顶棚上。根据挂吊的材料不同可分为线吊式、链吊式和管吊式。这种照明器离工作面近，常用于建筑物内的一般照明。

4)壁式。壁式照明器吸附在墙壁上。壁灯不能作为一般照明的主要照明器，只能作为辅助照明，富有装饰效果。由于安装高度较低，易成为眩光源，故多采用小功率光源。

5)枝形组合型。枝形组合型照明器由多枝形灯具组合成一定图案，俗称花灯。一般为吊式或吸顶式，以装饰照明为主。大型花灯灯饰常用于大型建筑大厅内；小型花灯也可用于宾馆、会议厅等。

6)嵌墙型。嵌墙型照明器的大部分或全部嵌入墙内或底板面上，只露出很小的发光面。这种照明器常作为地灯，用于室内作起夜灯用，或作为走廊和楼梯的深夜照明灯，以避免影响他人的夜间休息。

(2)悬吊式灯具安装。悬吊式灯具基本可分为软线吊灯、链吊灯和管吊灯。其安装要求如下：

1)质量大于 0.5 kg 的软线吊灯，灯具的电源线不应受力。

2)质量大于 3 kg 的悬吊灯具，固定在螺栓或预埋吊钩上，螺栓或预埋吊钩的直径不应小于灯具挂销直径，且不应小于 6 mm，如图 4.43 所示。

3)当采用钢管作灯具吊杆时，其内径不应小于 10 mm，壁厚不应小于 1.5 mm。

4)灯具与固定装置及灯具连接件之间采用螺纹连接的，螺纹啮合扣数不应少于 5 扣。

(3)吸顶式灯具安装。吸顶或墙面上安装的灯具，其固定用的螺栓或螺钉不应少于 2 个，灯具应紧贴饰面。其安装如图 4.44 所示。在灯位盒上安装吸顶灯，其灯具或绝缘台应完全遮盖信灯位盒。

(4)嵌入式灯具安装。由接线盒引至嵌入式灯具或槽灯的绝缘导线应采用柔性导管保

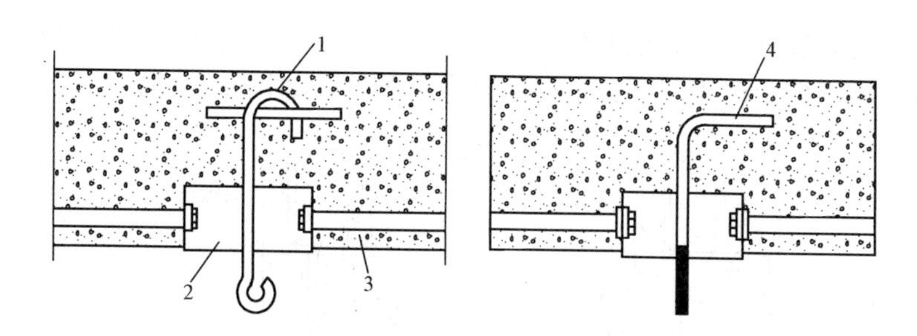

图 4.43　吊钩和螺栓的预埋

1—吊钩；2—接线盒；3—电线管；4—螺栓

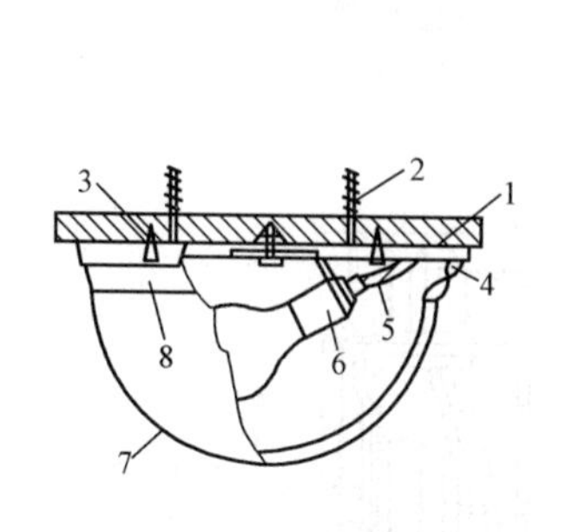

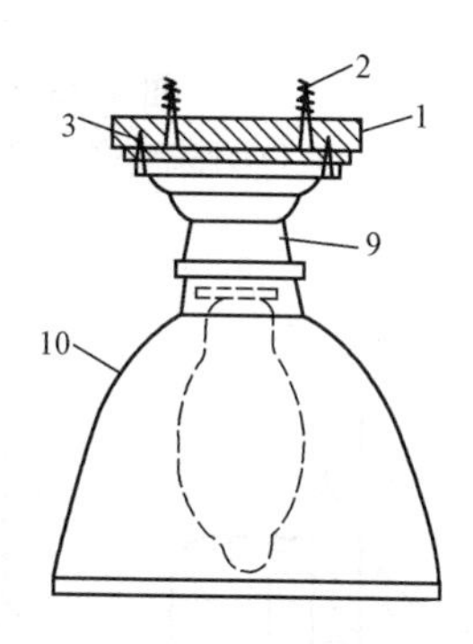

图 4.44　吸顶灯的安装

1—圆木(厚度为 25 mm，直径按灯架尺寸选配)；2—固定圆木用木螺钉；
3—固定灯架用木螺钉；4—灯架；5—灯头引线(规格与线路相同)；6—管接式瓷质螺口灯座；
7—玻璃灯罩；8—固定灯罩用机螺钉；9—铸铝壳瓷质螺口灯座；10—搪瓷灯罩

护，不得裸露，且不应在灯槽内明敷，柔性导管与灯具壳体应采用专用接头连接。

(5)LED 灯具安装。LED 灯具安装应符合下列规定：

1)灯具安装应牢固可靠，饰面不应使用胶类粘贴。

2)灯具安装位置应有较好的散热条件，且不宜安装在潮湿场所。

3)灯具用的金属防水接头密封圈应齐全、完好。

4)灯具的驱动电源、电子控制装置室外安装时，应置于金属箱(盒)内；金属箱(盒)的 IP 防护等级和散热应符合设计要求，驱动电源的极性标记应清晰、完整。

5)室外灯具配线管路应按明配管敷设，且应具备防雨功能，IP 防护等级应符合设计要求。

3. 灯开关安装

灯开关按其安装方式可分为明装开关和暗装开关；按其开关操作方式又分为拉线开关、跷板开关等；按其控制方式分为单控开关和双控开关。

灯开关安装位置要便于操作，开关边缘与门框的距离宜为 0.15～0.2 m；开关距离地面高度宜为 1.3 m；拉线开关距离地面高度宜为 2～3 m，层高小于 3 m 时，拉线开关距离顶板不小于 100 mm，且拉线出口应垂直向下。

同一建(构)筑物的开关宜采用同一系列的产品，单控开关的通断位置应一致，且应操作灵活、接触可靠。

跷板式开关为暗装开关，其通断位置如图 4.45 所示；扳把开关可以明装也可以暗装，但不允许横装。扳把向上时表示开灯，向下时表示关灯，如图 4.46 所示。

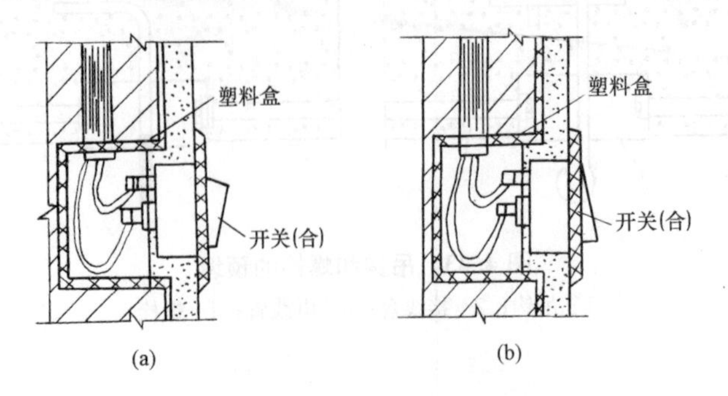

图 4.45　跷板开关通断位置

(a)开关处的合闸位置；(b)开关处在断开位置

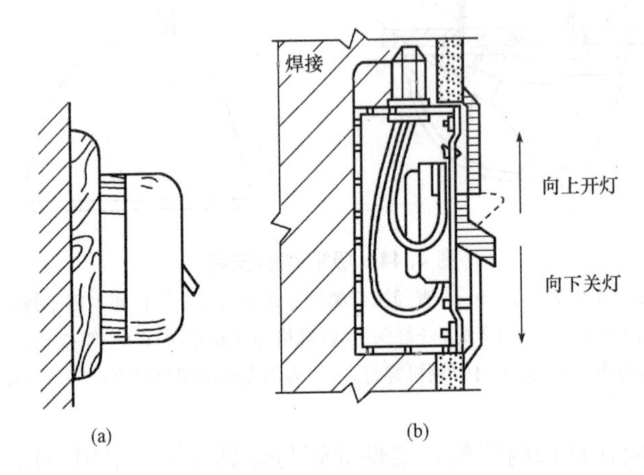

图 4.46　扳把开关安装

(a)明装；(b)暗装

4.3.2　插座、风扇和照明配电箱安装

1. 插座安装

插座是指各种移动电器的电源接取口，如台灯、空调等。插座的分类有单相双孔插座、单相三孔插座、三相四孔插座、三相五孔插座、防爆插座、地插座、安全型插座等。

插座的安装高度应符合设计规定，如设计未规定，一般距离地面为 0.3 m；托儿所、幼儿园、小学学校等儿童活动场所，未采用安全插座时，高度不小于 1.8 m；潮湿场所采用密封型并带保护地线触头的保护型插座，安装高度不低于 1.5 m。同一场所安装的插座高度应一致。

插座接线根据《建筑电气工程施工质量验收规范》(GB 50303—2015)规定。

(1)对于单相两孔插座，面对插座的右孔或上孔应与相线连接，左孔或下孔应与中性导体(N)连接；对于单相三孔插座，面对插座的右孔应与相线连接，左孔应与中性导体(N)连接，如图 4.47 所示。

(2)单相三孔、三相四孔及三相五孔插座的保护接地导体(PE)应接在上孔；插座的保护接地导体端子不得与中性导体端子连接；同一场所的三相插座，其接线的相序应一致。

(3)保护接地导体(PE)在插座之间不得串联连接。

(4)相线与中性导体(N)不应利用插座本体的接线端子转接供电。

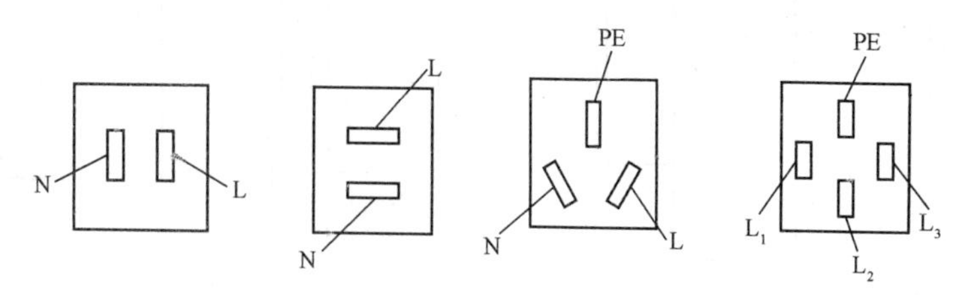

图 4.47　插座接线

2. 风扇安装

风扇可分为吊扇、壁扇、轴流排气扇三种类型。吊扇是公共场所、民用住宅、工业建筑中常见设备，吊扇安装如图 4.48 所示。根据《建筑电气工程施工质量验收规范》(GB 50303—2015)规定，吊扇安装应符合下列规定：

(1)吊扇挂钩安装应牢固，吊扇挂钩的直径不应小于吊扇挂销直径，且不应小于 8 mm；挂钩销钉应有防振橡胶垫；挂销的防松零件应齐全、可靠。

(2)吊扇扇叶距离地面高度不应小于 2.5 m。

(3)吊扇组装不应改变扇叶角度，扇叶的固定螺栓防松零件应齐全。

(4)吊杆间、吊杆与电机间螺纹连接，其啮合长度不应小于 20 mm，且防松零件应齐全紧固。

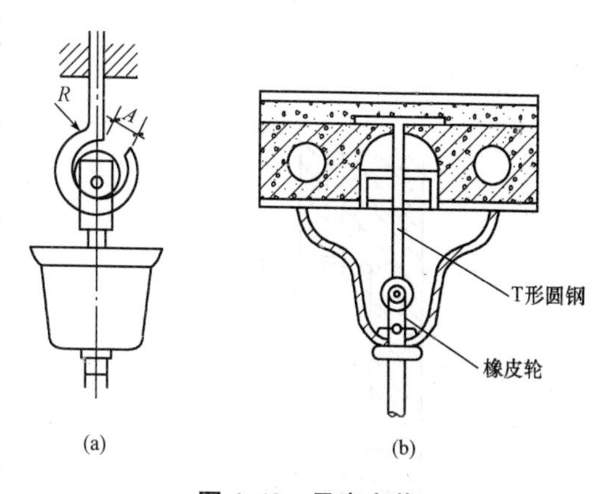

图 4.48　吊扇安装

(5)吊扇应接线正确，运转时扇叶应无明显颤动和异常声响。

(6)吊扇开关安装标高应符合设计要求。

壁扇安装应符合下列规定：

(1)壁扇底座应采用膨胀螺栓或焊接固定，固定应牢固可靠；膨胀螺栓的数量不应少于 3 个，且直径不应小于 8 mm。

(2)防护罩应扣紧、固定可靠，当运转时扇叶和防护罩应无明显颤动和异常声响。

3. 照明配电箱安装

照明配电箱根据安装方式可分为悬挂式(明装，如图 4.49 所示)、嵌入式(暗装，如图 4.50 所示)和落地式(图 4.51)；根据制作材质可分为铁质、木质、塑料制品，铁质照明箱应用较为广泛；根据产品是否成套又分为成套配电箱和非成套配电箱。成套配电箱是由工厂成套生产组装的；非成套配电箱是根据实际需要来设计制作的。常用标准照明配电箱见表 4.5。

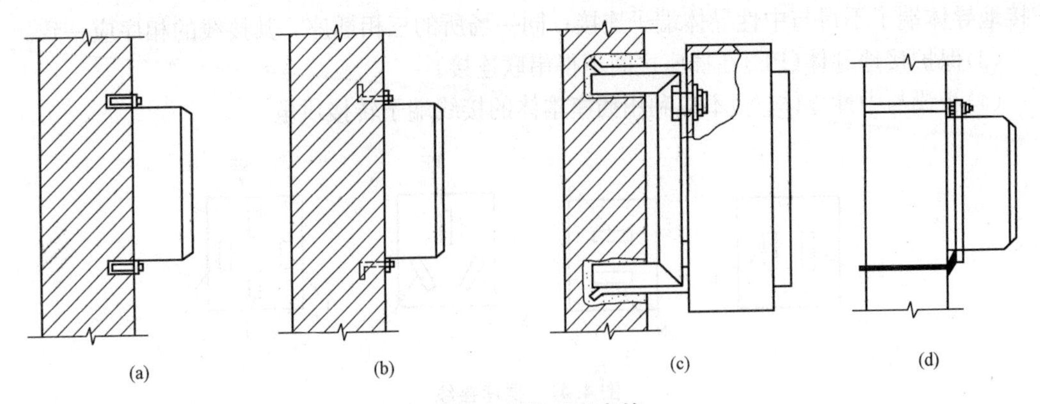

图 4.49　悬挂式配电箱

(a)墙上胀管安装；(b)墙上螺栓安装；(c)墙上圬埋支架固定；(d)墙上抱箍支架固定

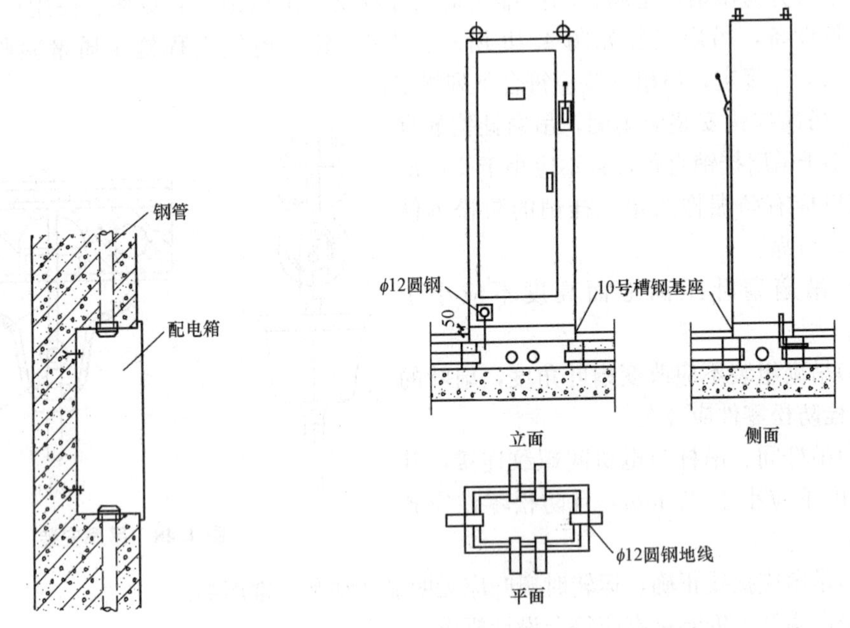

图 4.50　嵌入式配电箱图

图 4.51　落地式配电箱

表 4.5　常用标准照明配电箱

型号	安装方式	箱内主要电器元件	备注
XM-34-2	嵌入、半嵌入、悬挂	DZ12 型断路器	可用于工厂企业及民用建筑
XXM-□	嵌入、悬挂	DZ12 型断路器、小型蜂鸣器等	可用于民用建筑等
XZK-$\begin{matrix}1\\2\\3\end{matrix}$	嵌入、悬挂	DZ12 型断路器	
XM-□	嵌入、悬挂	DZ12 型断路器	
XRM-12	嵌入、悬挂	DZ10、DZ12 型断路器	
XPR	悬　挂	DZ5 型断路器、DD17 型电度表	用于一般民用建筑
PX	嵌入、悬挂	DZ10、DZ15 型断路器	
PXT-□	嵌入、悬挂	DZ60 型断路器	可用于工厂企业、民用建筑

续表

型号	安装方式	箱内主要电器元件	备注
X_{R}^{X}M-1N	嵌入、悬挂	DZ12、DZ15、DZ10 型断路器，小型熔断器	可用于工厂企业、民用建筑
X_{R}^{X}M-2	嵌入、悬挂	DZ12 型断路器	可用于民用建筑
X_{R}^{X}M-3	嵌入、悬挂	DZ12 型断路器、JC 漏电开关	可用于民用建筑

根据《建筑电气工程施工质量验收规范》(GB 50303—2015)规定，照明配电箱(盘)安装应符合下列规定：

(1)箱(盘)内配线应整齐、无铰接现象；导线连接应紧密、不伤线芯、不断股；垫圈下螺丝两侧压的导线截面面积应相同，同一电器器件端子上的导线连接不应多于 2 根，防松垫圈等零件应齐全。

(2)箱(盘)内开关动作应灵活可靠。

(3)箱(盘)内宜分别设置中性导体(N)和保护接地导体(PE)，汇流排上同一端子不应连接不同回路的 N 或 PE。

(4)室外安装的落地式配电(控制)柜、箱的基础应高于地坪，周围排水应通畅，其底座周围应采取封闭措施。

(5)箱体开孔应与导管管径适配，暗装配电箱箱盖应紧贴墙面，箱(盘)涂层应完整。

(6)箱(盘)内回路编号应齐全，标识应正确。

(7)箱(盘)应采用不燃材料制作。

(8)箱(盘)应安装牢固、位置正确、部件齐全，垂直度允许偏差不应大于 1.5%，安装高度应符合设计要求。

4.4 电气照明图识读及案例

1. 电气照明工程图的组成

电气照明工程是建筑电气工程最基本的内容，动力、照明工程图也就是建筑电气工程图最基本的图种，其主要组成为：系统图、平面图、配电箱安装接线图、设备材料表等。

(1)电气照明系统图。电气照明系统图是用符号(图形符号、文字符号)或带注释的框，概略表示系统或分系统的基本组成、相互关系及其主要特征的一种简图。它反映了系统的基本组成、主要电气设备、元件之间的连接情况，以及它们的安装容量、计算容量、计算电流、配电方式、导线或电缆的型号、规格、数量、敷设方式与穿管管径等，如图 4.52 所示。

识读时，从电源进线开始，顺着电流的方向进行识读。

(2)电气照明平面图。电气照明平面图是用图形符号和文字标注绘制出来，用来表示建筑物内电气照明设备及其配电线路平面布置情况。通过平面图，可以从中了解到建筑物内

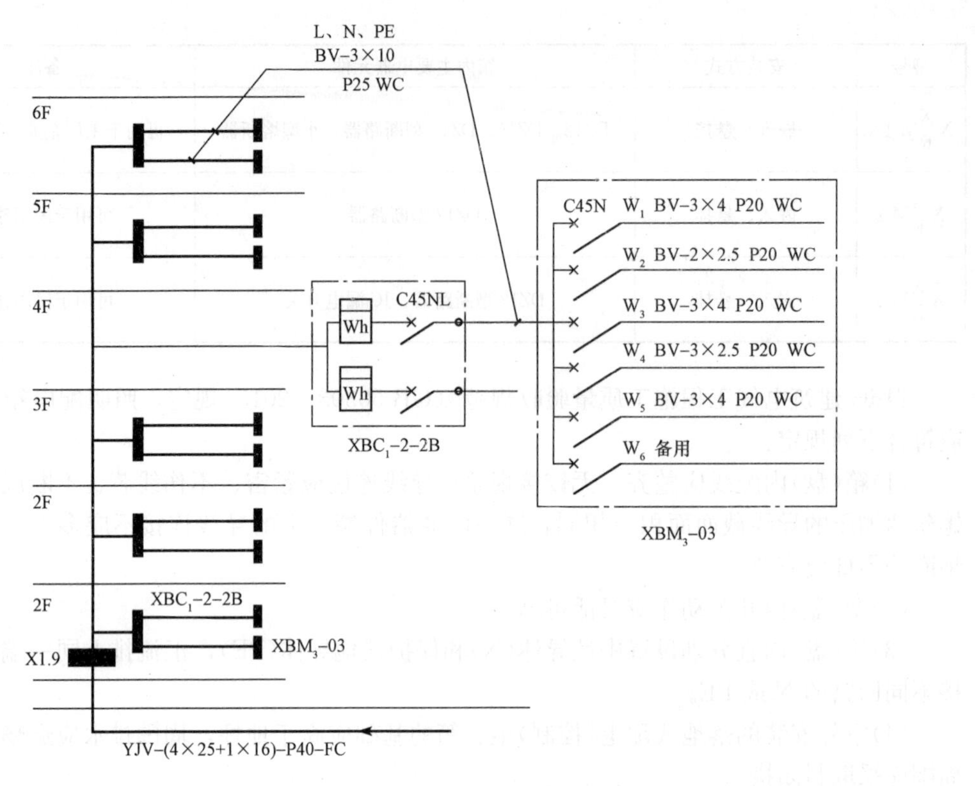

图 4.52 某住宅楼照明系统图

用电设备的平面布置、线路走向，用电设备的数量、型号和相对位置，线路的敷设位置、敷设方式、导线规格型号、导线根数、穿管管径等，如图 4.53 所示。

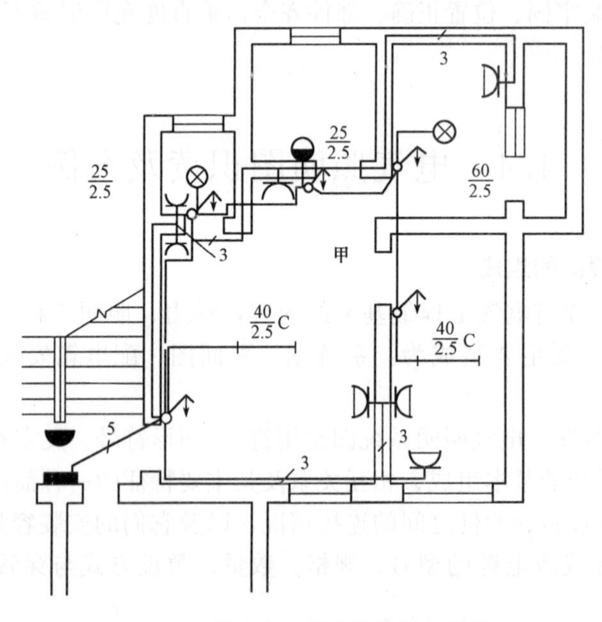

图 4.53 某住宅一层甲住户照明平面

平面图是造价和安装施工的主要依据，但一般平面图不反映线路和设备的具体安装方法及安装技术要求，必须通过相应的安装大样图和施工验收规范来解决。

2. 建筑电气工程图的特点

(1)建筑电气工程图大多是采用统一的图形符号并加注文字符号绘制出来的，属于简图之列。

(2)任何电路都必须构成闭合回路。

(3)电路中的电气设备、元件等，彼此之间都是通过导线连接起来构成一个整体的。

(4)建筑电气工程施工是与主体工程(土建工程)及其他安装工程(给水排水管道、供热管道、采暖通风的空调管道、通信线路、消防系统及机械设备等安装工程)施工相互配合进行的，所以，建筑电气工程图与建筑结构图及其他安装工程图不能发生冲突。

(5)建筑电气工程图对于设备的安装方法、质量要求以及使用、维修方面的技术要求等往往不能完全反映出来，而且也没有必要全部标注清楚，因为这些技术要求在有关的国家标准和规范、规程中都有明确规定，为了保持图面清晰，只要在说明栏中说明“参照××规范”就可以了。

(6)建筑电气工程的位置简图(施工平面布置图)是用投影和图形符号来代表电气设备或装置绘制的，阅读图纸时，比其他工程的透视图难度大。

3. 阅读建筑电气工程图的一般程序

阅读建筑电气工程图必须熟悉电气图基本知识(表达形式、通用画法、图形符号、文字符号)和建筑电气工程图的特点，同时掌握一定的阅读方法，才能比较迅速全面地读懂图纸，以完全实现读图的意图和目的。阅读一套图纸，一般可按以下顺序阅读，而后再重点阅读。

(1)看标题栏及图纸目录。了解工程名称、项目内容、设计日期及图纸内容、数量等。

(2)看设计说明。了解工程概况、设计依据等，了解图纸中未能表达清楚的各有关事项。

(3)看设备材料表。了解工程中所使用的设备、材料的型号、规格和数量。

(4)看系统图。了解系统基本组成，主要电气设备、元件之间的连接关系以及它们的规格、型号、参数等，掌握该系统的组成概况。

(5)看平面布置图。如照明平面图、防雷接地平面图等。了解电气设备的规格、型号、数量及线路的起始点、敷设部位、敷设方式和导线根数等。平面图的阅读可按照以下顺序进行：电源进线→总配电箱→干线→支干线→分配电箱→用电设备。

(6)看控制原理图。了解系统中电气设备的电气自动控制原理，以指导设备安装调试工作。

(7)看安装接线图。了解电气设备的布置与接线。

(8)看安装大样图。了解电气设备的具体安装方法、安装部件的具体尺寸等。

在识图时，应抓住要点进行识读，一是了解供电电源的来源、引入方式及路数，所以先要阅读系统图，对整个系统有一个全面了解。二是明确各配电回路的相序、路径、管线敷设部位、敷设方式以及导线的型号和根数；明确电气设备、器件的平面安装，一般可以从进线开始，经过配线箱后一条支路一条支路地阅读。三是熟悉施工顺序，便于阅读电气施工图。如识读配电系统图、照明与插座平面图时，就应首先了解室内配线的施工顺序。四是识读时，施工图中各图纸应协调配合阅读。对于具体工程来说，为说明配电关系时需要有配电系统图；为说明电气设备、器件的具体安装位置时需要有平面布置图；为说明设备工作原理时需要有控制原理图；为表示元件连接关系时需要有安装接线图；为说明设备、材料的特性、参数时需要有设备材料表等。这些图纸各自的用途不同，但相互之间是有联系并协调一致的。在识读时应根据需要，将各图纸结合起来识读，以达到对整个工程或分部项目全面了解的目的。

4. 电气照明基本线路

(1)一只开关控制一盏灯或多盏灯的电气照明图。这是一种最常用、最简单的照明控制线路，其平面图和原理图如图 4.54 所示。到开关和到灯具的线路都是 2 根线，相线(L)经开关控制后到灯具，零线(N)直接到灯具，一只开关控制多盏灯时，几盏灯均应并连接线。

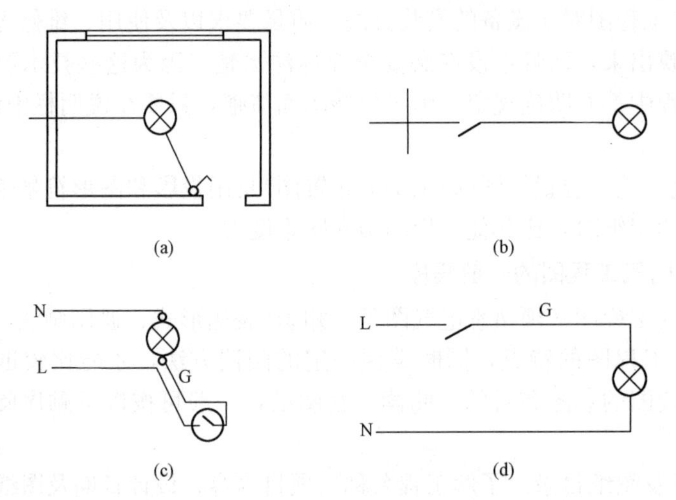

图 4.54　一个开关控制一盏灯情况

(a)平面图；(b)系统图；(c)透视接线图；(d)原理图

注：①开关必须接在相线上；零线不进开关，直接接灯座；

②一只开关控制多盏灯时，平面图上显示是串联，但实际接线为并联，如图 4.55 所示。

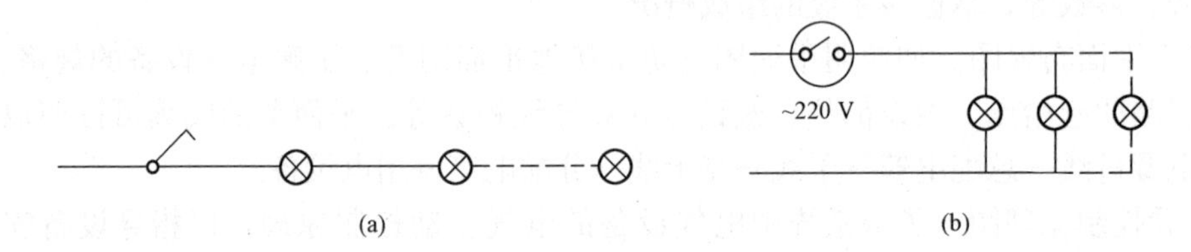

图 4.55　一个开关控制多盏灯情况

(a)一只开关控制多盏灯系统图；(b)一只开关控制多盏灯原理图

(2)多个开关控制多盏灯。当一个空间有多盏灯需要多个开关单独控制时，可以适当把控制开关集中安装，相线可以公用接到各个开关，开关控制后分别连接到各个灯具，零线直接到各个灯具，如图 4.56 所示。

(3)两只双控开关控制在两处控制一盏灯的电气照明图。用两只双控开关在两处控制同一盏灯，通常用于楼梯过道卧室等处。其原理图和平面图如图 4.57 所示。在图示开关位置时，灯处于关闭状态，无论扳动哪个开关，灯都会亮。

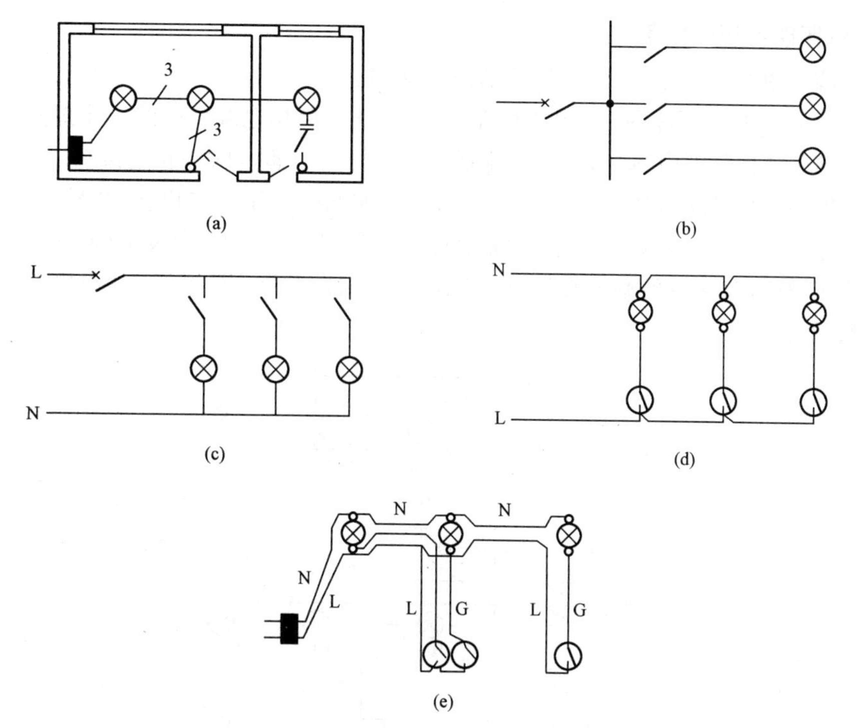

图 4.56　多个开关控制多盏灯情况

(a)平面图；(b)系统图；(c)原理图；(d)原理接线图；(e)透视接线图

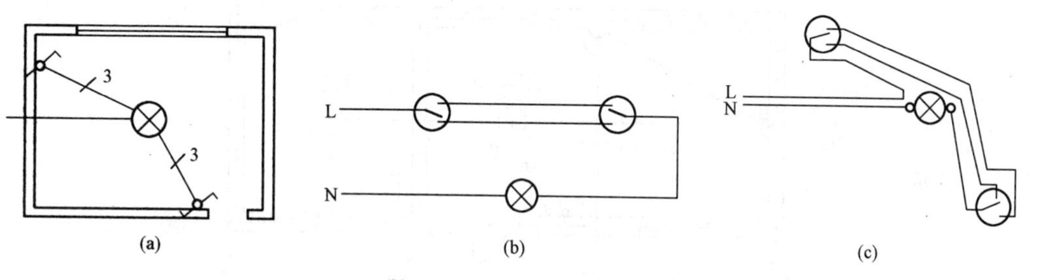

图 4.57　两个开关控制一盏灯情况

(a)平面图；(b)系统图；(c)透视接线图

(4)荧光灯控制线路。荧光灯连接和白炽灯接线需要有配套的镇流器、起辉器等附件。其实际接线如图 4.58(a)所示，平面图表示如图 4.58(b)所示。

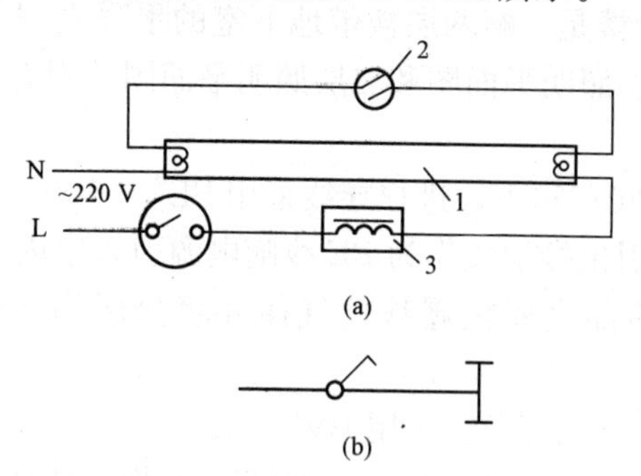

图 4.58　荧光灯接线情况

1—灯管；2—起辉器；3—镇流器

5. 电气照明图识图案例

【例 4-1】 图 4.59 所示为某一房间的简单照明。

图 4.59(a)是电气原理图，从图中可以看出，此为单相电源供电给三个灯具 HL_1～HL_3 以及插座 XS，灯具分别由 S_1、S_2、S_3 控制，三个灯具与插座均并联连接。

图 4.59(c)是照明平面图，从图中可以看出，照明配电箱由进户线 BLV2×4SC15FC 供电，从配电箱引出两个支路，一个支路给插座 XS 供电，另一个支路通过线路 BLV3×2.5KCC(用瓷瓶或瓷柱沿顶棚暗敷设)给三个灯具(用自在器 CP 吊于室内)供电，具体接线情况可见图 4.59(b)。

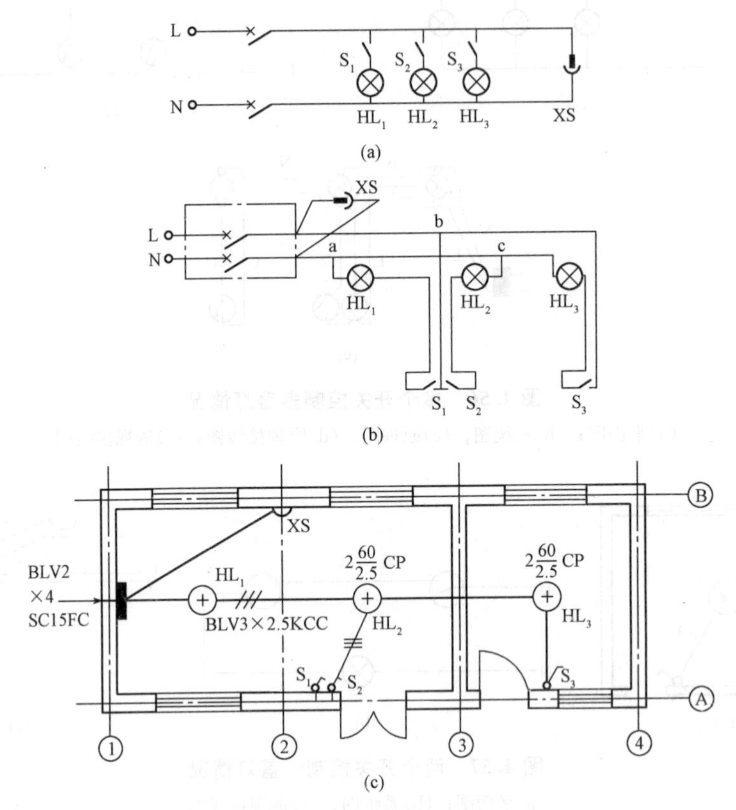

图 4.59　某房间的照明线路图

(a)原理图；(b)实际接线图；(c)照明平面图

【例 4-2】 某办公试验楼是一幢两层楼带地下室的平顶楼房。图 4.60～图 4.62 分别为该楼照明配电系统图、一层照明平面图和二层照明平面图并附有施工说明。

施工说明：

(1)电源为三相四线 380/220 V，进户导线采用 BLV－500－4×16 mm^2，自室外架空线路引来，室外埋设接地极引出接地线作为 PE 线随电源引入室内。

(2)化学试验室、危险品仓库按爆炸性气体环境分区为 2 区，导线采用 BV－500－2.5 mm^2。

(3)一层配线：三相插座电源导线采用 BV－500－4×2.5 mm^2，穿直径为 20 mm 普通水煤气管埋地敷设；化学试验室和危险品仓库为普通水煤气管明敷设；其余房间为 PVC 硬质塑料管暗敷设。导线采用 BV－500－2.5 mm^2。

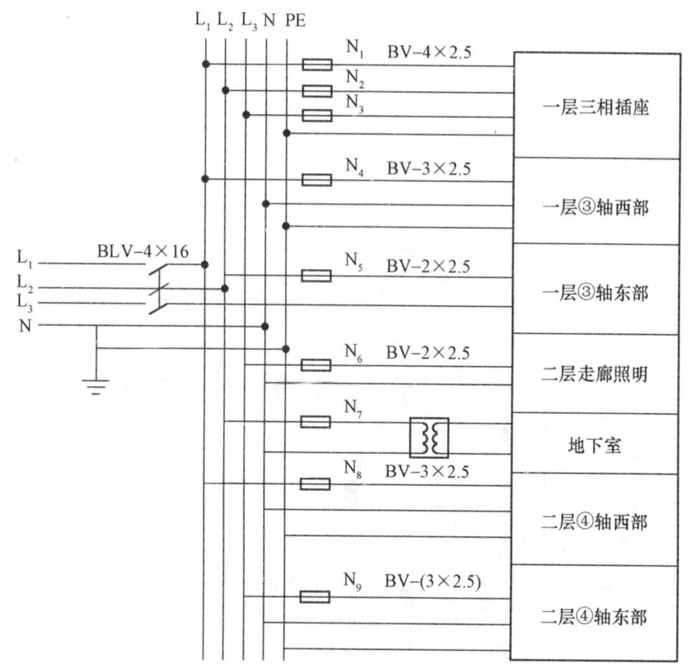

图 4.60　某办公试验楼照明配电系统图

二层配线：为 PVC 硬质塑料管暗敷，导线采用 BV—500—2.5 mm^2。

楼梯：均采用 PVC 硬质塑料管暗敷。

(4)灯具代号说明：G—隔爆灯；J—半圆球吸顶灯；H—花灯；F—防水防尘灯；B—壁灯；Y—荧光灯。

识图步骤：

(1)先阅读系统图。读图时，应从电源开始。从图 4.60 可知：该照明工程电源由室外低压配电线路引来，三相四线制。中性线 N 和接地保护线 PE 分开单独敷设。接户线所用导线为 BLV—4×16 mm^2。进入配电箱后，配出 9 条支路(N_1～N_9)。其中，N_1、N_2、N_3 同时向一层三相插座供电；N_4 向一层③轴线西部的室内照明及走廊灯供电；N_5 向一层③轴线东部的室内照明供电；N_6 向二层走廊灯供电；N_7 经过一变压器向地下室供电；N_8 向二层④轴西部室内照明供电；N_9 则向二层④轴东部室内照明供电。

考虑三相负荷应均匀分配的原则，故 9 条支路应均匀接在 L_1、L_2、L_3 三相上。N_1、N_2、N_3 是同时向一层三相插座供电的，所以需接在 L_1、L_2、L_3 三相上；N_4、N_5 和 N_8、N_9 又分别是同一层楼的照明线路，尽量不接在同一相上，所以，将 N_4 和 N_8 接在 L_1 相上，将 N_5、N_7 接在 L_2 相上，将 N_6、N_9 接在 L_3 相上。

(2)然后阅读平面图。根据阅读建筑电气平面图的一般规律，按电流入户方向依次阅读，即进户线—配电箱—干线—支干线—支线及用电设备。

1)进户线。从一层照明平面图可知，该工程进户点处于③轴线和Ⓒ轴线交叉处，进户线采用 4 根 16 mm^2 铝芯聚氯乙烯绝缘导线，穿钢管自室外低压架空线路引至室内配电箱[XM(R)—7—12/1]。在室外埋设垂直接地体 3 根，用扁钢连接引出接地线 PE 进行重复接地，随电源引入配电箱，成为三相五线制。

2)照明设备布置情况。由于楼内各房间的用途不同，所以，各房间布置的灯具类型和数量都不一样。

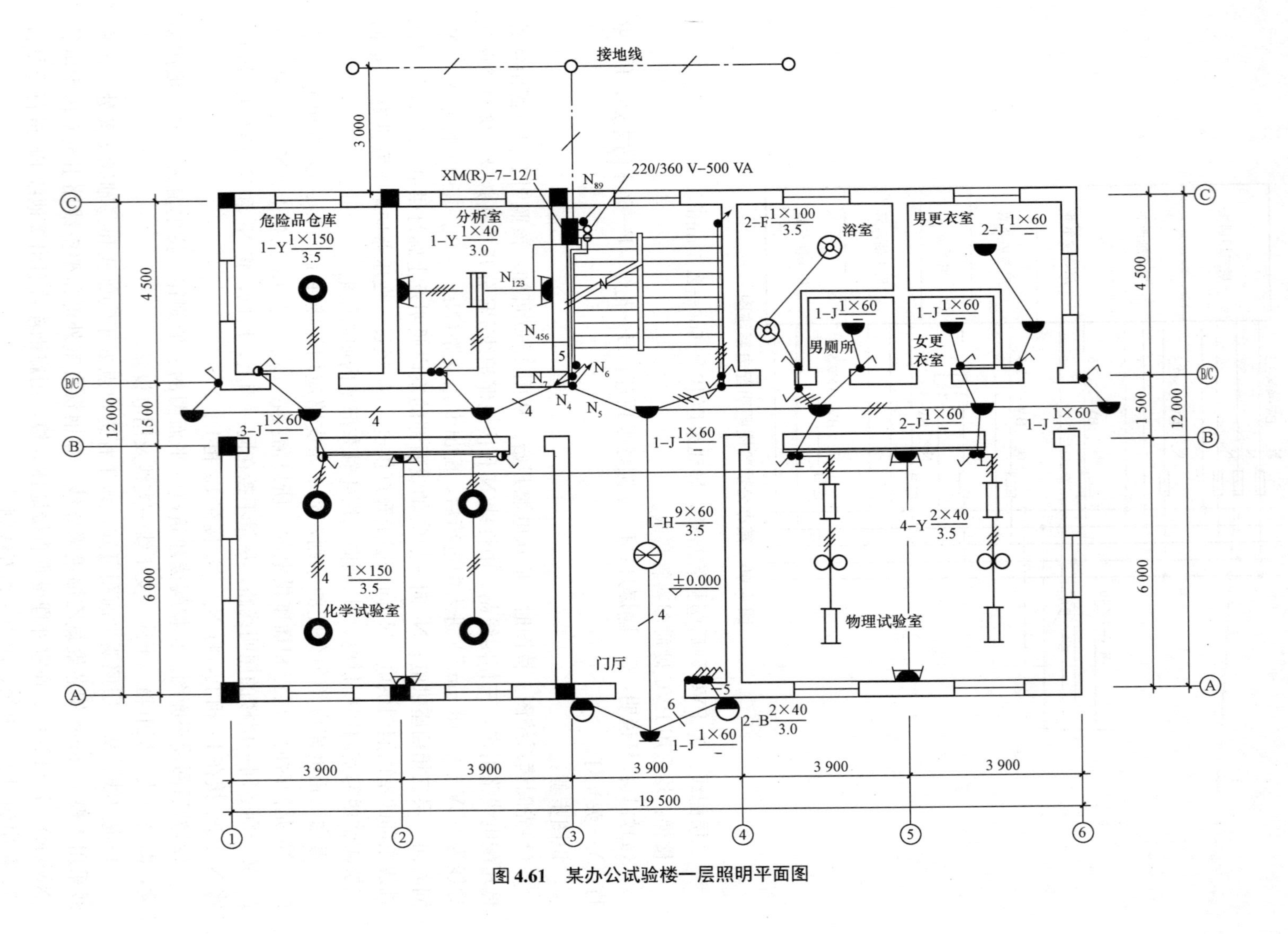

图 4.61　某办公试验楼一层照明平面图

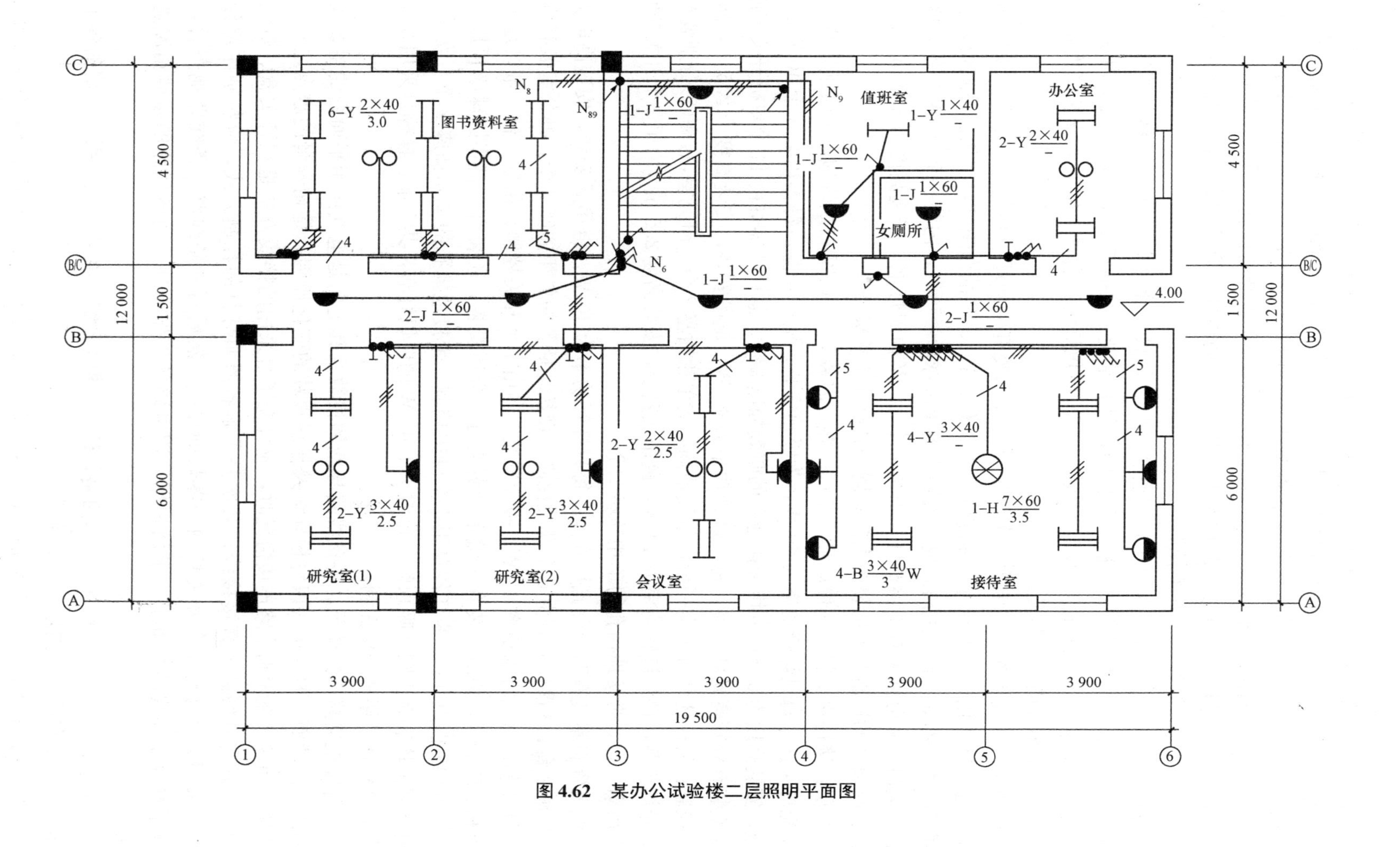

图 4.62　某办公试验楼二层照明平面图

一层：物理试验室安装 4 盏双管荧光灯，每盏灯管功率为 40 W，采用链吊安装，安装高度距离地面 3.5 m，4 盏灯用两只单极开关控制；另外有 2 只暗装三相插座，2 台吊扇。

化学试验室有防爆要求，装有 4 盏防爆灯，每盏灯内装一支 150 W 的白炽灯泡，管吊式安装，安装高度距离地面 3.5 m，4 盏灯用 2 只暗装单极开关控制，另外还装有密闭防爆三相插座 2 个。危险品仓库也有防爆要求，装有一盏防爆灯，管吊式安装，安装高度距离地面 3.5 m，由一只防爆单极开关控制。

分析室要求光色较好，装有一盏三管荧光灯，每只灯管功率为 40 W，链吊式安装，安装高度距地 3 m，用 2 只暗装单极开关控制，另有暗装三相插座 2 个。由于浴室内水气多，较潮湿，所以装有 2 盏防水防尘灯，内装 100 W 白炽灯泡，管吊式安装，安装高度距离地面 3.5 m，2 盏灯用一个单极开关控制。

男厕所、男女更衣室、走廊、东西出口门外都装有半圆球吸顶灯。一层门厅安装的灯具主要起装饰作用，厅内装有一盏花灯，内装有 9 个 60 W 的白炽灯，采用链吊式安装，安装高度距离地面 3.5 m。进门雨篷下安装 1 盏半圆球形吸顶灯，内装一个 60 W 灯泡，吸顶安装。大门两侧分别装有 1 盏壁灯，内装 2 个 40 W 白炽灯泡，安装高度为 3.0 m。花灯、壁灯、吸顶灯的控制开关均装在大门右侧，共有 4 个单极开关。

二层：接待室安装了 3 种灯具。花灯一盏，内装 7 个 60 W 白炽灯泡，为吸顶安装；三管荧光灯 4 盏，每只灯管功率为 60 W，为吸顶安装；壁灯 4 盏，每盏内装 3 个 40 W 白炽灯泡，安装高度为 3 m；单相带接地孔的暗装插座 2 个；总计 9 盏灯由 11 个单极开关控制。会议室装有双管荧光灯 2 盏，每只灯管功率为 40 W，链吊安装，安装高度为 2.5 m，两只开关控制；另外还装有吊扇一台，带接地插孔的单相插座 2 个。研究室(1)和(2)分别装有 3 管荧光灯 2 盏，每只灯管功率为 40 W，链吊式安装，安装高度 2.5 m，均用 2 个开关控制；另有吊扇一台，带接地插孔的单相插座 2 个。

图书资料室装有双管荧光灯 6 盏，每只灯管功率为 40 W，链吊式安装，安装高度为 3 m；吊扇 2 台；6 盏荧光灯由 6 个开关控制，带接地插孔的单相插座 2 个。办公室装有双管荧光灯 2 盏，每只灯管功率 40 W，吸顶安装，各由 1 个开关控制；吊扇一台，带接地插孔的单相插座 2 个。值班室装有 1 盏单管荧光灯，吸顶安装；还装有一盏半圆球吸顶灯，内装一只 60 W 白炽灯；2 盏灯各自用 1 个开关控制，带接地插孔的单相插座 2 个。女厕所、走道、楼梯均装有半圆球吸顶灯，每盏 1 个 60 W 的白炽灯泡，共 7 盏。楼梯灯采用 2 只双控开关分别在二楼和一楼控制。

3)各配电支路连接情况。各条线路导线的根数及其走向是电气照明平面图的主要表现内容之一。然而，要真正认识每根导线及导线根数的变化原因，是初学者的难点之一。为解决这一问题，在识别线路连接情况时，应首先了解采用的接线方法是在开关盒、灯头盒内接线，还是在线路上直接接线；其次是了解各照明灯具的控制方式，应特别注意分清哪些是采用 2 个甚至 3 个开关控制一盏灯的接线，然后再一条线路一条线路地查看，这样就不难算出导线的数量了。下面根据照明电路的工作原理，对各回路的接线情况进行分析。

①N_1、N_2、N_3 支路为一条三相回路，外加一根 PE 线，共 4 条线，引向一层的各个三相插座。导线在插座盒内进行共头连接。

②N_4 支路的走向及连接情况：N_4、N_5、N_6 三根相线，共用一根零线，加上一根 PE 线(接防爆灯外壳)共 5 根线，由配电箱沿③轴线引出。其中 N_4 在③轴线和Ⓑ/Ⓒ轴线交叉处

开关盒上方的接线盒处与 N_5、N_6 分开，转而引向一层西部的走廊和房间，其连接情况如图 4.63 所示。

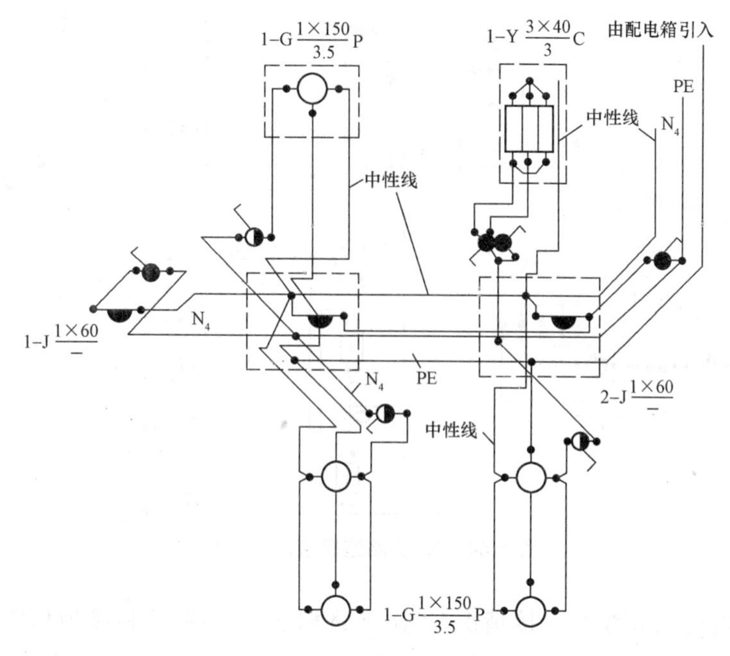

图 4.63　N_4 支路连接情况示意图

N_4 相线在③与Ⓑ/Ⓒ轴线交叉处接入一只暗装单极开关，控制西部走廊内的两盏半圆球吸顶灯，同时往西引至西部走廊第一盏半圆球形吸顶灯的灯头盒内，并在灯头盒内分成 3 路。第一路引至分析室门侧面的二联开关盒内，与两只开关相接，用这 2 只开关控制 3 管荧光灯的 3 只灯管，即一只开关控制一只灯管，另一只开关控制 2 只灯管，以实现开 1 只、2 只、3 只灯管的任意选择。第二路引向化学实验室右边防爆开关的开关盒内，这只开关控制化学实验室右边的 2 盏防爆灯。第三路向西引至走廊内第二盏半圆球吸顶灯的灯头盒内，在这个灯头盒内又分成 3 路，一路引向西部门灯；一路引向危险品仓库；一路引向化学实验室左侧门边防爆开关盒。

零线在③轴线与Ⓑ/Ⓒ轴线交叉处的接线盒处分支，一路和 N_4 相线一起走，同时还有一根 PE 线，并和 N_4 相线同样在一层西部走廊灯的灯头盒内分支，另外，支路随 N_5、N_6 引向东侧和二楼。

③N_5 支路的走向和连接情况。N_5 相线在③轴线和Ⓑ/Ⓒ轴线交叉处的接线盒内带一根零线转向东南引至一层走廊正中的半圆球形吸顶灯的灯头盒内，在此分成 3 路：1 路引至楼梯口右侧开关盒，接开关；第 2 路引向门厅，直至大门右侧开关盒，作为门厅花灯及壁灯等的电源；第 3 路沿走廊引至男厕所门前的半圆球吸顶灯灯头盒，在此盒内又分成 3 路，分别引向物理实验室、浴室和继续向东引至更衣室门前吸顶灯灯头盒，并在此盒内再分成 3 路，又分别引向物理实验室、更衣室及东端门灯，其连接情况如图 4.64 所示。

④N_6 支路的走向和连接情况。N_6 支路相线在③轴线和Ⓑ/Ⓒ轴线交叉处的接线盒内带一根零线引上至二层，向二层走廊灯供电。

⑤N_7 支路的走向和线路连接情况。（略）

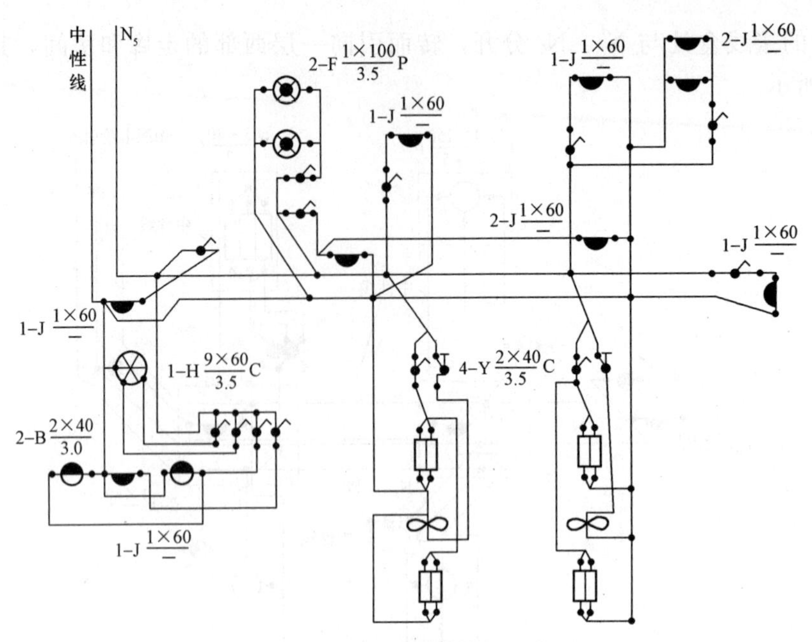

图 4.64　N_5 支路连接情况示意图

⑥N_8 支路的走向和线路连接情况。N_8 支路相线、零线 N 和接地保护线 PE 共 3 根 2.5 mm^2 的导线穿 PVC 管由配电箱旁(③轴线和Ⓒ轴线交叉处)引向二层，并穿进入图书资料室，向④轴线西部房间供电。线路连接情况如图 4.65 所示。从图 4.62 中看出，在研究室(1)和研究室(2)房间中从开关至灯具、吊扇间导线根数标注依次是 4→4→3，其原因是两只开关不是分别控制两盏灯，而是分别同时控制两盏灯中的 1 支灯管和 2 支灯管。

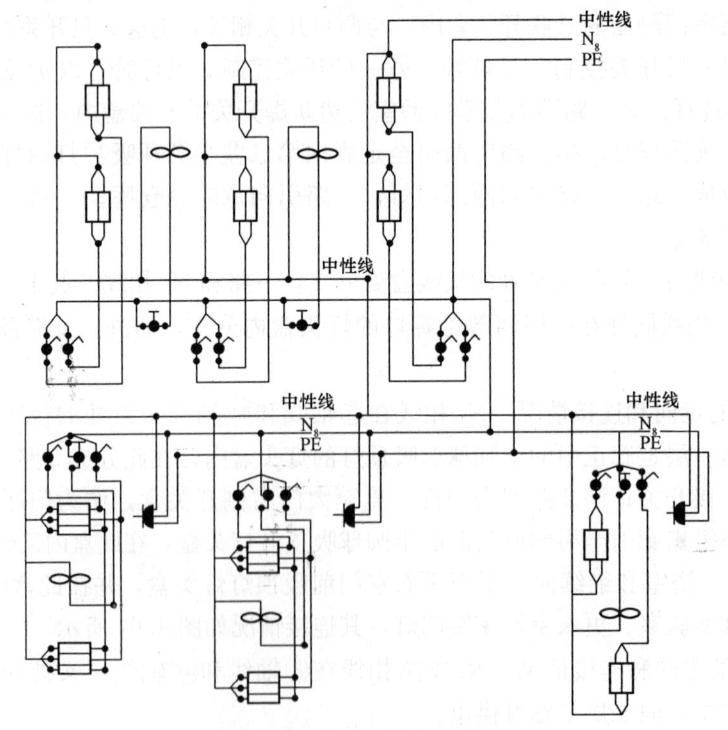

图 4.65　N_8 支路连接情况示意图

⑦N_9 支路的走向和连接情况。N_9 支路相线、零线 N 和接地保护线 PE 共 3 根同 N_8 支路一起向上引至二层，再沿Ⓒ轴线向东至值班室开关盒上的接线盒，然后再引至办公室、接待室。具体连接情况如图 4.66 所示。

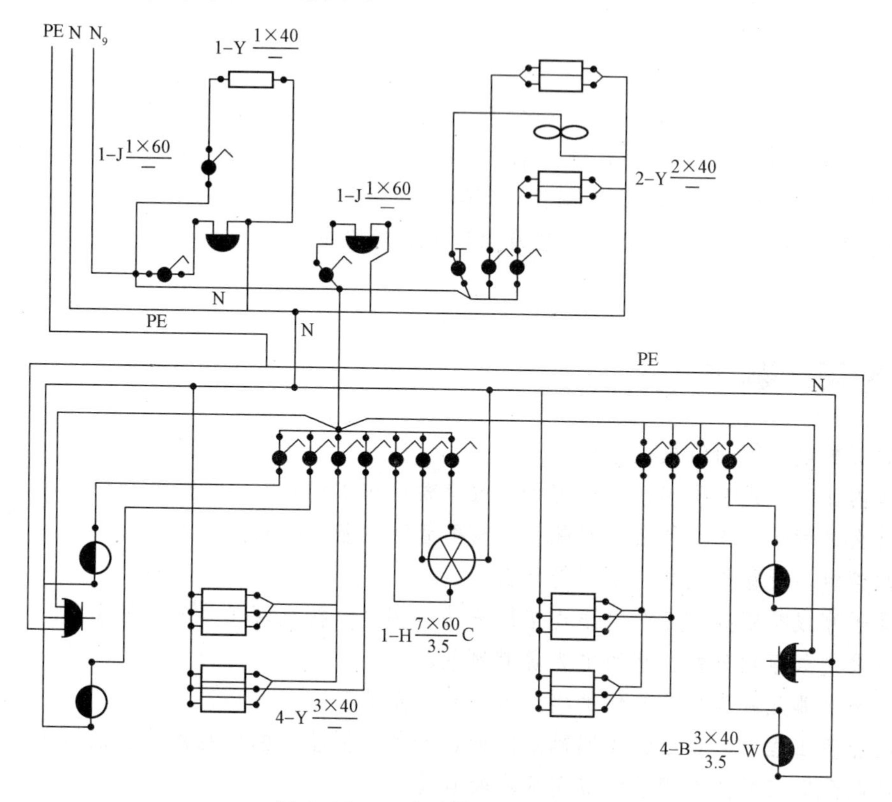

图 4.66 N_9 支路情况连接示意图

对于前面几条回路，分析的顺序都是从开关到灯具，反过来，也可以从灯具到开关进行阅读。例如，图 4.62 接待室引向南边壁灯的是两根线，即相线和零线。在暗装单相三孔插座至北边的一盏壁灯之间，线路上标注是 4 根线，所以，接插座的必然是相线、零线、PE 线，还有一根则应是南边壁灯的开关相线(连接壁灯的零线则是从插座上的零线分支而来的)。

至于开关的分配情况：接待室西边门东侧有 7 只开关，④轴线上有 2 盏壁灯，导线的根数是递减的 5→4→2，这说明两盏壁灯各用一只开关控制。这样还剩下 5 只开关，还有 3 盏灯具。④～⑤轴线间的两盏荧光灯，导线根数标注都是 3 根，其中必有一根是零线，剩下的必定是 2 根开关相线了，由此可推定这 2 盏荧光灯是由 2 只开关共同控制的，即每只开关同时控制两盏灯中的 1 支灯管和 2 支灯管，利于节能。这样，剩下的 3 只开关就是控制花灯的了。

以上分析了各回路的连接情况，并分别画出了部分回路的连接示意图。在此，给出连接示意图的目的是帮助读者更好地阅读图纸。在实际工程中，设计人员是不绘制这种照明接线图的，此处是为初学者更快入门而绘制的。当看图时不是先看接线图，而是在看了施工平面图后，脑子里就能想象出一个相应的接线图，而且还要能想象出一个立体布置的概貌，这样也就基本能把照明图看懂了。

小　结

本章主要介绍了照明配电知识，包括照明供电系统组成、室内配电线路构造及施工工艺[主要是管子配线工程中配管其常用材质(钢管、塑料管)、管子敷设(管子加工、连接、敷设)、管内穿线(导线连接、端子制作)、接线盒(设置原则)]、常用电气设备构造及施工工艺、照明配电工程施工图的识读方法及照明基本线路等。

习　题

1. 照明配电系统的组成有哪些?
2. 室内配线方式有哪些?室内配线工程有哪些施工程序?
3. 什么是管子配线?什么是明配管、暗配管?其基本要求是什么?
4. 配管时，设置接线盒的原则是什么?
5. 管子穿线有哪些规定?电线连接的方法有哪些?接线端子是怎么回事?
6. 灯具是如何划分的?常用电光源有哪些?
7. 插座有哪几种类型?它们的接线是怎样规定的?
8. 在照明工程中，当设计无明确规定时，开关、插座、配电箱的安装高度如何确定?
9. 照明配电工程图有哪些?其用途和特点是什么?
10. 阅读照明配电工程图的识读方法是什么?
11. 照明基本线路有哪些?

第5章 照明配电工程计量计价

学习目标

知识目标	能力目标	权重
熟练表述建设工程造价含义及组成	能领悟造价含义及组成	0.15
正确表述费用组成及计价程序	能根据费用定额编制费用	0.20
熟练表述定额概念、组成、应用	能领悟定额概念、组成及应用	0.15
正确表述定额表的内容	能领悟定额表的内容	0.15
正确表述照明配电工程计价规定和方法	能编制照明配电工程施工图预算	0.35
合　计		1.0

教学准备

安装施工规范、照明配电工程施工图等。

教学建议

在安装工程识图实训基地采用集中讲授、课堂互动教学、分组实训等方法教学。

教学导入

学习电气照明工程的构造及施工工艺，对其进行计量计价。

5.1 建设工程造价

1. 建设工程造价的含义

工程造价(Project Cost)的直接含义就是指工程的建造价格。工程是泛指一切建设工程，它的范围和内涵有很大的不确定性。所以，对有关建设工程造价的含义在我国有多种解释，现在业界内比较流行的是全国造价工程师执业资格考试培训教材的解释：

工程造价有两种含义：其一，工程造价是指建设一项工程预期开支或实际开支的全部固定资产投资费用；其二，工程造价是指工程价格，即为建成一项工程，预计或实际在土地市场、设备市场、技术劳务市场，以及承包市场等交易活动中所形成的建筑安装工程价格和建设工程总价格。

2. 建设工程项目总投资的组成

我国现行建设工程项目总投资费用可划分为固定资产投资与流动资产投资两大部分，见表 5.1。

表 5.1 我国现行投资和工程造价组成

	投资性质	投资组成	费用
建设工程项目总投资	固定资产投资	建筑安装工程费	(1)直接费
			(2)间接费
			(3)利润
			(4)税金
		设备、工器具、生产家具用具购置费	(1)设备原价及设备运杂费
			(2)工器具购置费
		工程建设其他费用	(1)土地使用费
			(2)生产准备费
			(3)建设相关费用
		预备费	(1)基本预备费
			(2)调价预备费
		建设期贷款利息	
		固定资产投资方向调节税	
	流动资产投资	经营性项目铺底流动资金	

3. 建筑安装工程造价

建筑安装工程造价有两种计价模式：一是定额计价模式；二是清单计价模式。本书讲解定额计价模式。

(1)工程造价的构成。建筑安装工程费由直接费、间接费、利润和税金组成，见表 5.2。按费用构成要素划分的费用，其组成有人工费、材料费、施工机具使用费、企业管理费、利润、规费和税金等费用。

表 5.2 建筑安装工程费用项目组成

建筑安装工程费	直接费	直接工程费	人工费
			材料费
			施工机械使用费
		技术措施费	大型机械设备进出场及安拆费
			混凝土、钢筋混凝土模板及支架费
			脚手架费
			施工排水及降水费
			专业工程专用措施费
		组织措施费	环境保护费
			临时设施费
			夜间施工费

续表

<table>
<tr><td rowspan="28">建筑安装工程费</td><td rowspan="6">直接费</td><td rowspan="6">组织措施费</td><td colspan="2">冬、雨期施工增加费</td></tr>
<tr><td colspan="2">二次搬运费</td></tr>
<tr><td colspan="2">包干费</td></tr>
<tr><td colspan="2">已完工程及设备保护费</td></tr>
<tr><td colspan="2">工程定位复测、点交及场地清理费</td></tr>
<tr><td colspan="2">材料检验试验费</td></tr>
<tr><td rowspan="18">间接费</td><td rowspan="12">企业管理费</td><td colspan="2">管理人员工资</td></tr>
<tr><td colspan="2">办公费</td></tr>
<tr><td colspan="2">差旅交通费</td></tr>
<tr><td colspan="2">固定资产使用费</td></tr>
<tr><td colspan="2">工具用具使用费</td></tr>
<tr><td colspan="2">劳动保险费</td></tr>
<tr><td colspan="2">工会经费</td></tr>
<tr><td colspan="2">职工教育经费</td></tr>
<tr><td colspan="2">财产保险费</td></tr>
<tr><td colspan="2">财务费</td></tr>
<tr><td colspan="2">税金</td></tr>
<tr><td colspan="2">其他</td></tr>
<tr><td rowspan="6">规费</td><td rowspan="3">社会保障费</td><td>职工养老保险</td></tr>
<tr><td>职工失业保险</td></tr>
<tr><td>职工医疗保险</td></tr>
<tr><td colspan="2">住房公积金</td></tr>
<tr><td colspan="2">危险作业意外伤害保险</td></tr>
<tr><td colspan="2">工程排污费</td></tr>
<tr><td>利润</td><td colspan="3"></td></tr>
<tr><td rowspan="3">税金</td><td colspan="3">营业税</td></tr>
<tr><td colspan="3">城市建设维护税</td></tr>
<tr><td colspan="3">教育费附加</td></tr>
<tr><td colspan="5">注：1. 技术措施费是指能够套用2008年重庆市建设工程计价定额计算的措施项目费；组织措施费是指以费率形式计算的措施项目费。
2. 本表措施费项目只列出各专业工程通用措施项目，各专业工程专用措施项目应根据各专业工程实际情况确定。</td></tr>
</table>

1)人工费。人工费是指按工资总额构成规定，支付给从事建筑安装工程施工的生产工人和附属生产单位工人的各项费用的总额。其内容包括计时工资或计价工资、奖金、津贴补贴、加班加点工资、特殊情况下支付的工资。

2)材料费及工程设备。

①材料费。材料费是指施工过程中耗费的构成工程实体的原材料、辅助材料、构配件、零件、半成品的费用。其内容包括材料原价、运杂费、运输损耗费、采购及保管费等。

②工程设备。工程设备是指构成或计划构成永久工程一部分的机电设备、金属结构设备、仪器装置及其他类似的设备和装置。

3)施工机具及仪器仪表使用费。

①施工机具使用费。施工机具使用费是指施工作业所发生的施工机具使用费或其租赁费。其由 7 项费用组成：折旧费、大修理费、经常修理费、安拆费及场外运费、人工费、燃料动力费、税费。

②仪器仪表使用费。仪器仪表使用费是指工程施工所需使用的仪器仪表的摊销及维修费用。

4)企业管理费。企业管理费是指建筑安装企业组织施工生产和经营管理所需的费用。其内容包括以下几种费用。

①管理人员工资。管理人员工资是指按规定支付给管理人员的计时工资、奖金、津贴补贴、加班加点工资、特殊情况下支付的工资。

②办公费。办公费是指企业管理办公用的文具、纸张、账表、印刷、邮电、书报、办公软件、现场监控、会议、水电、烧水和集体取暖(包括现场临时宿舍取暖)用煤等费用。

③差旅交通费。差旅交通费是指职工因公出差、调动工作的差旅费、住勤补助费，市内交通费和误餐补助费，职工探亲路费，劳动力招募费，职工离退休、退职一次性路费，工伤人员就医路费，工地转移费以及管理部门使用的交通工具的油料、燃料等费用。

④固定资产使用费。固定资产使用费是指管理和试验部门及附属生产单位使用的属于固定资产的房屋、设备仪器等的折旧、大修、维修或租赁费。

⑤工具用具使用费。工具用具使用费是指管理使用的不属于固定资产的生产工具、器具、家具、交通工具和检验、试验、测绘、消防用具等的购置、维修和摊销费。

⑥劳动保险和职工福利费。劳动保险和职工福利费是指由企业支付的职工退职金、按规定支付给离休干部的经费、集体福利费、夏季防暑降温、冬季取暖补贴、上下班交通补贴等。

⑦劳动保护费。劳动保护费是指企业按规定发放的劳动保护用品的支出，如工作服、手套、防暑降温饮料以及在有碍身体健康的环境中施工的保健费用等。

⑧检验试验费。检验试验费是指施工企业按照有关标准规定，对建筑以及材料、构件和建筑安装物进行一般鉴定、检查所发生的费用，包括自设试验室进行试验所耗用的材料等费用。检验试验费不包括新结构、新材料的试验费，对构件做破坏性试验及其他特殊要求检验试验的费用和建设单位委托检测机构进行检测的费用，对此类检测发生的费用，由建设单位在工程建设其他费用中列支。但对施工企业提供的具有合格证明的材料进行检测不合格的，该检测费用由施工企业支付。

⑨工会经费。工会经费是指企业按《工会法》规定的全部职工工资总额比例计提的工会经费。

⑩职工教育经费。职工教育经费是指按职工工资总额的规定比例计提，企业为职工进行专业技术和职业技能培训，专业技术人员继续教育、职工职业技能鉴定、职业资格认定以及根据需要职工进行各类文化教育所发生的费用。

⑪财产保险费。财产保险费是指施工管理用的财产、车辆等的保险费用。

⑫财务费。财务费是指企业为施工生产筹集资金或提供预付款、履约担保、职工工资支付担保等发生的各种费用。

⑬税金。税金是指企业按规定缴纳的房产税、车船使用税、土地使用税、印花税等。

⑭其他。其他包括技术转让费、技术开发费、业务招待费、绿化费、广告费、公证费、法律顾问费、审计费、咨询费、保险费等。

5)利润。利润是指施工企业完成所承包工程获得的盈利。

6)规费。规费是指按国家法律、法规规定，由省级政府和省级有关权力部门规定必须缴纳或计取的费用。其包括以下几种费用。

①社会保险费。

养老保险费：指企业按照规定标准为职工缴纳的基本养老保险费。

失业保险费：指企业按照规定标准为职工缴纳的失业保险费。

医疗保险费：指企业按照规定标准为职工缴纳的医疗保险费。

生育保险费：指企业按照规定标准为职工缴纳的生育保险费。

工伤保险费：指企业按照规定标准为职工缴纳的工伤保险费。

②住房公积金。住房公积金是指企业按照规定标准为职工缴纳的住房公积金。

③工程排污费。工程排污费是指按规定缴纳的施工现场工程排污费。

其他应列而未列入的规费，按实际发生计取。

7)税金。税金是指国家税法规定，建筑、修缮、安装及其他工程作业的单位和个人所得的收入均应缴纳的营业税、城市维护建设税及教育费附加以及地方教育附加。

(2)工程造价编制原理及步骤。

1)工程造价编制原理。根据施工工艺，可以把直接工程分解成若干的小工序，每个工序都有人工费、材料费、施工机械使用费，把每一个小工序按照完成单位合格产品统计出来需要花费的人工费、材料费、施工机械使用费，其和即为该小工序完成单位合格产品的基价，把社会上所有涉及的安装工程的小工序按照完成合格产品所需要的基价全部统计并编制成册，把这个册子称为定额。因此，直接工程费就转化成：第一步列出该工程所有的项目(工序)；第二步是计算该项目的数量(即工程量)；第三步查找该项目在定额中的基价。

由表5.2可知，建筑安装工程费除了直接工程费以外，还有组织措施费、企业管理费、规费、利润、税金，把它们称为费用。为了方便计算，按照一定的计算方式进行，一般是取费基础乘以相应费率，相应的计算方式和费率可查找建设工程费用定额。

2)定额计价程序。用定额计算工程造价的步骤：收集并熟悉图纸及相关资料→熟悉施工现场及施工组织设计→列项并按定额计算规则计算工程量→汇总相同工程量→套用定额并填写工程造价计价表→分析子目人、材、机数量及其费用→汇总消耗量及费用→计算价差并填写价差调整表→按计费程序以确定的费率计算相应费用等汇总为工程造价填写工程取费表→编制预算书说明→填写造价书封面。

4. 工程造价计算方法

根据工程造价编制原理，可以得到建筑安装费的计算公式：

$$\text{建筑安装工程费} = \sum \text{各子目工程量} \times \text{基价} + \text{费用}$$

由该公式可知编制安装工程造价需要对该工程各个子目进行列项、计算工程量、套价、计算费用这四个部分，为便于操作，费用定额制定了相应的计价表格。

(1)列项。根据安装工程的构造及其施工工艺，再结合定额中各个子目及其工作内容，通过识图、相关文件、施工组织设计等资料进行列项。

(2)计算工程量。列项后，根据定额中规定的工程量计算规则，按照工程图纸进行算量，计算过程列于工程量计算式中，见表 5.13，并将工程量按项目汇总列于工程量计算式表中，见表 5.14。

(3)套价。根据列项的子目，选用定额中相应的子目，列在表 5.15 中，通过该表列出该子目的的安装基价及人、材、机基价，与工程量相乘后得到该子目的安装合价及人、材、机合价，各个子目的安装合价及人、材、机合价的和即为该工程的直接工程费和人工费、材料费、施工机械使用费。

另外，当基价中的人工单价和材料单价与市场价不一致时，可通过人工费、材料费价差调整表(表 5.16)进行调整，调整结果计入工程取费表的直接费中。安装工程的未计价材料填入未计价材料表中。

(4)计算费用。除构成工程实体的直接费外，造价中还有组织措施费、企业管理费、规费、利润、税金这些费用，根据费用定额中的规定，采用工程取费表的计价程序得出安装工程造价，见表 5.3。

表 5.3　工程取费表计价程序

序号	费用名称	计算公式	备注
一	直接费	1+2+3	
1	直接工程费	1.1+1.2+1.3+1.4	
1.1	人工费	1.1.1+1.1.2	1. 含按计价定额基价计算的实体项目和技术措施项目费。 2. 定额人工单价（基价）调整按渝建[2013]51 号规定计算
1.1.1	定额基价人工费	定额基价人工费	
1.1.2	定额人工单价(基价)调整	1.1.1×[定额人工单价(基价)调整系数−1]	
1.2	材料费	定额基价材料费	
1.3	机械费	1.3.1+1.3.2	
1.3.1	定额基价机械费	定额基价机械费	
1.3.1.1	其中：定额基价机上人工费		
1.3.2	定额机上人工单价(基价)调整	1.3.1.1×[定额人工单价(基价)调整系数−1]	
1.4	未计价材料费		
2	组织措施费	2.1+…… +2.7	渝建发[2014]27 号
2.1	夜间施工费	(1.1.1)×费率	
2.2	冬、雨期施工增加费	(1.1.1)×费率	
2.3	二次搬运费	按实签证计算	
2.4	包干费	(1.1.1)×费率	
2.5	已完工程及设备保护费	(1.1.1)×费率	
2.6	工程定位复测、点交及场地清理费	(1.1.1)×费率	
2.7	材料检验试验费	(1.1.1)×费率	
3	允许按实计算费用及价差	3.1+3.2+3.3+3.4	
3.1	人工费价差		
3.2	材料费价差		

续表

序号	费用名称	计算公式	备注
3.3	按实计算费用		
3.4	其他		
二	间接费	4+5	
4	企业管理费	(1.1.1)×费率	渝建发[2014]27号
5	规费	(1.1.1)×费率	
三	利润	(1.1.1)×费率	
四	建设工程竣工档案编制费	(1.1.1)×费率	渝建发[2014]26号
五	住宅工程质量分户验收费	按文件规定计算	渝建发[2013]19号
六	安全文明施工费	按文件规定计算	渝建发[2014]25号
七	税金	(一+二+三+四+五+六)×费率	渝建[2011]440号
八	工程造价	一+二+三+四+五+六+七	

【例5.1】 重庆市某建筑室内照明配电工程，其人工费为1 000.00元，材料费为2 000.00元，机械费为100.00元(其中机上人工费为20.00元)，未计价材料费为15 000.00元，无价差，按实计算费用为200.00元，试求该工程总造价。

(1)直接费的计算。

根据表5.3，直接费=直接工程费+组织措施费+允许按实计算费用及价差

1)直接工程费的计算。

根据表5.3，1直接工程费=1.1人工费+1.2材料费+1.3机械费+1.4未计价材料费

①1.1人工费计算。

根据表5.3，1.1人工费=1.1.1定额基价人工费+1.1.2定额人工单价(基价)调整

根据题意，1.1.1定额基价人工费为1 000.00元。

根据渝建[2013]51号文：定额人工单价(基价)调整，按定额人工单价(基价)乘以定额人工单价(基价)调整系数进行计算。定额人工单价(基价)调整系数见表5.4。

表5.4 定额人工单价(基价)调整系数表

定额 工种	2006概算定额	2008计价定额	2011轨道定额
土石方人工	2.44	2.00	1.26
建筑、市政、维修人工	2.27	2.00	1.25
装饰人工	—	2.21	—
安装、机械人工	2.04	1.89	1.18
仿古、园林绿化人工	—	1.89	—

因此，1.1.2 定额人工单价(基价)调整＝1.1.1×[定额人工单价(基价)调整系数－1]

＝1 000×[1.89－1]

＝890.00(元)

1.1 人工费＝1.1.1＋1.1.2＝1 000.00＋890.00＝1 890.00(元)

②1.2 材料费计算。

根据表 5.3，1.2 材料费＝定额基价材料费

＝2 000.00 元

③1.3 机械费计算。

根据表 5.3，1.3 机械费＝1.3.1 定额基价机械费＋1.3.2 定额机上人工单价(基价)调整

根据题意，1.3.1 定额基价机械费＝100.00 元(其中 1.3.1.1 机上人工费为 20.00 元)

1.3.2 定额机上人工单价(基价)调整＝1.3.1.1×[定额人工单价(基价)调整系数－1]

＝20×[1.89－1]

＝17.80(元)

1.3 机械费＝1.3.1＋1.3.2＝100.00＋17.80＝117.80(元)

④未计价材料费计算。

根据题意，未计价材料费＝15 000.00 元

⑤1 直接工程费＝1.1＋1.2＋1.3＋1.4

＝1 890.00＋2 000.00＋117.80＋15 000.00

＝19 007.80(元)

2)组织措施费的计算。

根据表 5.3，2 组织措施费＝2.1＋2.1＋2.3＋2.4＋2.5＋2.6＋2.7

＝1.1.1×组织措施费费率

根据渝建发[2014]27 号文，组织措施费及企业管理费进行了调整，见表 5.5。

表 5.5　2008 年《重庆市建设工程费用定额》企业管理费和组织措施费标准

序号	专业名称	工程类别	组织措施费/%	企业管理费/%
1	建筑工程	一类	5.51	15.36
		二类	4.46	14.31
		三类	3.91	11.90
		四类	3.61	8.82
2	市政工程	一类	4.79	15.63
		二类	4.33	14.34
		三类	3.91	11.92
		四类	3.31	9.02
3	机械土石方工程		4.53	15.00
4	仿古建筑工程		4.00	11.35
5	建筑修缮工程		1.73	11.89
6	炉窑砌筑工程	一类	6.10	13.63
		二类	5.33	11.90
		三类	4.33	10.32

续表

序号	专业名称	工程类别	组织措施费/%	企业管理费/%
7	装饰工程	一类	26.10	35.43
		二类	23.12	33.45
		三类	20.49	29.99
8	安装工程	一类	32.32	66.39
		二类	28.35	61.64
		三类	25.52	51.57
9	市政安装工程	一类	19.84	65.18
		二类	17.02	60.19
		三类	14.80	48.70
		四类	12.20	34.96
10	人工土石方工程		8.00	35.39
11	园林工程		8.30	10.20
12	绿化工程		5.40	8.21
13	单拆除工程		1.00	8.25
14	安装修缮工程		15.80	50.84

工程类别见表5.6。

表5.6 安装工程类别划分标准(摘自2008年《重庆市建设工程费用定额》，表格部分)

册号	一类	二类	三类
二	1.35 kV·A以上变配电装置工程； 2. 电梯电气装置工程； 3. 发电机、电动机、电气装置工程； 4. 全面积的防爆电气工程； 5. 电气调试	1.10 kV·A变配电装置工程； 2. 动力控制设备、线路工程； 3. 起重设备电气装置工程； 4. 舞台照明控制设备、线路、照明器具工程； 5. 路灯安装工程	1. 防雷、接地装置工程； 2. 照明控制设备、线路、照明器具工程； 3.10 kV以下架空线路及外线电缆工程

通过表5.6，先判断出室内照明配电工程为三类工程，再通过表5.5得出其组织措施费费率为25.52%。

2 组织措施费＝1.1.1 定额基价人工费×组织措施费费率

＝1 000×25.52%

＝255.20(元)

3)允许按实计算费用及价差的计算。

根据表5.3，3 允许按实计算费用及价差的计算＝3.1 人工费价差＋3.2 材料费价差＋3.3 允许按实计算费用＋3.4 其他费用

人工费价差及材料费价差可见表5.16，通过表5.16计算出的人工费价差及材料费价差列在3.1、3.2中。

允许按实计算费用指建筑垃圾场外运输费；土石方运输、构件运输及特大型机械进出场等实际发生的过路费、过桥费、弃渣费、土石方外运密闭费；机械台班中允许按实计算的养路费、车船使用税；总承包服务费；高温补贴等。

根据题意，无价差，按实计算费用有 200.00 元。

故允许按实计算费用及价差的计算＝200.00 元

4)直接费。

综合 1)、2)、3)，直接费＝直接工程费＋组织措施费＋允许按实计算费用及价差

＝19 007.80＋255.20＋200.00

＝19 463.00(元)

(2)间接费的计算。

根据表 5.3，间接费＝4 企业管理费＋5 规费

1)4 企业管理费。

根据表 5.3、表 5.5、表 5.6，4 企业管理费＝1.1.1×企业管理费费率

＝1 000.00×51.57%

＝515.70(元)

2)5 规费。根据 2008 年《重庆市建设工程费用定额》，规费费率见表 5.7。

表 5.7　安装工程费用标准(摘自 2008 年《重庆市建设工程费用定额》，表格部分)

工程分类 / 费用名称	一类	二类	三类
规费/%	25.83		
利润/%	60.40	48.50	30.00

根据表 5.3、表 5.6、表 5.7，5 规费＝1.1.1×规费费率

＝1 000.00×25.83%

＝258.30(元)

3)间接费＝4 企业管理费＋5 规费

＝515.70＋258.30

＝774.00(元)

(3)利润的计算。

根据表 5.3、表 5.6、表 5.7，利润＝1.1.1×利润费率

＝1 000.00×30.00%

＝300.00(元)

(4)建设工程竣工档案编制费的计算。根据渝建发[2014]26 号文，建设工程竣工档案编制费标准见表 5.8。

表 5.8　建设工程竣工档案编制费标准

房屋建筑与市政基础设施/%												
建筑工程	市政工程	机械土石方工程	仿古建筑工程	建筑修缮工程	炉窑砌筑工程	装饰工程	安装工程	市政安装工程	人工土石方工程	园林工程	绿化工程	安装修缮工程
0.28	0.23	0.10	0.31	0.23	0.23	1.49	2.53	2.49	0.23	0.06	0.05	1.97

轨道交通工程/%									
机械土石方工程	地上工程	地下工程	盾构工程	轨道工程	人工土石方工程	通信信号工程	智能与控制工程	供电工程	机电设备工程
0.10	0.19	0.19	0.10	0.19	0.23	2.45	2.61	1.91	2.13

根据表 5.3、表 5.8，建设工程竣工档案编制费＝1.1.1×建设工程竣工档案编制费费率

＝1 000.00×2.53%

＝25.30(元)

(5)住宅工程质量分户验收费的计算（略）。

(6)安全文明施工费的计算。根据渝建发[2014]25 号文，安全文明施工费是指按照国家及我市现行的施工安全、施工现场环境与卫生标准和有关规定，购置和更新施工安全防护用具及设施、改善安全生产条件和作业环境所需要的费用。安全文明施工费标准见表 5.9。

表 5.9　安全文明施工费标准（部分）

项目名称	计费基础	计费标准
安装工程	人工费	19.11%

根据表 5.3、表 5.9，安全文明施工费＝1.1.1×安全文明施工费费率

＝1 000.00×19.11%

＝191.10(元)

(7)税金的计算。

根据渝建发[2011]440 号文，税金标准如下：

1)纳税地点在市区的企业为 3.48%。

2)纳税地点在县城、镇的企业为 3.41%。

3)纳税地点不在市区、县城、镇的企业为 3.28%。

根据题意，本工程在重庆市内，应选择 3.48%。

根据表 5.3，税金＝(直接费＋间接费＋利润＋建设工程竣工档案编制费＋住宅工程质量分户验收费＋安全文明施工费)×费率

＝(19 463.00＋774.00＋300.00＋25.30＋191.10)×3.48%

＝722.22(元)

(8)建安工程总造价。

根据表 5.3，建安工程总造价＝直接费＋间接费＋利润＋建设工程竣工档案编制费＋住宅工程质量分户验收费＋安全文明施工费＋税金

＝19 463.00＋774.00＋300.00＋25.30＋191.10＋722.22

＝21 475.62(元)

课堂活动

市某室内照明配电工程，其人工费为 800 元，材料费为 1 000 元，机械费为 200 元，未计价材料费为 3 000 元，人工、材料价差均为 100 元，涉及的过路费为 200 元，计入允许按实计算费用中，试求该工程总造价(不考虑机上人工费)。

5.2 定额及定额计价

定额及用定额计价在我国应用相当普遍，现今相当部分的工程造价仍然使用定额计价。

定额，是一种消耗量标准，是管理科学化的产物，也是科学管理的基础。建设工程定额是工程造价的基础。无论是在定额计价模式下，或者是在工程量清单计价模式下，都必须先弄清楚定额原理，然后才是工程造价原理。

5.2.1 安装工程消耗量定额的概念

1. 建设工程定额及其体系

(1)定额。定额是一个额度，是一个人为的标准。它是在正常的生产技术条件下进行生产经营活动时，在人力、物力、财力的消耗和利用方面应遵循的数量额度标准，这个数量额度标准，就称为定额。

(2)建设工程定额。建设工程定额是指工程建设中，在正常工作条件下，合理地进行劳动组织，合理地使用材料、机械、资金等而完成单位合格工程产品时，所必须消耗的资源数量的标准。这个数量标准，称为“建设工程定额”或“建设工程消耗量定额”。

我国建设工程定额，是国家在一定时期的管理体制和管理制度下，根据不同工程建设需要授权有关部门按照一定程序编制的。我国建设工程定额体系及分类，见表 5.10。

表 5.10 建设工程定额体系及分类

定额分类	定额名称	资源消耗量	表示方式
生产要素类	人工消耗量定额		产量及时间定额
	材料消耗量定额		
	机械台班消耗量定额		产量及时间定额
适用范围类	全国统一定额	人工消耗量定额	
	行业定额(部颁定额)		
	地区(方)定额		
	企业定额		
专业类	建筑工程定额(建筑、装饰、园林等)	材料消耗量定额	
	安装工程定额(电、水、暖、通等)		
	其他专业定额		
建筑造价类	施工定额	机械台班消耗量定额	
	预算定额		
	概算定额		
	万元指标		
	估算指标		
费用类	措施项目费		
	规费及其他费用定额		
其他类	工期定额		

2. 安装工程消耗量定额

(1)安装工程消耗量定额。安装工程消耗量定额是指消耗在组成安装工程基本构成要素上的人工、材料、施工机械台班的合理数量标准。

(2)安装工程基本构成要素。按工作结构分解法(Work Breakdown Structure，WBS)，将安装工程进行分解后最小的安装工程(工作)单位，称为安装工程基本构成要素的细目或子目，它是组成安装工程最基本的单位实体，具有独特的基本性质：有名称，有编码，有工作内容，有计量单位，可以独立计算资源消耗量，可以计算其净产值，是工作任务的分配依据，是工程造价的计算单元，是工程成本计划和核算的基本对象。这也是对工程进行分部分项和定额子目建立的基本要求。

若将这些"安装工程基本构成要素"测定出其合理需要的人工、材料和施工机械使用台班等的消耗数量后，并将其按工程结构或生产顺序的规律，有机地按顺序排列，编上编码，再加上文字说明，印制成册，就成为"安装工程消耗量定额手册"，简称"定额"。

(3)《重庆市安装工程计价定额》的组成。《重庆市安装工程计价定额》是按专业工程分类编制的，不是按建筑安装工程和工业安装工程类别编制的。这样的定额的适应性更广，既适应建筑安装工程，也适应工业安装工程。其由 14 个专业定额组成：

第一册《机械设备安装工程》

第二册《电气设备安装工程》

第三册《热力设备安装工程》

第四册《炉窑砌筑工程》

第五册《静置设备与工艺金属结构制作安装工程》

第六册《工业管道工程》

第七册《消防安装工程》

第八册《给排水、燃气工程》

第九册《通风空调工程》

第十册《自动化控制仪表安装工程》

第十一册《刷油、防腐蚀、绝热工程》

第十二册《通信设备及线路工程》

第十三册《建筑智能化系统设备安装工程》

第十四册《长距离输送管道及其他工程》

(4)各专业安装工程定额的主要组成内容。

1)定额总说明。定额总说明包括定额编制的依据，工程施工条件要求，定额人工、材料、机械台班消耗的说明及范围，施工中所用仪器、仪表台班消耗量的取定，对垂直和水平运输要求的说明等。

2)各专业工程定额篇说明。各专业工程定额篇说明包括该专业工程定额的内容和适应范围，定额依据的专业标准和规范，与其他安装专业工程定额的关系，超高、超层脚手架搭拆及摊销等的规定。

3)目录。目录是为查找、检索安装工程子目定额提供方便。更主要的是，经 WBS 分解后，各专业的基本构成要素有机构成的顺序完全体现在"定额目录"中。所以，定额目录为工程造价人员在计量时提供对该专业工程连贯性的参考，在计算过程中不至于漏项或错算。

4)分章说明。分章说明主要说明本章定额的适用范围、工作内容、工程量的计算规则、本定额不包括的工作内容，以及用定额系数计算消耗量的一些规定。

5)定额册表。定额册表是各专业工程定额的重要内容之一。它是安装工程按WBS分解后的工程基本构成要素的有机组列，并按章→节→项→分项→子项→目→子目(工程基本构成要素)等次序排列，然后按排列的顺序编上分类码和顺序码以体现有机的系统性。定额表组成的内容包括章节名称，分节工作内容，各组成子目及其编码，各子目人工、材料、机械台班消耗数量等。

6)附录。附录放在每篇定额之后，为使用定额提供参考资料和数据，一般有以下内容：

①工程量计算方法及有关规定。

②材料、构件、零件、组件等质(重)量及数量表。

③半成品材料配合比表，材料损耗率表等。

(5)定额编制的原则。定额既是工程建设中人工、材料、施工机械台班的消耗量标准，也是确定工程造价的重要依据。因而，定额的编制是一项严肃的、科学的技术经济工作，必须遵循一定的原则。国家编制定额时，要兼顾全国各省、市、自治区的不同情况，还要考虑全国各建筑业企业的劳动生产率水平差异，所以充分体现按社会平均必要劳动量来确定物化劳动与活劳动消耗数量的原则。定额，是为国家经济建设工作服务的，是建设市场各主体进行建筑产品交易的主要依据，对定额的划项粗细度(WBS分解细度)、计量单位的选择、计算规则的确定、定额内容的扩大和综合等，均应科学合理。为了方便使用，少留定额“活口”，减少定额的换算，要符合“简明适用、细算粗编”的编制原则。除考虑上述原则外，还应考虑当前设计、施工的技术水平，建设市场情况，以及工程建设工业化、机械化发展方向等原则。

建筑业企业在编制“企业定额”时，除参照国家定额编制原则外，主要考虑企业的施工生产技术和工艺水平、生产和经营管理水平、施工成本管理水平以及建设市场竞争等情况进行编制。

(6)定额编制的方法。定额编制的方法有调查研究法、统计分析法、技术测定法、计算分析法等。

在市场条件下，企业编制消耗量定额有两种方法：一种是以国家现行安装工程预算定额为基础，结合自身情况加以调整取定，这种方法较为便捷；另一种是当企业要想使定额更符合自己管理情况、所属专业情况、成本库建立等情况，可在WBS分解方法基础上，用上列的4种技术方法，编制具有自身特点的“企业定额”。

5.2.2 定额计价

1. 定额册表的解读

先来看一个定额册表[塑料管砖、混凝土结构明配敷设(粘结)]，见表5.11。

表 5.11　塑料管敷设(粘接)

(1)砖、混凝土结构明配

工作内容：测位、画线、打眼、下胀管、连接管件、配管、固定。　　　　计量单位：100 m

定额编号					CB1639	CB1640	CB1641	CB1642	CB1643
项目名称					砖、混凝土结构明配				
					塑料管公称口径(mm 以内)				
					15	20	25	32	40
基价/元					284.84	316.60	338.22	398.03	389.02
其中	人工费/元				181.13	205.38	252.76	293.78	309.88
	材料费/元				72.51	80.02	62.90	81.58	63.42
	机械费/元				31.20	31.20	22.56	22.67	15.72
	编号	名称	单位	单价	消耗量				
人工	00010301	安装综合工日	工日	28.00	6.469	7.335	9.027	10.492	11.067
材料	24080602	半硬塑料管(按实际规格)	m		(106.000)	(106.000)	(106.000)	(106.000)	(106.000)
	25071301	塑料管卡子 15	个	0.26	65.600				
	25071302	塑料管卡子 20	个	0.37		65.600			
	25071303	塑料管卡子 25	个	0.43			48.800		
	25071304	塑料管卡子 32	个	0.8				48.800	
	25071305	塑料管卡子 40	个	0.97					33.60
	17020601	胶合剂	kg	7.32	0.100	0.110	0.120	0.130	0.160
	75010101	其他材料费	元		54.720	54.940	41.040	41.590	29.660
机械	8525100	电锤 520 W	台班	12.00	2.600	2.600	1.880	1.889	1.310

由表 5.11 可知，塑料管砖、混凝土结构明配敷设(粘接)定额表上有五个定额子目项(实有六个，此为部分)，工作内容和计量单位表示这几个子目的工作内容和单位。CB1639，公称口径为 15 的半硬塑料管(粘接)在砖、混凝土中明配属于其中的一个子目。

以 CB1639，公称口径为 15 的半硬塑料管(粘接)在砖、混凝土中明配子目为例进行说明。这一项里基价对应 284.84 元，表示每 100 m 粘接的半硬塑料管在砖、混凝土中明配敷设需要安装基费 284.84 元，安装费中需要人工费 181.13 元，材料费 72.51 元，机械费 31.20 元，即公式：

基价＝人工费＋材料费＋机械费

课堂活动

思考人工费、材料费、机械费是怎么得到的？

公式 1：　人工费＝人工单价×人工消耗量

因此，可以得到人工费 181.13 元＝人工单价 28.00 元/工日×人工消耗量 6.469 工日

同理公式 2：计价材料费 $=\sum$ 每一个计价材料单价 × 材料消耗量

公式 3：　机械费 $=\sum$ 机械台班单价 × 机械消耗量

即　72.51(元)＝0.26×65.600＋7.32×0.100＋54.720

31.20(元)＝12.00×2.600

课堂活动

1. 想想人工消耗量、材料消耗量、机械台班消耗量、人工单价、材料单价、机械台班单价又是怎么得到的呢?

2. 定额表中材料细目里，塑料给水管为何没有单价，其材料消耗量为何打括号?

2. 安装工程消耗量定额消耗量标准的确定

(1)人工消耗量标准的确定。

1)人工消耗量定额。人工消耗量标准(定额)、《重庆市安装工程计价定额》中的人工消耗量，是在《建筑安装工程全国统一劳动定额》(也称为人工定额)基础之上编制的。

2)人工消耗量标准的确定方法。人工消耗量标准(定额)的确定，必须根据国家的经济政策、劳动制度和有关技术和经济文件及资料进行确定。确定人工工日数量有两种方法：一种是直接使用国家施工定额中的劳动定额的人工工日数，或企业根据实际情况，以国家劳动定额为基础进行适当调整来取定；另一种是劳动定额缺项，或因企业水平与国家劳动定额有差距时，可用技术测定法、统计分析法、比较类推法、经验估计法等方法确定。

①技术测定法。技术测定法是指根据生产技术和施工组织的条件，对施工过程中各工序采用测时法、写实记录法、工作日写实法等，测出各工序的工时消耗量等资料，再对所获得的资料进行科学的分析、归纳、整理，然后制定出人工消耗量标准(定额)的方法。

②统计分析法。统计分析法是指把过去施工生产中的同类工程或同类产品的工时消耗量统计资料，与当前生产技术和施工组织条件的变化因素结合起来，进行统计分析，制定出人工消耗量标准的方法。这种方法简单易行，它适用于施工条件正常、产品稳定、工序重复量大和统计制度健全的施工过程。然而，过去的记录，只是实际消耗的工时量，不反映生产组织和技术的状况，所以，在这样条件下求出的人工消耗量水平，只是已达到的劳动生产率水平，而不是平均水平。在实际工作中，必须分析研究各种变化因素，使人工消耗量标准(定额)真实地反映施工生产的平均水平。

③比较类推法。对于同类型产品规格多、工序重复、工作量小的施工过程，常用比较类推法。采用此法制定人工消耗量标准，是以同类型工序和同类型产品的实耗工时量为标准，类推出相似项目人工消耗量定额水平的方法。此法必须掌握类似的程度和各种影响因素的异同程度，才能类推出较为合理的人工消耗量标准(定额)。

④经验估计法。经验估计法是指根据定额专业人员、经验丰富的工人和施工技术人员的实际工作经验，参照有关定额资料，对施工管理组织和施工现场技术条件进行调查、讨论和分析后，制定出人工消耗量定额的方法。此法通常用于一次性定额。

3)定额子目(基本构成要素)的人工消耗量计算。当前国家预算定额人工消耗量的确定，其表达式如下：

子目工程人工消耗量＝基本用工＋其他用工＝(基本用工＋辅助用工＋超运距用工)×(1＋人工幅度差率)

式中 基本用工——完成该子目工程的主要用工；

辅助用工——辅助基本用工所需要的用工，如现场基本用工的配合用工、现场材料加工等用工；

超运距用工——材料、半成品、零部件等运至操作地点的水平运输距离，预算定额是按整个施工现场运输距离考虑的，超运距用工即是在劳动定额规定的水平运输距离之上增加运距的运输用工量；

人工幅度差率——预算定额与劳动定额的差额。劳动定额的人工消耗量只考虑了就地操作用工，没有考虑工作场地的转移，以及工程质量检查、隐蔽验收、工序交叉、机械转移、零星工程等用工，预算定额(消耗量定额)考虑了这些用工因素而增加的用工幅度差，称为人工幅度差，国家定额规定在10%～15%内。

(2)材料消耗量标准的确定。

1)材料消耗量定额。材料消耗量标准(定额)，是在合理和节约使用材料的条件下，生产出单位合格产品(或工程基本构成要素)所必须消耗的一定规格的原材料、成品、半成品、构配件，以及水、电、动力等资源的数量标准。它包括直接用于安装工程上的材料、不可避免的施工废料、场内运输和操作损耗等。

材料消耗量标准(指标)的组成，按其性质、用途和用量大小划分成4类，即：

①主要材料。主要材料是指直接构成工程实体的材料，原安装工程预算定额称为“未计价材料”。

②辅助材料。辅助材料是指构成工程实体，但比重比较小的材料。

③零星材料。零星材料是指用量小，价值也不大，不便计算的次要材料，它可用估算法计算。

④周转性材料。周转性材料属于施工手段用材料。一次投入，多次使用，分次摊销的方法。

2)材料消耗量标准的确定。完成子目工程必须消耗的材料数量表达式如下：

子目材料消耗量＝材料净用量＋材料损耗量

＝材料净用量×(1＋材料损耗率)

＝材料净用量× 材料损耗率系数

①材料净用量的确定。材料净用量是构成工程实体必须占有的材料数量，它的确定方法有以下几种：

a. 理论计算法：理论计算法是根据设计、施工验收规范和材料规格等，从理论上用计算公式计算的材料净用量。

b. 测定法：即根据试验情况和现场测定的资料数据而确定的材料净用量。

c. 图纸计算法：根据选定的图纸，计算各种材料的体积、面积、质量或延长米等的数量。

d. 经验法：根据历史上同类项目的经验(统计数据、生产及技术条件等)进行估算的材料数量。

②材料损耗量的确定。材料损耗是在现场施工中产生的一些必要的材料损耗，如施工操作、场内运输、场内堆放及贮存等材料的损耗。

材料的损耗量一般用材料损耗率表示。材料损耗率可以通过观察法或统计法计算确定。

材料损耗率＝(材料损耗量÷ 材料净用量)× 100%

材料损耗系数＝1÷(1－材料损耗率)

③周转性材料消耗量的确定。周转性材料是多次使用，逐渐消耗，不断补充，反复周

转使用的工具性材料，故称为周转性材料。如安装用的枕木、垫木、滚杠、架料、模板等。周转性材料消耗量指标，分别用一次使用量和摊销量两个指标来表示。其计算公式如下：

一次使用量＝材料净用量×(1－材料损耗量)

材料摊销量＝一次使用量×摊销系数

④定额中材料与设备的划分。设备费在生产性建设项目投资中占的比重增大，意味着该建设项目生产技术的进步，是一种积极性的投资，为了考核投资效果，一定要将设备和材料划分清楚。安装工程中设备与材料的划分原则如下：

a. 凡是经过加工制造，由多种材料和部件按各自用途组成独特结构，具有功能、容量及能量传递或转换性能的机器、容器，以及其他机械、成套装置等，均为设备。

b. 为完成建筑、安装工程所需的，经过工业加工的原料和在工艺生产过程中不起单元工艺生产作用的，设备本体以外的零配件、附件、成品、半成品等，均为材料。

设备和材料的划分，可以从《通用安装工程消耗量定额》各册所列的主要材料项目中去理解。

(3)施工机械台班消耗量标准的确定。

1)施工机械台班消耗量定额。施工机械台班消耗量定额，是指施工机械在正常施工条件下，完成单位合格产品所必需消耗的工作时间(台班数量)。它反映了合理地、均衡地组织作业和使用机械时，该种型号施工机械在单位时间内的生产效率。

建筑业企业在编制施工机械台班消耗量定额时，可参照《建设工程施工机械台班费用编制规则》的编制方法进行编制，或直接应用，或在其基础上调整后取用。

2)施工机械台班消耗量定额标准的确定。

①确定机械工作的正常施工条件，包括工作地点的合理组织，施工机械作业方法的拟定；确定配合机械作业的施工小组的组织；以及机械工作班制度等。

②确定机械净工作率，即确定出机械纯工作一小时的正常生产率。

③确定施工机械的正常利用系数，是指机械在施工作业班内作业时间的利用率。

机械利用率＝工作班净工作时间÷机械工作班时间

④计算施工机械台班产量定额：

施工机械台班产量定额＝机械生产率×工作班延续时间×机械利用系数

施工机械时间定额＝1/施工机械台班产量定额

⑤拟定工人小组的定额时间，是指配合施工机械作业的工人小组的工作时间的总和。

工人小组定额时间＝施工机械时间定额×工人小组的人数

3. 安装工程施工资源价格的确定

(1)人工工日单价标准的确定。

1)人工工日单价。人工工日单价是指一个建筑安装生产工人，工作一个工作日，在工程造价中应该计人的全部费用。它基本上反映了建筑安装生产工人，在一个工作日内可以得到工资报酬的水平。

人工工日单价若按施工工人的技术等级、工种专业、技工辅工等分别计算时，工作量大，很不方便工程造价的编制，一般将技术等级、工种、技工和辅工等综合后，用综合人工单价进行计算。

2)人工工日单价的组成。人工工日单价，一直沿用基本工资加相关费用而成。2013年，住房和城乡建设部和财政部印发建标[2013]44号文，将人工工资规定为

人工工资＝计时工资或计件工资＋奖金＋津贴和补贴＋加班加点工资＋特殊情况下支付的工资

①计时工资或计件工资。计时工资或计件工资是指按计时工资标准和工作时间或对已做工作按计件单价支付给个人的劳动报酬。

②奖金。奖金是指对超额劳动和增收节支支付给个人的劳动报酬，如节约奖、劳动竞赛奖等。

③津贴补贴。津贴补贴是指为了补偿职工特殊或额外的劳动消耗和因其他特殊原因支付给个人的津贴，以及为了保证职工工资水平不受物价影响支付给个人的物价补贴，如流动施工津贴、特殊地区施工津贴、高温(寒)作业临时津贴、高空津贴等。

④加班加点工资。加班加点工资是指按规定支付的在法定节假日工作的加班工资和在法定节假日工作时间外延时工作的加点工资。

⑤特殊情况下支付的工资。特殊情况下支付的工资是指根据国家法律、法规和政策规定，因病、工伤、产假、计划生育假、婚丧假、事假、探亲假、定期休假、停工学习、执行国家或社会义务等原因按计时工资标准或计时工资标准的一定比例支付的工资。

(2)材料预算单价的确定。在建筑工程中，材料费占总造价的 60%～70%，在金属结构制作工程中材料费约占 80% 以上，所以，材料价格的取定是否合理，对正确计算工程造价影响很大。

1)材料预算单价。材料预算单价是指通过施工承包企业的市场采购活动，材料从来源地到达施工现场仓库后的出库综合平均价格。从这一过程可知，材料预算单价应包括材料原价、运杂费、包装费、采购及保管费等费用。

材料预算单价，从市场角度看，有地区性的、有企业性的、有专为某工程项目编制的。在编制材料单价时，一种材料只有一个厂、一个地点供应时，其材料单价是唯一的。当一种材料其来源地、交货地、供货商、生产厂家、运输距离均不同时，根据几个交货点、几种价格、各供货数量比例等，采用加权平均法计算其“综合平均原价”，或“综合平均单价”。其方法如下：

$$加权平均原价=(Q_1C_1+Q_2C_2+\cdots+Q_nC_n)\div(Q_1+Q_2+\cdots+Q_n)$$

式中　Q_1，Q_2，…，Q_n——各个供货点供应的材料数量；

C_1，C_2，…，C_n——各个供货点供应的材料原价。

2)材料预算单价的组成。我国现行体制下，材料预算单价由 4 大要素构成，用下式表达：

材料预算单价＝[(材料原价＋运杂费)×(1＋运输途中损耗费)]×(1＋采购保管费费率)

3)材料预算单价的组成要素的计算。

①材料原价。材料原价指材料、工程设备的出厂价格，或销售部门的批发牌价和零售价，或进口材料抵岸价。

a. 国内材料原价：为厂商出厂价、供应商批发价或市场零售价。

b. 进口材料原价：以抵岸(边境港口、边境车站)价视为出厂价，在境内部分按国内的方法进行计算。其抵岸价计算如下：

进口材料抵岸价＝货价＋国外运输费＋国外运输保险费＋银行财务费＋外贸手续费＋进口关税＋增值税＋消费税＋海关监管手续费

当一种材料是几个供应点供货时，用各供应点原价及供货数量求其加权平均后，作为材料原价。

②运杂费。材料、工程设备由产地或交货地点运至工地仓库所发生的车、船运输等的一切费用。

a. 运杂费用下式计算：

运杂费＝运输费＋调车(船)费＋装卸费＋保险费＋附加工作费＋囤存费＋材料场外运输损耗费

附加工作费：如材料的搬运、堆码、分类、整理等工作费用。

b. 运输费计算的依据及标准：铁道运输按铁道部的货运规定计取；水路运输按港务、海运局的货运规定计取；公路运输按省、市运输公司的货运规定计取。

c. 运杂费一般用两种方式计取：直接计算方式："三材"、主材按材料的质(重)量计算运杂费；间接计算方式：一般材料根据主材运输费测定一个系数进行运杂费计取。

d. 材料综合运输费的确定：当一种材料有几个货源点时，按各货源点供应材料数量的多少(比重)及各自运距，用加权平均方法计算其运输费。

③运输途中损耗费。材料在运输途内装卸和搬运过程中所产生不可避免的损耗费用。

④采购及保管费。采购及保管费指为组织材料、工程设备的采购、供应与保管过程中所需的各项费用。其包括：采购费、仓储费、工地保管费、仓储损耗。用下式计算：

采购保管费＝(材料原价＋运输途中损耗费＋运杂费)×采购保管费费率

国家规定，材料采购保管费费率为 2.5%，其中：采购费费率为 1%，保管费费率为 1.5%。设备采购保管费费率为 1.5%，其中：采购费费率为 1.05%，保管费费率为 0.45%。

4)周转性材料单价的确定。周转性材料可分为自有的周转性材料和租赁的周转性材料两种，二者的预算单价的确定也有所不同。自有的周转性材料的单价确定方法与上述材料预算单价确定方法一样；租赁的周转性材料单价按市场平均租赁单价计算，或者按下式计算其租赁单价：

周转性材料租赁单价＝周转性材料购置成本＋使用成本＋执照和保险费＋管理费＋期望利润

租赁的周转性材料还要加上运输等费用。

(3)施工机械台班单价的确定。

1)施工机械台班单价。施工机械台班单价是指一台施工机械在正常条件下，工作一个台班所必须消耗的人工、物料和应该分摊的其他相应的费用。

施工机械的获取方式不同，台班单价计算也有差异。施工机械获取方式分为：自有、采购(现金采购、贷款采购、租购)、租赁(内部租赁、外部租赁)三种。

2)施工机械台班单价的确定。现行机械台班单价由折旧费、大修理费、经常修理费、安拆费及场外运输费、燃料动力费、机上人工费、养路费、车船使用税、保险费及年检费等费用组成。施工机械台班单价按下式计算：

施工机械台班单价＝台班折旧费＋台班大修理费＋台班经常修理费＋台班安拆及场外运输费＋台班人工费＋台班燃料和动力费＋台班养路费及车船使用税＋台班保险费及年检费

3)外部租赁施工机械单价的确定。外部租赁施工机械单价一般按同类施工机械的市场租赁平均单价计算。

无论是机械的出租者计算的单价，或者是机械的租赁者计算的单价，均必须充分考虑单价的组成因素。以机械出租者而言，除计算确定可以保本的边际单价外，还必须加上一个根据市场竞争策略而确定的期望利润。机械租赁单价一般与上述机械台班单价的计算方式一样：

机械租赁单价＝台班折旧费＋台班大修理费＋台班经常修理费＋台班安拆费及场外运输费＋台班燃料和动力费＋台班机上人工费＋台班养路费及车船使用税＋台班管理费＋台班利润＋台班保险费

也即租赁单价内应包括：购置成本、折旧、使用成本、执照和保险费、管理费、利润等部分。

4. 定额特点及应用

(1)定额特点。

1)每个专业定额都有一个册说明或篇说明，说明本专业定额的适用范围和编制该专业定额依据的标准和规范。若实际工程(工作)超过或不属于这个专业范围，或不符合规定的标准和规范及依据的条件时，就不能使用这个定额。各专业定额的章说明，说明本章定额适用的范围、编制依据、工程量计算方法、子目调整的方法，以及包括或不包括的工作内容、与其他专业定额的关系等。

2)安装工程定额中会把个别工作用百分率或用一个系数来进行计算。例如，脚手架搭拆工作，在建筑工程中脚手架是主导施工过程，所以，在建筑工程预算定额中，专门编制一个脚手架分部来计算其搭拆。在安装工程中，脚手架不是主导施工过程，有的专业甚至不需要搭架，因此，在定额中不列制项目，需要搭架时，一般用一个百分率或一个系数来进行计算，这类系数称为子目系数或综合系数，列在定额册说明或章说明中。由于各专业工程各具特点，对施工工艺和施工过程的要求和条件不同，系数的取舍和数值的计算方法也不尽相同，所以，系数不能跨册混用。

3)在具体划分项目及确定计量规则时，采取尽量与定额衔接的原则进行编制的。计量规范项目划分简洁、综合且宽，它的工程内容基本上是定额相关的子目。

4)编制一个专业工程的造价，可能涉及多个专业定额，甚至还要涉及建筑工程及其他工程定额。

(2)用定额系数进行消耗量及费用计算的方法。在编制定额时，将不便于列目编码的工程内容作为公用子目，它们的消耗量或费用是测算一个系数来进行计算，这种系数一般称为子目系数或综合系数，列在定额册或章说明中。

1)子目系数和综合系数。

①子目系数：子目系数是最基本的系数，具有定额子目的性质，故称为子目系数。用它计算的结果构成分部分项工程费，它是综合系数和工程费用计算基础之一。用子目系数计算的有高层建筑增加费、施工作业操作超高增加费等。

②综合系数：综合系数的计算基础是定额人工费和子目系数中的人工费，故称为综合系数。用这类系数计算的有脚手架搭拆费、安装工程系统调试费，其计算结果构成直接费。

2)子目系数和综合系数计算公式。

子目系数：

$$\text{高层建筑增加费} = \sum \text{分部分项全部人工费} \times \text{高层建筑增加费费率}$$

操作超高增加费＝操作超高部分全部人工费或各定额册规定的基数×
高层操作超高费费率

综合系数：

脚手架搭拆费 $=\sum$(分部分项全部人工费＋全部子目系数费中的人工费)×
脚手架搭拆费系数

系统调整费 $=\sum$(分部分项全部人工费＋全部子目系数费中的人工费)×
系统调整费系数

3)子目系数和综合系数费用在定额计价表中的编制方法。

子目系数和综合系数是定额规定的计算系数，定额计价时，按定额规定进行计算，一般列在工程预算计价分析表中进行编制。

5.3 照明供电工程量计算及定额应用

照明工程一般包括照明配电箱、配管配线工程、灯具安装工程、开关插座安装工程以及其他附件安装工程。

5.3.1 照明控制设备

控制设备一般称为低压配电装置，接受或分配电能，以及遥控电气设备或电力系统。其中有控制箱和配电箱，控制箱一般挂墙、落地或在落地支架上安装，里面装有电源开关、保险器、继电器或接触器等装置，对指定设备进行控制；配电箱专为供电用，分为电力配电箱和照明配电箱。电气照明工程的控制设备主要指照明配电箱、板以及箱内组装的各种电气元件(控制开关、熔断器、计量仪表、盘柜配线等)。

无论安装方式，控制设备均按“台”计量。配电箱安装包括电力、照明、电表及卷帘门控制箱、户配电箱安装，校线接线、接地，不包括基础型钢及支架；端子板；焊、压接线端子；盘柜配线；设备干燥；二次喷漆及喷字。

课堂活动

1. 成套配电箱、电表箱如何套取定额？
2. 非成套配电箱一般在现场制作，如何套取其定额？

5.3.2 室内配管配线

1. 配管工程

(1)配管安装定额应用。配管工程以所配管的材质、敷设方式、敷设位置以及按管的规格划分定额子目。

(2)配管工程量计算。

1)计算规则：各种配管工程量以管材质、规格和敷设方式、敷设位置不同，按“延长米”计量，不扣除管路中接线盒(箱)、灯头盒、开关盒所占长度。

2)计算要领：从配电箱起按各个回路进行计算，或按建筑物自然层划分计算，或按建筑平面形状特点及系统图的组成特点分片划块计算，然后汇总。千万不要“跳算”，防止混乱，影响工程量计算的正确性。

3)计算方法：计算配管的工程量，分两步走，先计算水平配管，再计算垂直配管。

①水平方向：水平方向敷设的管，以施工平面布置图的管线走向和敷设部位为依据，并借用建筑物平面图所标墙、柱轴线尺寸进行线管长度的计算，以图 5.1 为例。

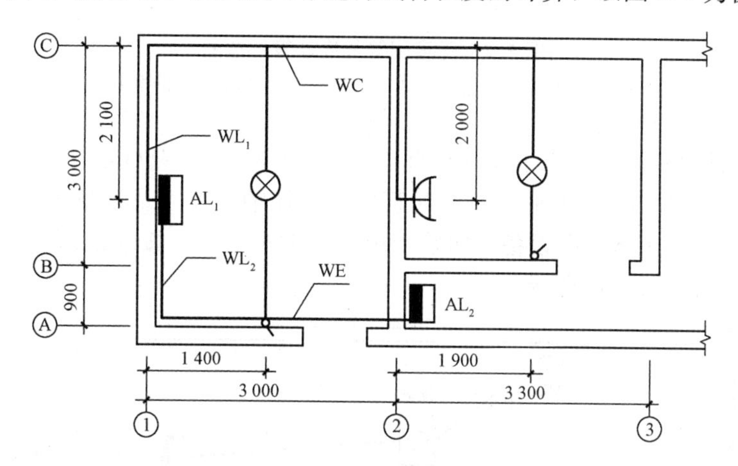

图 5.1　水平配管长度计算示意图

由图 5.1 可知 AL_1 箱(800×500×200)有两个回路即 WL_1：BV－2×2.5SC15 和 WL_2：BV－4×2.5PC20。其中，WL_1 回路是沿墙、顶棚暗敷，WL_2 沿墙、顶棚明敷至 AL_2 箱(500×300×160)。工程量的计算需要分别计算和汇总，套用不同的定额。

a. WL_1 回路的配管线为 BV－2×2.5SC15，回路沿①－Ⓒ－②轴沿暗墙敷及房间内沿顶棚暗敷，按相关墙轴线尺寸计算该配管长度。

那么，WL_1 回路水平配管长度 SC15＝2.1＋3＋1.9＋3.9＋2＋3＝15.9(m)

b. WL_2 回路的配管线为：BV－4×2.5PC20，回路沿①－Ⓐ轴沿墙明敷，按相关墙面净空长度尺寸计算线管长度。那么，WL_2 回路水平配管长度 PC20＝3.9－2.1－0.12＋3＝4.68(m)

②垂直方向：垂直方向敷设的管(沿墙、柱引上或引下)，其工程量计算与楼层高度及与箱、柜、盘、板、开关等设备安装高度有关。无论配管是明敷或暗敷均按图 5.2 计算线管长度。

由图 5.2 可知，知道各电气元件的安装高度后，其垂直长度的计算就解决了，这些数据可参见具体设计的规定，一般按照配电箱底距地 1.5 m，板式开关距地 1.3 m，一般插座距地 0.3 m，拉线开关距顶 0.2～0.3 m，灯具的安装高度按具体情况而定，本图灯具按吸顶灯考虑。

a. WL_1 回路的垂直配管长度 SC15＝(3.3－1.5－0.5)配电箱＋(3.3－1.3)板式开关＋(3.3－0.3)插座＋0.3 拉线开关＝6.6(m)

b. WL_2 回路的垂直配管长度 PC20＝(3.3－1.5－0.5)AL_1＋(3.3－1.5－0.3)AL_2＝2.8(m)

合计：暗配 SC15 的管长度为：水平长＋垂直长＝15.9＋6.6＝22.5(m)

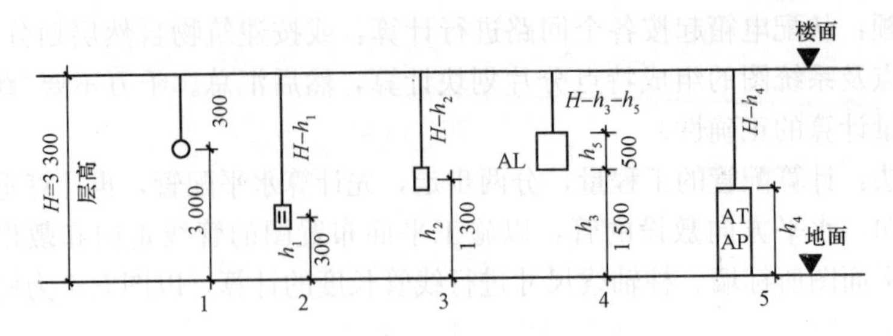

图 5.2　垂直配管长度计算示意图

1—拉线开关；2—插座；3—开关；4—配电箱；5—配电柜

明配 PC20 的管长度为：水平长＋垂直长＝4.68＋2.8＝7.48(m)

③当埋地配管时(FC)，水平方向的配管按墙、柱轴线尺寸及设备定位尺寸进行计算，如图 5.3(a)所示。穿出地面向设备或向墙上电气开关配管时，按埋设深度和引向墙、柱的高度进行计算，如图 5.3(b)所示。

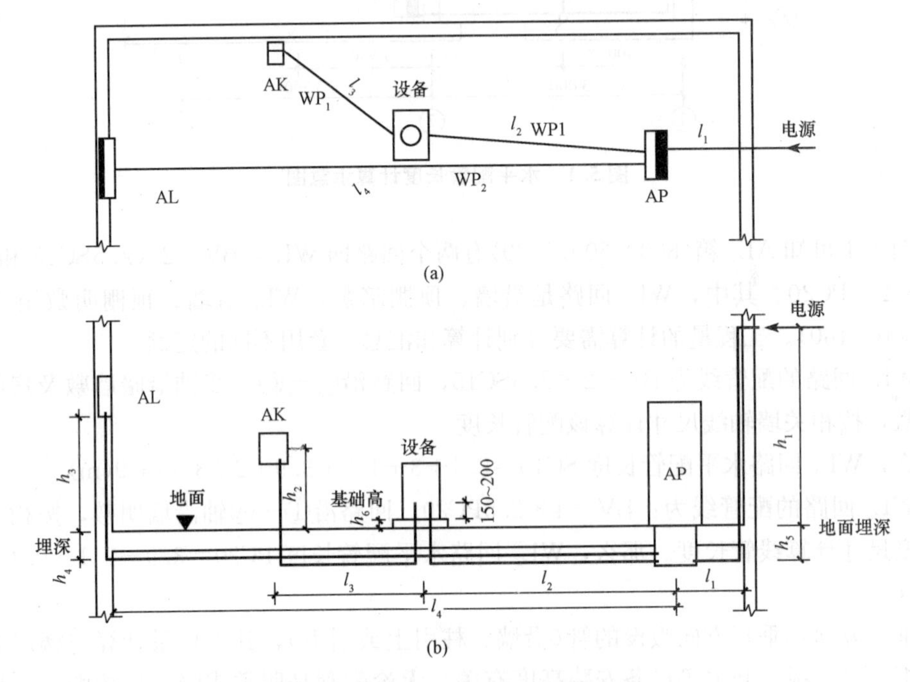

图 5.3　埋地配管长度计算示意图

(a)埋地水平管长度；(b)埋地管穿出地面长度

a. 水平长度的计算：若电源架空引入，穿管 SC50 进入配电箱(AP)后，一条回路 WP_1 进入设备，再连开关箱(AK)，另一回路 WP_2 连照明箱 (AL)。水平方向配管长度为 G_1＝1 m，G_2＝3 m，G_3＝2.5 m，G_4＝9 m 等。水平方向配管长度均算至各电气元件的中心处。

ⓐ引入管的水平长度(墙外考虑 0.2 m)SC50＝1＋0.24＋0.2＝1.44(m)

ⓑWP_1 的配管线为：BV－4×6 SC32 FC 管长度 SC32＝3＋2.5＝5.5(m)

ⓒWP_2 的配管线为：BV－4×4 SC25 FC 管长度 SC25＝9(m)

b. 垂直长度的计算：当管穿出地面时，沿墙引下管长度(h)加上地面埋深为垂直长度，出地面的配管还应考虑设备基础高和出地面高度，一般为 150～200 mm，即为垂直配管长度。各电气元件的高度分别为：架空引入高度 $h_1=3$ m；开关箱距地 $h_2=1.3$ m；配电箱距地 $h_3=1.5$ m；管埋深 $h_4=0.3$ m；管埋深 $h_5=0.5$ m；基础高 $h_6=0.1$ m。

ⓐ引入管的垂直长度 SC50$=h_1+h_5=3+0.5=3.5$(m)

ⓑWP_1 的垂直配管长度 SC32$=(h_5+h_6+0.2)\times2+(h_5+h_2)(AL)=(0.5+0.1+0.2)\times2+0.5+1.3=3.4$(m)(伸出基础高按 200 mm 考虑)

ⓒWP_2 的垂直配管长度 SC25$=h_3+h_4=1.5+0.3=1.8$(m)

合计：引入管 SC50$=1.44+3.5=4.94$(m)

引入管 SC32$=5.5+3.4=8.9$(m)

引入管 SC25$=9+1.8=10.8$(m)

④配管工程量计算时应注意的问题。配管工程量计算在电气施工图预算中所占比重较大，是预算编制中工程量计算的关键之一，因此，除综合基价中的一些规定外，还有一些具体问题需进一步明确。

a. 无论明配还是暗配管，其工程量均以管子轴线为理论长度计算。水平管长度可按平面图所示标注尺寸或用比例尺量取，垂直管长度可根据层高和安装高度计算。

b. 明配管工程量计算时，要考虑管轴线与墙的距离。如在设计无要求时，一般可以墙皮作为量取计算的基准；设备、用电器具作为管路的连接终端时，可依其中心作为量取计算的基准。

c. 暗配管工程量计算时，可依墙体轴线作为量取计算的基准：如设备和用电器具作为管路的连接终端时，可依其中心线与墙体轴线的垂直交点作为量取计算的基准。

d. 在计算配管工程量时要重点考虑管路两端、中间的连接件：两端应该预留的要计入工程量(如进、出户管端)；中间应该扣除的必须扣除(如配电箱等所占长度)。

e. 在钢索上配管时，需另外计算钢索架设和钢索拉紧装置、接线盒(箱)、支架的制作安装。

f. 电线管、钢管明配、暗配均已包括刷防锈漆，若图纸设计要求作特殊防腐处理时，按《刷油、防腐蚀、绝热工程》定额规定计算并采用相应定额。

g. 配管工程包括接地跨接，不包括接线箱、盒及支架制作、安装，需另立项计算。

配管工程在实际工作中是比较复杂的，需灵活应用，但要掌握一条原则，就是尽可能符合实际。对于一项工程其计算原则要严格遵守，不得随意改动，这样才能达到整体平衡，使整个电气工程配管工程量计算的误差降到最低。

2. 管内穿线工程

(1)管内穿线定额应用。管内穿线区分线路性质(照明、动力)、芯数、导线材质(铜芯、铝芯)按导线截面分档。线路分支接头线和长度已综合考虑在定额中，不得另行计算。导线截面超过或等于 6 mm^2 的照明线路，按动力穿线定额计算。

(2)管内穿线工程量计算。

1)计算规则：管内穿线区分线路性质、导线材质、导线截面等以“单线延长米”计量。

2)计算公式：

管内穿线长度=(配管长度+导线预留长度)×同截面导线根数

导线预留长度是指配线敷设进入配电箱、柜、板的预留线，可按表 5.12 规定的预留长度计入相应的工程量内，如图 5.4 所示。但灯具、明暗开关、插座、按钮等的预留线，已综合在有关定额内，不另计算。

表 5.12　连接设备导线预留长度表

序号	项　目	预留长度	说　明
1	各种配电箱、开关箱、柜、板	(高+宽)	盘面尺寸
2	单独安装(无箱、盘)的铁壳开关、闸刀开关、启动器、母线槽进出线盒等	0.3 m	以安装对象中心算起
3	由地坪管子出口引至动力接线箱	1.0 m	以管口计算
4	电源与管内导线连接(管内穿线与软、硬母线接头)	1.5 m	以管口计算
5	出户线	1.5 m	以管口计算

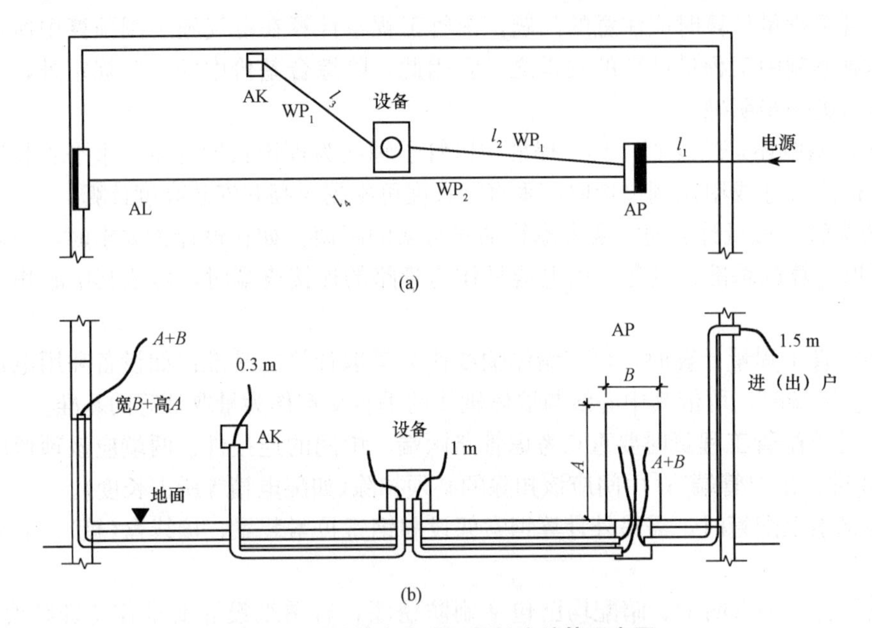

图 5.4　埋地管内穿线预留长度计算示意图

(a)埋地管平面图；(b)导线与柜、箱、设备等相连接预留长度

在图 5.4 中，电线架空引入，穿 SC50 的钢管至 AP 箱，AP 箱尺寸为(1 000×2 000×500)，从 AP 箱分出两条回路 WP_1、WP_2，其中一条回路进入设备，再连开关箱(AK)，即 WP_1 箱，其配管线为：BV−4×6 SC32 FC；另一回路 WP_2 连照明箱（AL），WP_2 的配管线为：BV−4×4 SC25 FC，AL 配电箱尺寸(800×500×200)。计算图中管内穿线工程量。

①入户电线＝配管长度＋预留长度＝1.79＋(1＋2)＋1.5＝6.29(m)

②WP_1 的配管线为：BV−4×6 SC32 FC

BV6 mm^2：(SC32 管长＋各预留长度)×4＝[8.9＋(1＋2)AP 箱＋1×2 设备＋0.3AK 箱]×4＝(8.9＋3＋2＋0.3)×4＝56.8(m)

③WP_2 的配管线为：BV−4×4 SC25 FC

BV4 mm^2：(SC25 的管长＋各预留长度)×4＝[10.8＋(1＋2)AP 箱＋(0.8＋0.5)AL 箱]×4＝(10.8＋3＋1.3)×4＝60.4(m)

3)管内穿线工程量计算应注意的问题。

①计算出管长以后，要具体分析管两端连接的是何种设备。

a. 如果相连的是盒(接线盒、灯头盒、开关盒、插座盒)和接线箱时，因为穿线项目中分别综合考虑了进入灯具及明暗开关、插座、按钮等预留导线的长度，因此，穿线工程量不必考虑预留。

单线延长米＝管长×管内穿线的根数(型号、规格相同)

b. 如果相连的是设备，那么穿线工程量必须考虑预留。

单线延长米＝(管长＋管两端所接设备的预留长度)×管内穿线根数

②导线与设备相连时，同时单股导线 10 mm^2 以上、多股导线 4 mm^2 以上时，需设焊(压)接线端子，以"个"为计量单位，根据进出配电箱、设备的配线规格、根数计算，套用相应定额。

3. 接线箱、盒

接线箱、盒的设置往往在平面图中反映不出来，但在实际施工中无论是明配管还是暗配线管，均发生接线盒(分线盒)或接线箱安装，所以，不能忽略接线盒项目。

(1)接线盒安装定额应用。

1)当连接导线较多时一般用接线箱，其区分明装、暗装按箱体半周长分档。

2)当连接导线较少时一般用接线盒，通常室内配线都使用接线盒。接线盒分明装和暗装。明装分普通和防爆；暗装按用途分为接线盒和开关灯头插座盒安装。

(2)接线盒工程量计算。

1)计算规则：均以"个"计量，其箱盒为未计价材料。

2)设置原则：

①管线分支、交叉接头处在没有开关盒、灯头盒、插座盒可利用时，就必须设置接线盒。

②水平线管敷设超过下列长度时中间应加接线盒。

a. 管长超过 30 m 且无弯时。

b. 管长超过 20 m，中间只有 1 个弯时。

c. 管长超过 15 m，中间有 2 个弯时。

d. 管长超过 8 m，中间有 3 个弯时。

③电线管路过建筑物伸缩缝、沉降缝等，一般应作伸缩、沉降处理，宜设置接线盒(拉线盒)。

④垂直敷设管路遇下列情况时，应增设固定导线用的拉线盒。

a. 导线截面 50 mm^2 及以下，长度每超过 30 m。

b. 导线截面 70～95 mm^2，长度每超过 20 m。

c. 导线截面 120～240 mm^2，长度每超过 18 m。

⑤管子通过建筑物变形缝时，加设接线盒作补偿器。

图 5.5(a)所示为接线盒平面位置示意图，根据设置原则可见接线盒位置透视图[图 5.5(b)]。

接线盒：共 3 个。⑦轴上 2 个，⑧轴上 1 个。

灯头盒：2 个。灯的位置。

插座盒：共 3 个。插座的位置，⑦轴上 2 个，⑧轴上 1 个。

开关盒：2 个。开关的位置，Ⓑ轴上。

4. 照明器具

(1)照明器具安装定额应用。照明器具安装定额包括照明灯具安装、开关、按钮、插座、安全变压器、电铃及风扇安装，风机盘管开关等电器安装。

灯具安装定额是按灯具安装方式(吸顶、吊灯、壁装)与灯具种类(普通、装饰、荧光、工厂、医院、路灯等)划分定额的。

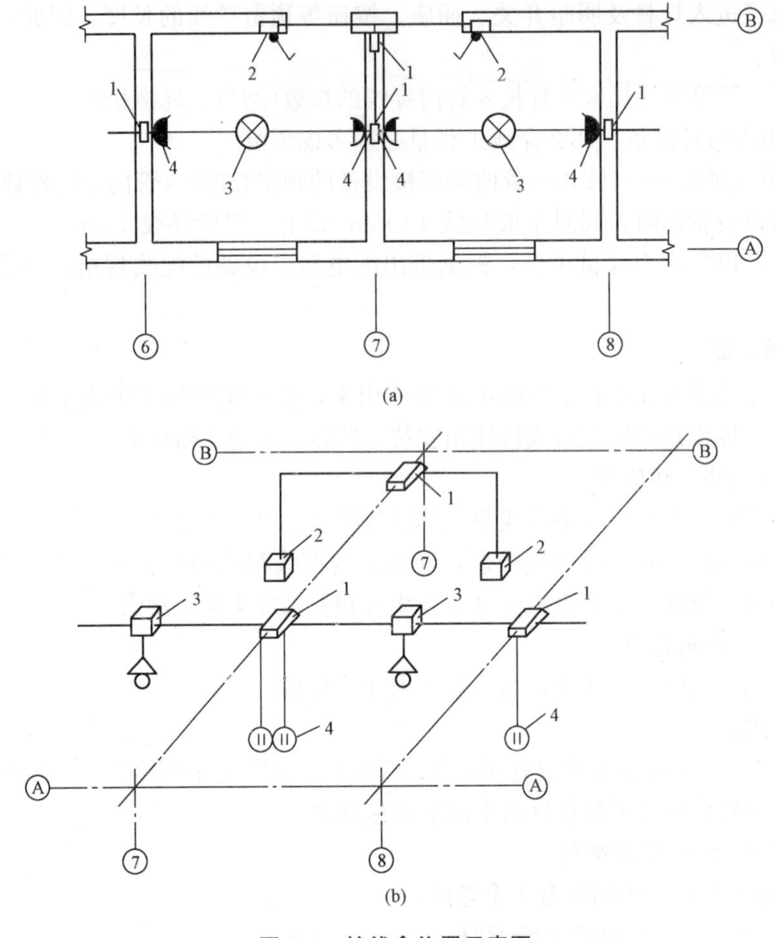

图 5.5　接线盒位置示意图

(a)平面位置图；(b)接线盒位置透视图

1—接线盒；2—开关盒；3—灯头盒；4—插座盒

(2)照明器具工程量计算。

1)灯具安装工程量以灯具种类、型号、规格、安装方式划分定额，按"套"计量数量。

2)照明器具工程量计算应注意以下几个问题：

①各型灯具的引线除注明者外，均已综合考虑在定额内，不另计算。

②定额已包括用摇表测量绝缘及一般灯具试亮工作，但不包括系统调试工作。

③路灯、投光灯、碘钨灯、烟囱和水塔指示灯，均已考虑了一般工程的高空作业因素。其他灯具，安装高度如果超过 5 m 以上时，应计算操作高度增加费。

④装饰灯具项目已考虑了一般工程的超高作业因素，并已包括脚手架搭拆费用，不另计算。

⑤灯具安装定额包括灯具和灯管(泡)的安装。灯具和灯管(泡)为未计价材料，它们的价格要列入主材费计算，一般情况灯具的预算价未包括灯管(泡)的价格，以各地灯具预算价或市场价为准。

灯泡的损耗率为：荧光灯管是 1.5%，白炽灯泡是 3.0%。

5. 开关、按钮、插座及其他器具

(1)开关、按钮。开关安装包括拉线开关、板把开关、扳式开关、密闭开关、一般按钮开关安装。应区分开关、按钮安装形式(明装与暗装)、种类(拉线、扳把、板式、一般按钮、密闭、声控延时、光延时等)、开关极数以及单控与双控。以“套”计量。

注意：本处所列“开关安装”是指《重庆市安装工程计价定额》第二册第十三章“照明器具”用的开关，而不是指《重庆市安装工程计价定额》第二册第四章“控制设备及低压电器”所列的自动空气开关、铁壳开关和胶盖开关等电源用“控制开关”，以及普通按钮、防爆按钮、电铃安装，前一个用于照明工程；后一个用于控制，注意区别，不能混用。

(2)插座。插座安装工程量，应区别电源相数(单相、三相)、额定电流(15 A、30 A等)、插座安装形式(明暗装)、插座插孔个数以及插座种类(普通还是防爆)，以“套”计量。

(3)风扇。风扇安装工程量，应区分风扇种类(吊扇、壁扇、轴流排风扇)以“台”计量。

6. 案例

【例 5-1】 图 5.6 所示为某办公楼照明工程局部平面布置图，建筑物为混合结构，层高为 3.3 m。由图可知，该房间内装设了两套成套型吸顶式双管荧光灯、一台吊风扇，它们分别由一个单控双联板式暗开关和一个调速开关控制，开关安装距楼地面 1.3 m，配电线路导线为 BV－2.5，穿电线管沿顶棚、墙暗敷设。其中，2、3 根穿 MT15，4 根穿 MT20。试计算此房间的各分项工程量。

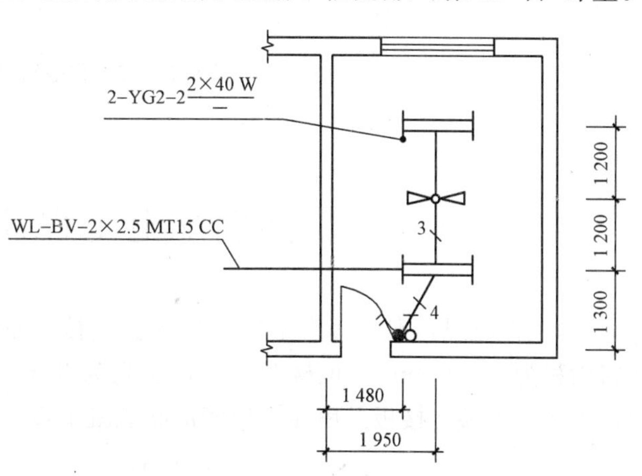

图 5.6 为某办公楼照明工程局部平面布置图

(1)配管。

BV－2×2.5 MT15　MT15：1.2＋1.95＝3.15(m)

BV－3×2.5MT15　MT15：1.2 m

BV－4×2.5MT20　MT20：水平长度：利用勾股定理得 1.38 m(正常比例，可以用比例尺计算)

垂直长度：3.3－1.3＝2(m)

共计：1.38＋2＝3.38(m)

汇总：MT15＝3.15＋1.2＝4.35(m)

　　　MT20＝3.38 m

(2)管内穿线　BV－2.5 mm^2＝3.15×2＋1.2×3＋3.38×4＝23.42(m)

因未与设备相连，又未是大于 10 mm^2 单股导线或大于 4 mm^2 多股导线，故未有端子。

(3)接线盒：1个；灯头盒：3个；开关盒：2个。

(4)吸顶式双管荧光灯：2套；吊扇(含可调开关)：1台；双联板式暗开关：1个。

课堂活动

某工程电气平面图，如图 5.7 所示。该建筑物层高为 3.3 m，BV2.5 mm^2，成品配电箱规格为 500 mm×300 mm，距离地面高度为 1.5 m，线管为 PC15，暗敷设，开关距离地面 1.5 m。试计算配电箱、配管配线工程量。(设配电箱为一点，在④轴与Ⓑ轴交点处)

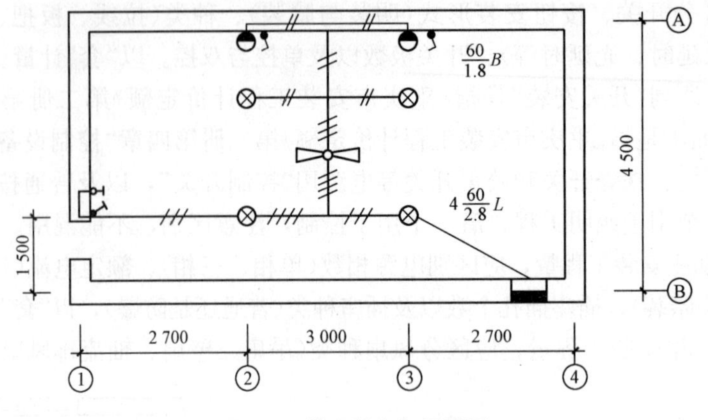

图 5.7　某工程电气平面图

5.4　照明配电工程计量计价案例

(1)工程概况：本工程为某住宅小区住宅楼，系统图、平面图如图 5.8、图 5.9 所示。建筑面积为 2 350 mm²，该楼共 6 层，层高为 3 m；仅一个单元，两户对称，共计 12 户；墙体为 240 砖墙；楼板及屋面为现浇钢筋混凝土板。

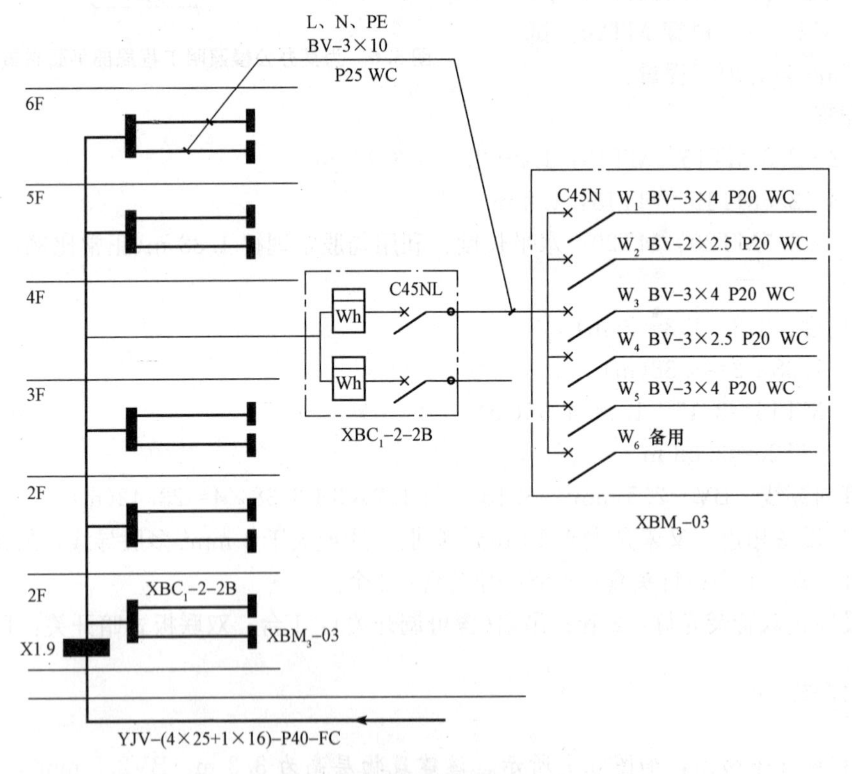

图 5.8　某住宅楼电气照明系统图

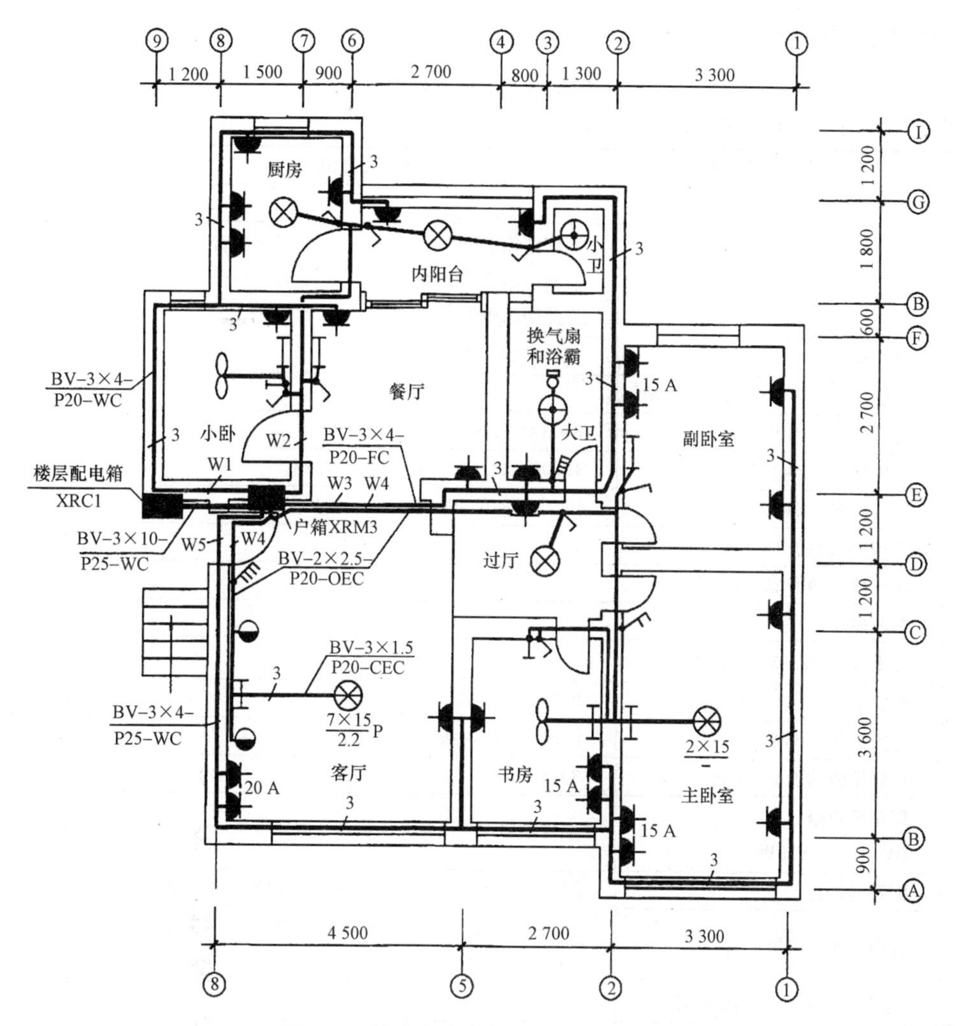

图 5.9　某住宅楼电气照明平面布置图

该楼电气照明线用电缆 YJV－4×25＋1×16 穿 SC 管 *DN*40 埋地入户(此处本工程略)进入楼总配电箱(与一楼电表箱设在一起)，配线方式为树干式，户内主干线用 BV－4×25＋1×16 穿 PVC 管 *DN*40 沿墙暗设，再用 BV－3×16P32WC 接入每层暗设电表箱，随后用 PVC 管暗设进入每户配电箱，户内用 PVC 管穿 BV 线全部沿墙沿顶棚暗设至用电设备处。

该工程不计材料价差调整，其计量计价过程详见表 5.13～表 5.17。

注：表 5.13～5.17 是按计算先后顺序填写的，预算书应按封面、编制依据、工程取费表、工程计价表、未计价材料表、人工材料价差调整表、按实计算表的顺序装订。

(2)安装要求。

1)配电箱：安装高度为 1 800 mm。总配电箱 XL9 尺寸为 1 165 mm×1 065 mm，层配电箱 XRC1 型尺寸为 320 mm×420 mm，户配电箱 XRM3 型尺寸为 180 mm×320 mm。

2)插座安装高度为 300 mm，开关高度为 1 300 mm，厨房、浴卫插座高度为 1 3 00 mm，冰箱、洗衣机插座高度为 1 300 mm，楼梯间声控开关高度为 2 200 mm。

3)荧光灯高度为 2 000 mm，壁灯高度为 2 200 mm。

4)抽油烟机高度为 1 800 mm，轴流排气扇高度为 2 300 mm。

5)因楼面结构较薄，导管不能埋地敷设，故本工程配管配线要求全部沿墙沿顶棚暗设。

表 5.13　工程量计算式

工程名称：市内某住宅楼电气照明工程　　　　第 1 页　共 3 页

序号	分部分项工程名称	计算式及说明	单位	数量
1	配电箱			
		总配电箱 XL9　1×1=1(台) 层照明电表箱 XRC1　1×6=6(台) 户照明配电箱 XRM3　2×6=12(台)	台	1 6 12
2	总箱至层箱	配管配线		
2.1	干线：BV−4×25+1×16P40WC			
	配管　P40	5×3=15.00	m	15.00
	管内穿线　BV1×16	15.00+(1.165+1.065)=17.23	m	17.23
	管内穿线　BV4×25	[15.00+(1.165+1.065)]×4=68.92	m	68.92
	压铜接线端子 16 mm^2	1	个	1
	压铜接线端子 25 mm^2	4	个	4
	暗装接线盒	6	个	6
2.2	支干线：BV−3×16P32WC			
	配管 P32	0.5×6=3.00	m	3.00
	管内穿线　BV3×16	[3.00+(0.32+0.24)×6]×3=19.08	m	19.08
	压铜接线端子 16 mm^2	3×6=18	个	18
3	层箱至户箱 BV−3×10P25WC	配管配线		
	配管 P25	[1.2+1.5/2+(3−1.8)×2]×2 户×6 层=52.20	m	52.20
	管内穿线　BV3×10	[4.35+(0.32+0.24+0.18+0.32)]×3×2×6=194.76	m	194.76
4	W_1 回路 BV−3×4P20WC			
	配管 P20	[1.5/2+1.2+2.7+1.2+1.5+0.6+3.0+2.4+1.2+0.6+(3−1.8)+(3−0.3)×2+(3−1.3)×2]×2 户×6 层=301.8	m	301.8
	管内穿线　BV4 mm^2	[25.15+(0.18+0.32)]×3×2×6=923.4	m	923.40
	暗装接线盒	5×2 户×6 层=60	个	60
	暗装插座盒	7×2 户×6 层=84	个	84
	暗装单相 15A3 孔插座	7×2 户×6 层=84	套	84
5	W_2 回路 BV−2×2.5P20WC			
	配管 P20	[1.5/2+3.3+(1.5+1.2)/2+0.3×2+0.9+1.5+(1.5+0.9)/2+(1.7+1.8)+1.3/2+(3−1.8)+(3−1.3)+(3−1.3)+(3−1.3)×3]×2 户×6 层=281.40	m	281.40
	管内穿线　BV2.5 mm^2	{[20.05+(0.18+0.32)]×2+3.4×3}×2 户×6 层=615.60	m	615.60
	暗装接线盒	7×2 户×6 层=84	个	84
	暗装开关盒及灯头盒	(6+6)×2 户×6 层=144	个	144
	普通吸顶灯	2×2 户×6 层=24	套	24
	家用防水防尘吸顶灯	1×2 户×6 层=12	套	12

续表

序号	分部分项工程名称	计算式及说明	单位	数量
	单管成套荧光灯(壁装)	2×2 户×6 层=24	套	24
	吊风扇	1×2 户×6 层=12	台	12
	暗装单联单控扳式开关	5×2 户×6 层=60	套	60
6	W_3 回路 BV−3×4P20WC			
	配管 P20	[1.5/2+0.9+2.7+2.1+3.3/2+0.24+3.3+1.8+1.3+0.6+(3−1.8)+0.3+(1.3−0.3)+(2.3−1.3)×2+(3−2.3)+(3−0.3)×2]×2 户×6 层=311.28	m	311.28
	管内穿线　BV4 mm^2	{[22.29+(0.18+0.32)]×3+1.65×5+1.0×7}×2 户×6 层=1003.44	m	1 003.44
	暗装接线盒	3×2 户×6 层=36	个	36
	暗装开关盒、灯头盒及插座盒	8×2 户×6 层=96	个	96
	四光源红外线浴霸(带照明、换气扇、开关)	1×2 户×6 层=12	套	12
	暗装单相 15A3 孔插座	6×2 户×6 层=72	套	72
7	W_4 回路 BV−3×2.5P20WC			
	配管 P20	[1.5/2+0.9+2.7+2.1+1.2+0.6+2.4+1.65+3.3/2+1.65+1.5+2.7/2+1.5/2+1.5+0.5+1.0+1.0+2.25+(3−1.8)+(3−1.3)×2+(3−1.3)×2+(3.0−2.0)×3+(3−1.3)+(3−2.2)×2=24.9+10.0+1.65+3.2]×2 户×6 层=477	m	477.00
	管内穿线　BV2.5 mm^2	{ 24.9×2+[10+(0.18+0.32)×3]+1.65×4+3.2×5}×2 户×6 层=1 006.8	m	1 006.8
	暗装接线盒	9×2 户×6 层=108	个	108
	暗装开关盒及灯头盒	16×2 户×6 层=192	个	192
	壁灯(灯泡)	2(2)×2 户×6 层=24(24)	套	24(24)
	客厅花灯(灯泡)	1(7)×2 户×6 层=12(84)	套	12(84)
	主卧室花灯(灯泡)	1(2)×2 户×6 层=12(24)	套	12(24)
	普通吸顶灯	1×2 户×6 层=12	套	12
	单管成套荧光灯(壁装)	4×2 户×6 层=48	套	48
	吊风扇	1×2 户×6 层=12	台	12
	暗装单联单控扳式开关	3×2 户×6 层=36	套	36
	暗装双联单控扳式开关	1×2 户×6 层=12	套	12
	暗装四联单控扳式开关	1×2 户×6 层=12	套	12
8	W_5 回路 BV−3×4P20WC			
	配管 P20	[1.5/2+2.4+3.6+4.5+1.8+2.7+0.9+0.9+3.3+0.9+3.6+2.4+1.5+(3−1.8)+(3−0.3)×8]×2 户×6 层=624.6	m	624.60
	管内穿线　BV4 mm^2	[52.05+(0.18+0.32)]×3×2 户×6 层=1891.8	m	1891.80
	暗装接线盒	7×2 户×6 层=84	个	84
	暗装插座盒	12×2 户×6 层=144	套	144
	暗装单相 15A3 孔插座	12×2 户×6 层=144	套	144

表 5.14 工程量计算式(汇总)

工程名称：市内某住宅楼电气照明工程　　　　第1页　共2页

序号	分部分项工程名称	计算式及说明	单位	数量
一	配电箱			
1	总配电箱 XL9 1165×1 065	1	台	1
2	层照明电表箱 XRC1	1	台	6
3	户照明配电箱 XRM3	1	台	12
二	配管配线			
4	配管　P40	2.1	m	15.00
5	配管　P32	2.2	m	3.00
6	配管　P25	3	m	52.20
7	配管　P20	4＋5＋6＋7＋8＝301.8＋281.4＋311.28＋477＋624.6＝1 996.08	m	1 996.08
8	压铜接线端子 16 mm²	2.1＋2.2＝1＋18＝19	个	19
9	压铜接线端子 25 mm²	2.1	个	4
10	管内穿线　BV4×25	2.1	m	68.92
11	管内穿线　BV1×16	2.1＋2.2＝17.23＋19.08＝36.31	m	36.31
12	管内穿线　BV3×10	3	m	194.76
13	管内穿线　BV4 mm²	4＋6＋8＝923.4＋1 003.44＋1 891.8＝3 818.64	m	3 818.64
14	管内穿线　BV2.5 mm²	5＋7＝615.6＋1 006.8＝1 622.4	m	1 622.4
15	暗装接线盒	2.1＋4＋5＋6＋7＋8＝6＋60＋84＋36＋108＋84＝378	个	378
16	暗装开关盒、灯头盒及插座盒	4＋5＋6＋7＋8＝84＋144＋96＋192＋144＝660	个	660
三	灯具、开关、插座及其他用电设备			
17	普通吸顶灯	5＋7＝24＋12＝36	套	36
18	家用防水防尘吸顶灯	5	套	12
19	单管成套荧光灯(壁装)	5＋7＝24＋48＝72	套	72
20	壁灯(灯泡)	7	套	24(24)
21	客厅花灯(灯泡)	7	套	12(84)
22	主卧室花灯(灯泡)	7	套	12(24)
23	暗装单联单控扳式开关	5＋7＝60＋36＝96	套	96
24	暗装双联单控扳式开关	7	套	12
25	暗装四联单控扳式开关	7	套	12
26	暗装单相 15A3 孔插座	4＋6＋8＝84＋72＋144＝300	套	300
27	吊风扇	5＋7＝12＋12＝24	台	24
28	四光源红外线浴霸(带照明、换气扇、开关)	6	套	12

表 5.15　安装工程预算计价分析表

工程名称：市内某住宅楼电气照明工程　　　　第 1 页，共 2 页

序号	定额编号	工程或费用名称	工程量		安装费/元		其中						未计价材料					
			单位	数量	基价	合价	人工费/元		材料费/元		机械费/元		材料名称	单位	定额量	计算量	单价/元	合价/元
							基价	合价	基价	合价	基价	合价						
1	CB0323	总配电箱 XL9 1165×1065	台	1.000	98.59	98.59	70.56	70.56	25.61	25.61	2.42	2.42	总配电箱 XL9 1 165×1 065	台	1.000	1.000	513.00	513.00
2	CB0328	层照明电表箱 XRC1	台	1.000	63.64	63.64	44.80	44.80	16.42	16.42	2.42	2.42	层照明电表箱 XRC1	台	1.000	1.000	437.00	437.00
3	CB0332	户照明配电箱 XRM3	台	1.000	14.22	14.22	7.90	7.90	6.32	6.32			户照明配电箱 XRM3	台	1.000	1.000	296.00	296.00
4	CB1649	塑料管砖混凝土暗敷设 PVC40	100 m	0.150	447.79	67.17	310.55	46.58	137.24	20.59			半硬塑料管 PVC40	m	106.000	15.900	2.01	31.96
5	CB1648	塑料管砖混凝土暗敷设 PVC32	100 m	0.030	382.09	11.46	280.00	8.40	102.09	3.06			半硬塑料管 PVC32	m	106.000	3.180	1.88	5.98
6	CB1647	塑料管砖混凝土暗敷设 PVC25	100 m	0.522	335.16	174.95	241.81	126.22	93.35	48.73			半硬塑料管 PVC25	m	106.000	55.332	1.75	96.83
7	CB1646	塑料管砖混凝土暗敷设 PVC20	100 m	19.961	234.92	4 689.24	189.42	3 781.01	45.50	908.23			半硬塑料管 PVC20	m	106.000	2 115.866	1.50	3 173.80
8	CB0416	压铜接线端子 16 mm² 以内	10 个	1.900	15.10	28.69	11.59	22.02	3.51	6.67			压铜接线端子 16 mm²	个	10.150	19.285	2.00	38.57
9	CB0417	压铜接线端子 35 mm² 以内	10 个	0.400	22.21	8.88	17.36	6.94	4.85	1.94			压铜接线端子 25 mm²	个	10.150	4.060	3.00	12.18
10	CB1699	管穿塑料绝缘铜芯线 25 mm²	100 m	0.689	48.62	33.50	32.98	22.72	15.64	10.78			绝缘导线 BV25 mm²	m	105.000	72.345	10.14	733.58
11	CB1698	管穿塑料绝缘铜芯线 16 mm²	100 m	0.363	42.78	15.53	28.34	10.29	14.44	5.24			绝缘导线 BV16 mm²	m	105.000	38.115	6.51	248.13
12	CB1697	管穿塑料绝缘铜芯线 10 mm²	100 m	1.948	39.82	77.57	25.51	49.69	14.31	27.88			绝缘导线 BV10 mm²	m	105.000	204.540	4.07	832.48
13	CB1693	管穿塑料绝缘铜芯线 4 mm²	100 m	38.186	33.05	1 262.05	18.03	688.49	15.02	573.55			绝缘导线 BV4 mm²	m	105.000	4 009.530	1.65	6 615.72
14	CB1692	管穿塑料绝缘铜芯线 2.5 mm²	100 m	16.224	40.85	662.75	25.76	417.93	15.09	244.82			绝缘导线 BV2.5 mm²	m	105.000	1 703.520	1.07	1 822.77
15	CB1889	暗装接线盒	10 个	37.800	19.49	736.72	11.59	438.10	7.90	298.62			接线盒	个	10.200	385.560	2.35	906.07

续表

序号	定额编号	工程或费用名称	工程量		安装费/元		其中						未计价材料					
			单位	数量	基价	合价	人工费/元		材料费/元		机械费/元		材料名称	单位	定额量	计算量	单价/元	合价/元
							基价	合价	基价	合价	基价	合价						
16	CB1890	暗装开关盒、灯头盒及插座盒	10个	66.000	16.04	1 058.64	12.38	817.08	3.66	241.56			开关盒、灯头盒及插座盒	个	10.200	673.200	2.35	1 582.02
17	CB1897	普通半圆球吸顶灯 ϕ300	10套	3.600	136.82	492.55	55.64	200.30	81.18	292.25			半圆球吸顶灯 ϕ300	套	10.100	36.360	85.00	3 090.60
18	CB1897	家用防水防尘吸顶灯 ϕ300	10套	1.200	136.82	164.18	55.64	66.77	81.18	97.42			卫生间防水防尘吸顶灯 ϕ300	套	10.100	12.120	80.00	969.60
19	CB2120	单管成套荧光灯(壁装)	10套	7.200	74.55	536.76	57.51	414.07	17.04	122.69			单管成套荧光灯	套	10.100	72.720	207.00	15 053.04
20	CB1905	郁金香型壁灯(60 W)	10套	2.400	171.36	411.26	52.02	124.85	119.34	286.42			郁金香型壁灯(60 W)	套	10.100	24.240	65.00	1 575.60
		壁灯白炽灯泡	10个	2.400									白炽灯泡	个	10.300	24.720	12.30	304.06
21	CB1944	客厅玻璃罩艺术吊灯 ϕ600	10套	1.200	526.83	632.20	251.80	302.16	275.03	330.04			玻璃罩艺术吊灯 ϕ600	套	10.100	12.120	500.00	6060.00
		客厅玻璃罩艺术吊灯白炽灯泡	10个	8.400									白炽灯泡	个	10.300	86.520	12.30	1 064.20
22	CB1915	主卧挂片式艺术吊灯 ϕ350	10套	1.200	509.27	611.12	292.52	351.02	216.75	260.10			挂片式艺术吊灯 ϕ350	套	10.100	12.120	350.00	4 242.00
		主卧挂片式艺术吊灯白炽灯泡	10个	2.400									白炽灯泡	个	10.300	24.720	12.30	304.06
23	CB2232	暗装单联单控扳式开关	10套	9.600	27.27	261.79	22.54	216.38	4.73	45.41			暗装单联单控扳式开关	套	10.200	97.920	11.26	1 102.58
24	CB2233	暗装双联单控扳式开关	10套	1.200	29.74	35.69	23.60	28.32	6.14	7.37			暗装双联单控扳式开关	套	10.200	12.240	16.48	201.72
25	CB2235	暗装四联单控扳式开关	10套	1.200	34.96	41.95	25.98	31.18	8.98	10.78			暗装四联单控扳式开关	套	10.200	12.240	23.35	285.80
26	CB2267	暗装单相 15A3 孔插座	10套	30.000	32.36	970.80	24.08	722.40	8.28	248.40			暗装单相 15A3 孔插座	套	10.200	306.000	12.32	3 769.92
27	CB2311	吊风扇	台	2.400	16.15	38.76	11.42	27.41	4.73	11.35			吊风扇	台	1.000	2.400	95.40	228.96
28	CB2319	四光源红外线浴霸(带照明、换气扇、开关)	套	1.200	17.32	20.78	15.90	19.08	1.42	1.70			四光源红外线浴霸(带照明、换气扇、开关)	套	1.010	1.212	453.00	549.04
		小 计				13 221.46		9 062.70		4153.92		4.84						56 147.24
29		脚手架搭拆费(4%)	元			362.51		90.63		271.88								
		合 计				13 583.97		9 153.33		4 425.80		4.84						

表 5.16　人工费、材料费价差调整表

工程名称：市内某住宅楼电气照明工程　　　　第 1 页　共 1 页

序号	材料名称及规格	单位	数量	基价/元	基价合价/元	调整价/元	单价差/元	价差合价/元	备注
1	人工费	工日	331.31	52.92	17 532.93	55	2.08	679.95	
	小计							679.95	

表 5.17　工程取费表

工程名称：市内某住宅楼电气照明工程　　　　第 1 页　共 1 页

序号	费用名称	计算公式	费率/%	金额/元	备注
一	直接费	1+2+3		80 893.55	
1	直接工程费	1.1+1.2+1.3+1.4		77 877.67	
1.1	人工费	1.1.1+1.1.2		17 299.79	1. 含按计价定额基价计算的实体项目和技术措施项目费。 2. 定额人工单价（基价）调整按渝建［2013］51 号规定计算
1.1.1	定额基价人工费	定额基价人工费		9 153.33	
1.1.2	定额人工单价(基价)调整	1.1.1×［定额人工单价(基价)调整系数－1］	1.89	8 146.46	
1.2	材料费	定额基价材料费		4 425.80	
1.3	机械费	1.3.1+1.3.2		4.84	
1.3.1	定额基价机械费	定额基价机械费		4.84	
1.3.1.1	其中：定额基价机上人工费			0.00	
1.3.2	定额机上人工单价（基价）调整	1.3.1.1×［定额人工单价(基价)调整系数－1］	1.89	0.00	
1.4	未计价材料费			56 147.24	
2	组织措施费	2.1+…… +2.7	25.52	2 335.93	
2.1	夜间施工费	(1.1.1)×费率			
2.2	冬、雨期施工增加费	(1.1.1)×费率			
2.3	二次搬运费	按实签证计算			
2.4	包干费	(1.1.1)×费率			
2.5	已完工程及设备保护费	(1.1.1)×费率			
2.6	工程定位复测、点交及场地清理费	(1.1.1)×费率			
2.7	材料检验试验费	(1.1.1)×费率			
3	允许按实计算费用及价差	3.1+3.2+3.3+3.4		679.95	
3.1	人工费价差			679.95	
3.2	材料费价差			0.00	
3.3	按实计算费用			0.00	
3.4	其他			0.00	
二	间接费	4+5		7084.68	
4	企业管理费	(1.1.1)×费率	51.57	4 720.37	渝建发［2014］27 号

续表

序号	费用名称	计算公式	费率/%	金额/元	备注
5	规费	(1.1.1)×费率	25.83	2 364.31	
三	利润	(1.1.1)×费率	30.00	2 746.00	
四	建设工程竣工档案编制费	(1.1.1)×费率	2.53	231.58	渝建发[2014]26号
五	住宅工程质量分户验收费	按文件规定计算		0.00	渝建发[2013]19号
六	安全文明施工费	(1.1.1)×费率	19.11	1 749.20	渝建发[2014]25号
七	税金	(一+二+三+四+五+六)×费率	3.48	3 226.13	渝建[2011]440号
八	工程造价	一+二+三+四+五+六+七		95 931.14	

小结

本章主要介绍了工程造价的定义、组成及计算；定额的基本知识及编制依据、定额表的识读；照明配电工程列项、计量规则及计量方法、套用定额以及如何根据计价表格计算造价等。

习题

1. 请从广义和狭义的角度分析建设工程造价的含义。
2. 请叙述工程造价的计价程序。
3. 请叙述材料是如何分类的，在定额表中是如何体现的？
4. 请叙述设备和材料的区别，在定额表和预算计价表中是如何表现的？
5. 说说人工材料价差如何调整。
6. 请根据[例 5-1]，填写预算编制表格，计算其工程造价。

第 6 章　电缆工程

学习目标

知识目标	能力目标	权重
表述常用电缆的种类、结构及型号名称	能理解常用电缆的种类、结构及型号名称	0.15
正确表述电缆工程的敷设方式及其工艺	能正确理解电缆工程的敷设方式及其工艺	0.30
正确表述电缆工程图	能正确识读电缆工程图	0.30
正确表述电缆工程计价规定和方法	能编制电缆工程施工图预算	0.25
合　计		1.0

教学准备

安装施工规范、电气(电缆)工程施工图等。

教学建议

在安装工程识图实训基地采用集中讲授、课堂互动教学、分组实训等方法教学。

教学导入

在电力系统中，需要把电力输送到供电和用电设备处，电缆线路工程就是担负电力输送任务的重要设备。

6.1　电缆工程构造及施工工艺

6.1.1　常用电缆

电缆线路工程运行可靠，因有保护层所以不易发生高压触电危险，敷设时受自然条件限制小，但其造价较高，敷设后不易更改，不易增加分支线路，不易发现故障。

最常见的电缆分为电力电缆和控制电缆两种。输配电能的电缆称为电力电缆；用在保护、操作等回路中传导电流的称为控制电缆。电缆线路现广泛用于对环境要求高的现代建筑设施中(室内)和城市供电系统中(室外)。

1. 电缆的种类

按绝缘类型和结构，常用的电力电缆主要有以下几类：

(1)油浸纸绝缘电缆(ZQ、ZLQ)。

(2)聚氯乙烯绝缘、聚氯乙烯护套电缆(VV、VLV)。

(3)交联聚乙烯、聚氯乙烯护套电缆(YJV、YJLV)。

(4)橡皮绝缘、聚氯乙烯护套电缆，即橡皮电缆(YC、MYP)。

(5)橡皮绝缘、橡皮护套电缆，即橡套软电缆(YQ、MC)。

当前在建筑电气工程中使用最广泛的是塑料绝缘电力电缆(全塑电缆)，即聚氯乙烯全塑和交联聚乙烯塑料，以及它们的派生产品：阻燃型聚氯乙烯塑料和阻燃型交联聚乙烯塑料。

2. 电力电缆的基本结构

电缆是在绝缘导线的外面加上增强绝缘层和防护层的导线，一般由许多层构成。一根电缆内可以有若干根芯数，电力电缆一般为单芯、双芯、三芯、四芯和五芯，控制电缆为多芯，其线芯按截面形状可分为圆形、半圆形和扇形，扇形使用较多，多用于1～10 kV三芯和四芯电缆。其截面形状如图6.1所示。

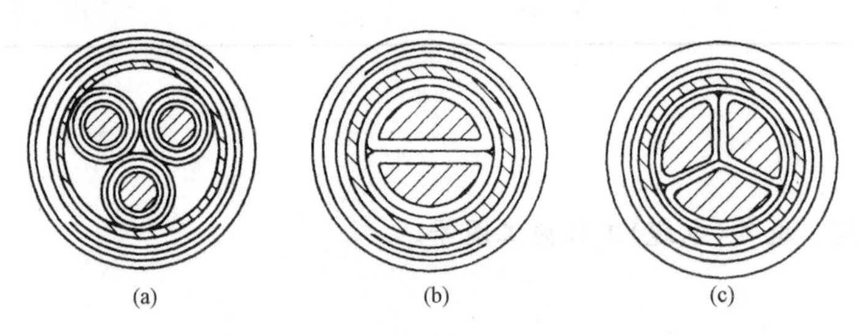

图6.1　电缆线芯截面形状

(a)圆形；(b)半圆形；(c)扇形

线芯的外部是绝缘层，多芯电缆的线芯之间加填料(黄麻或塑料)，多芯合并后外面还有一层绝缘层，其绝缘层外是铝或铅保护层，保护层外面是绝缘护套，护套外有些还要加钢铠防护层，以增加电缆抗拉和抗压强度，钢铠层外还要加绝缘层。因为电缆具有较好的绝缘层和防护层，故敷设时不需要再另外采用其他绝缘措施。电力电缆的结构如图6.2、图6.3所示。

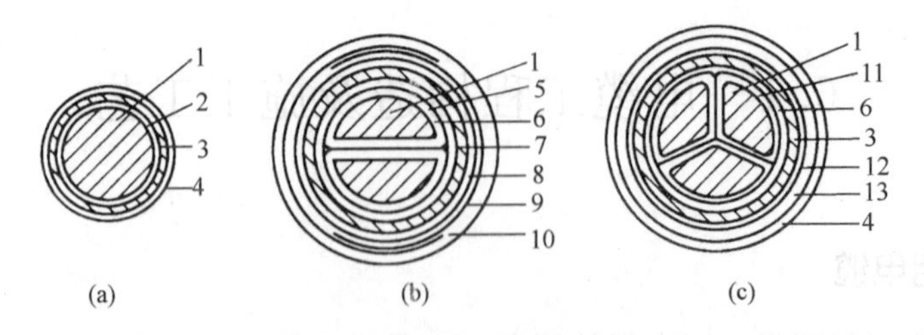

图6.2　电力电缆线芯截面结构(1)

(a)单芯纸绝缘铅包电缆；(b)双芯电缆；(c)三芯纸绝缘铅包钢丝铝装电力电缆

1—线芯；2—绝缘；3—铅层；4—护套；5—相绝缘；6—带绝缘；7—金属护套；8—内垫层；9—钢带铠装；10—外护层；11—芯绝缘；12—衬层；13—钢丝层

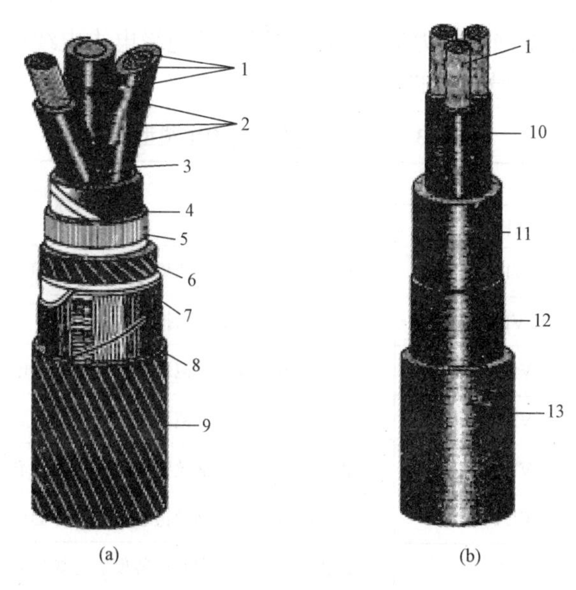

图 6.3　电力电缆线芯截面结构(2)

(a)油浸纸绝缘电力电缆；(b)交联聚乙烯绝缘电力电缆

1—铝芯(或铜芯)；2—油浸纸绝缘层；3—麻筋(填充物)；4—油浸纸(绕包绝缘)；

5—铝包(或铅包)；6—纸带(内护层)；7—麻包(内护层)；8—钢铠(外护层)；

9—麻包(外护层)；10—交联聚乙烯绝缘层；11—聚氯乙烯护套(内护层)；

12—钢铠(或铝铠)；13—聚氯乙烯外护套

3. 电缆的型号及名称

电缆的型号采用汉语拼音字母组成，有外护层时则在字母后加上两个阿拉伯数字。常用电缆型号中字母的含义及排列顺序，见表 6.1。

表 6.1　常用电缆型号中字母的含义及排列顺序

类别	绝缘种类	线芯材料	内护层	其他特征	外护层
电力电缆不表示 K—控制电缆 Y—移动式软电缆 P—信号电缆 H 市内电话电缆	Z—纸绝缘 X—橡皮 V—聚氯乙烯 Y—聚乙烯 YJ—交联聚乙烯	T—铜 (省略) L—铝	Q—铅护套 L—铝护套 H—橡套 (H)F—非燃性橡套 V—聚氯乙烯护套 Y—聚乙烯护套	D—不滴流 F—分相铅包 P—屏蔽 C—重型	2 个数字 (含义见表 6.2)

电缆外护层由 2 个数字表示，前一个表示铠装结构，后一个数字表示外被层结构，其含义见表 6.2。

表 6.2　电缆外护层代号的含义

第一个数字		第二个数字	
代号	铠装层类型	代号	外被层类型
0	无	0	无
1	—	1	纤维绕包
2	双钢带	2	聚氯乙烯护套
3	细圆钢丝	3	聚乙烯护套
4	粗圆钢丝	4	—

应用最广泛的聚氯乙烯绝缘电力电缆和交联聚乙烯绝缘电力电缆的型号及用途见表 6.3、表 6.4。阻燃型电缆则在其型号前加“ZR”。

表 6.3 聚氯乙烯绝缘电力电缆型号

型号		名称
铜芯	铝芯	
VV	VLV	聚氯乙烯绝缘聚氯乙烯护套电力电缆
VY	VLY	聚氯乙烯绝缘聚乙烯护套电力电缆
VV_{22}	VLV_{22}	聚氯乙烯绝缘钢带铠装聚氯乙烯护套电力电缆
VV_{23}	VLV_{23}	聚氯乙烯绝缘钢带铠装聚乙烯护套电力电缆
VV_{32}	VLV_{32}	聚氯乙烯绝缘细钢丝铠装聚氯乙烯护套电力电缆
VV_{33}	VLV_{33}	聚氯乙烯绝缘细钢丝铠装聚乙烯护套电力电缆
VV_{42}	VLV_{42}	聚氯乙烯绝缘粗钢丝铠装聚氯乙烯护套电力电缆
VV_{43}	VLV_{43}	聚氯乙烯绝缘粗钢丝铠装聚乙烯护套电力电缆

表 6.4 交联聚乙烯绝缘电力电缆型号

<table>
<tr><th colspan="2">型　号</th><th rowspan="2">名　称</th><th rowspan="2">主要用途</th></tr>
<tr><th>铜　芯</th><th>铝　芯</th></tr>
<tr><td>YJV</td><td>YJLV</td><td>交联聚乙烯绝缘聚氯乙烯护套电力电缆</td><td rowspan="2">敷设于室内、隧道、电缆沟及管道中，也可埋在松散的土壤中，电缆不能承受机械外力作用，但可承受一定敷设牵引</td></tr>
<tr><td>YJY</td><td>YJLY</td><td>交联聚乙烯绝缘聚乙烯护套电力电缆</td></tr>
<tr><td>YJV_{22}</td><td>$YJLV_{22}$</td><td>交联聚乙烯绝缘钢带铠装聚氯乙烯护套电力电缆</td><td rowspan="2">敷设于室内、隧道、电缆沟及地下直埋，电缆能承受机械外力作用，但不能承受大的拉力</td></tr>
<tr><td>YJV_{23}</td><td>$YJLV_{23}$</td><td>交联聚乙烯绝缘钢带铠装聚乙烯护套电力电缆</td></tr>
<tr><td>YJV_{32}</td><td>$YJLV_{32}$</td><td>交联聚乙烯绝缘细钢丝铠装聚氯乙烯护套电力电缆</td><td rowspan="2">敷设在竖井、水下及具有落差条件下的土壤中，电缆能承受机械外力作用相当的拉力</td></tr>
<tr><td>YJV_{33}</td><td>$YJLV_{33}$</td><td>交联聚乙烯绝缘细钢丝铠装聚乙烯护套电力电缆</td></tr>
<tr><td>YJV_{42}</td><td>$YJLV_{42}$</td><td>交联聚乙烯绝缘粗钢丝铠装聚氯乙烯护套电力电缆</td><td rowspan="2">适用于水中、海底，电缆能承受较大的正压力和拉力的作用</td></tr>
<tr><td>YJV_{43}</td><td>$YJLV_{43}$</td><td>交联聚乙烯绝缘粗钢丝铠装聚乙烯护套电力电缆</td></tr>
</table>

6.1.2 电力电缆的敷设方法

电缆敷设的方式很多，有直接埋地敷设、电缆沟敷设、电缆隧道敷设、排管敷设、室内外支架明敷及桥架敷设等。

1. 电缆敷设

(1)敷设原则。

1)同一路径少于6根的35 kV及以下电力电缆，在不易有经常性开挖的地段及城镇道路边缘宜采用直埋敷设。

2)在有爆炸危险场所明敷的电缆、露出地坪上需加以保护的电缆及地下电缆与公路、铁路交叉时，应采用穿管敷设；地下电缆通过房屋、广场及规划将作为道路的地段，宜采用穿管敷设。

3)在厂区、建筑物内地下电缆数量较多但不需采用隧道时，城镇人行道开挖不便且电缆需分期敷设时，同时又不属于有化学腐蚀液体或高温熔体金属溢流的场所，或在载重车辆频繁经过的地段，或经常有工业水溢流、可燃粉尘弥漫的厂房内等情况下，宜用电缆沟。

4)同一通道的地下电缆数量众多，电缆沟不足以容纳时应采用隧道；同一通道的地下电缆数量众多，且位于有腐蚀性液体或经常有地面水流溢的场所，或含有35 kV以上高压电缆，或穿越公路、铁道等地段，宜用隧道。

5)垂直走向的电缆，宜沿墙、柱敷设，当数量较多，或含有35 kV以上高压电缆时，应采用竖井。

6)在地下水水位较高的地方、化学腐蚀液体溢流的场所，厂房内应采用支持式架空敷设；建筑物内或厂区不适于地下敷设时，可用架空敷设。

(2)工艺流程。电缆敷设工艺流程如图6.4所示。

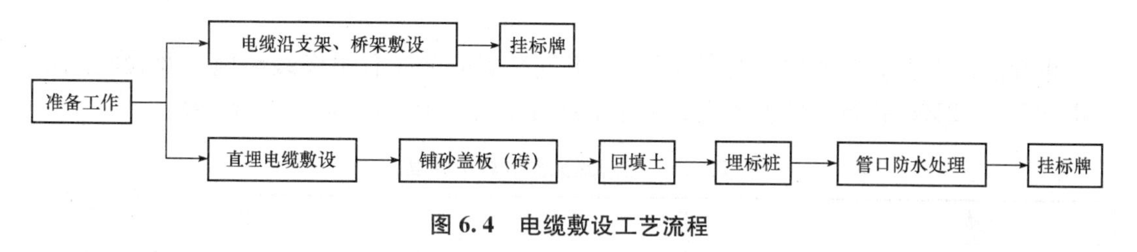

图6.4 电缆敷设工艺流程

(3)操作方法。

1)准备工作。施工前检查所敷设电缆的规格、型号、截面等是否符合设计要求，外观应无明显损伤。敷设前需进行绝缘摇测或耐压试验。

2)电缆的搬运及支架架设。

①电缆短距离搬运，一般采用滚动电缆轴的方法，应按电缆轴上箭头指示方向或按电缆缠绕方向滚动。

②电缆支架的架设地点一般应在电缆起止点附近为宜；在一个敷设区段内应选择地势高的一端作为敷设的起始点；架设时，应注意电缆轴的转动方向，电缆引出端应在电缆轴的上方，如图6.5所示。

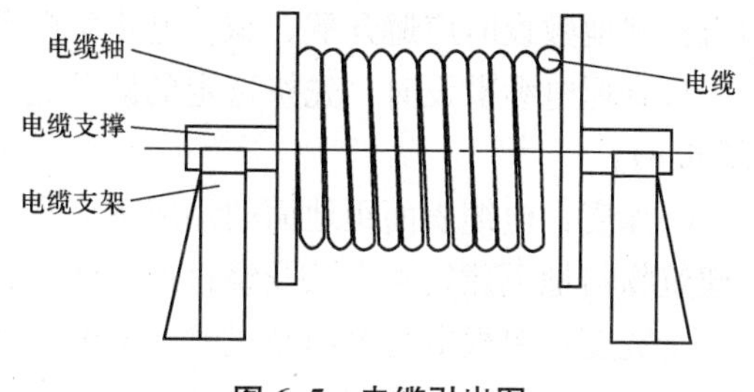

图6.5 电缆引出图

3)电缆敷设方法。电缆敷设方法分为人工敷设和机械牵引敷设；按方向可分为水平敷设和垂直敷设。

①人工敷设：对于线路长、截面大的电缆，优先采用机械牵引敷设，但现场条件不具

备机械牵引时，宜采用人工敷设。人工敷设时，根据路径长短，组织劳力沿电缆沟支架或电缆桥架敷设。敷设路径较长时，应将电缆放在滚轮上，牵引电缆向前移动，如图 6.6 所示。

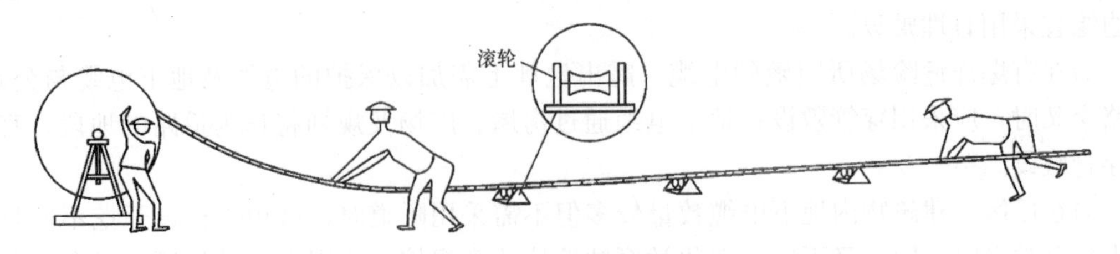

图 6.6 电缆用滚轮敷设图

②机械牵引敷设：使用机械牵引时，首先在电缆沟旁或沟底每隔 2～2.5 m 处放好滚轮，将电缆放在滚轮上，使电缆牵引时不与支架或地面摩擦，如图 6.7 所示。

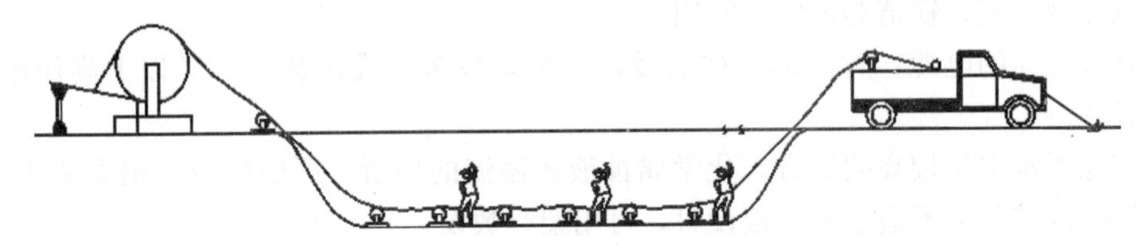

图 6.7 机械牵引电缆敷设图

电缆的最大索引强度按现行国家标准《电气装置安装工程电缆线路施工及验收规范》(GB 50168—2006)执行，见表 6.5[最大牵引速度不超过 15 m/min(0.25 m/s)]。

表 6.5 电缆最大允许牵引强度

牵引方式	牵引头		钢丝网套		
受力部位	铜芯	铝芯	铅套	铝套	塑料护套
允许牵引强度/($N\cdot mm^{-2}$)	70	40	10	40	7

2. 常用电缆敷设方式

(1)直接埋地敷设。直接埋地敷设，是电缆敷设中最广泛的一种。电缆直埋是指沿已确定的电缆线路挖掘沟道，将电缆埋设在挖好的地下沟道内。因电缆直接埋设在地下不需要其他设施，故施工简单，成本低，电缆的散热性能好，因此，只要条件允许，都采用直埋，但直接埋地敷设时应避开酸、碱、电化学严重的地段。

1)直埋电缆敷设时，先按选定的路线挖电缆沟。电缆沟的深度及宽度应符合下列要求(图 6.8)：

①深度：电缆表面距地面的距离不应小于 0.7 m，穿过农田时不应小于 1 m。只有在引入建筑物与地下建筑物交叉及绕过地下建筑物时，可以埋得浅一些，但应采取保护措施。

②宽度：单根电力电缆敷设时，电缆沟底宽为 350 mm；每增加 1 根电力电缆，底宽增加 150 mm。顶宽一般为底宽加 200 mm，也可参照放坡系数。

③电缆与铁路、公路、城市道路、厂区道路埋设交叉时，应敷设在坚固的保护管内，保护管离障碍物的净距不小于 1 m，管的两端伸出道路基边 2 m，伸出排水沟 0.5 m。电缆

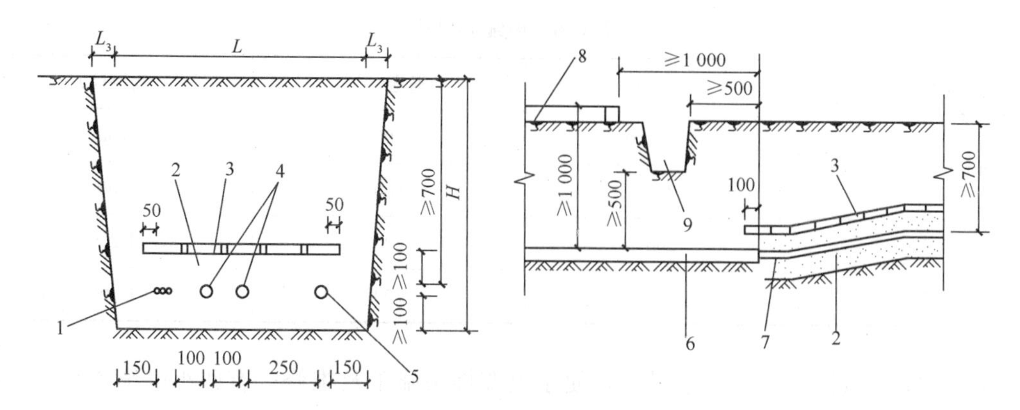

图 6.8　直埋电缆敷设

1—控制电缆；2—砂或软土；3—保护板；4—10 kV 及以下电力电缆；
5—35 kV 及以下电力电缆；6—保护管；7—电缆；8—公路；9—排水沟

从地下或电缆沟引出地面时，地面上 2 m 的一段应用保护管加以保护，其根部应伸入地面下 0.1 m。

2)铺平夯实电缆沟后，先铺一层厚度为 100 mm 的细砂或软土，作为电缆的垫层，软土或沙子中不应有石块或其他硬质杂物。

3)电缆敷设。电缆敷设可采用人工加滚轮敷设，有条件时也可采用机械敷设。施放电缆时，边施放边检查电缆是否有损伤。放电缆的长度不能控制得太紧，电缆在沟内敷设时应有适量蛇形弯，电缆的两端、中间接头、电缆井内、垂直位差处均应留有适当的余度。

4)敷设完电缆，经由建设单位、监理工程师及施工单位共同进行隐蔽验收后，则在电缆上铺盖厚度为 100 mm 的细砂或软土，然后用电缆盖板(砖)将电缆盖好，覆盖宽度应超过电缆两侧各 50 mm，直埋电缆敷设尺寸如图 6.8 所示。

5)铺砂盖砖后，再作一次隐蔽工程验收，合格后及时进行回填土并分层夯实，覆土应高出地面 150～200 mm，以备松土沉陷。

6)埋设标志桩。电缆在直线段每隔 50～100 m 处、拐弯处、接头处、交叉和进出建筑物等地段应设置明显的方位标志或标志桩，标志桩露出地面以上 150 mm 为宜，并且标有“下有电缆”字样，以便电缆检修时查找和防止外来机械损伤。

7)管口防水处理。直埋电缆进出建筑物、过墙套管管口应做严格的防水处理。

8)挂标牌。在电缆的首端、末端和电缆接头、拐弯处的两端及人孔、井内等处应装设标志牌，避免交叉和混乱现象，施放完一根电缆应随即把电缆的标志牌挂好。标志牌上应注明线路编号，当无编号时应写明电缆型号、规格及起止地点。标志牌规格应统一，应做防腐处理，字迹应清晰且不易脱落。

(2)电缆沟敷设。同一路径敷设电缆较多，而且按规划沿此路径的电缆线路有增加时，为施工及今后使用、维护的方便，宜采用电缆沟敷设或电缆隧道敷设(电缆隧道可以说是尺寸较大的电缆沟)。

1)电缆沟。电缆沟分为沟底、沟壁和沟盖。沟底一般是现浇混凝土，沟壁是用砖砌或用混凝土浇灌而成的，沟顶部用钢筋混凝土盖板(通常为预制)，电缆沟尺寸见表 6.6。

表 6.6　电缆沟尺寸　mm

沟宽(L)	层架(a)	通道(A)	沟深(h)
1 000	200/300	500	700
1 000	200	600	900
1 200	300	600	1 100
1 200	200/300	700	1 300

电缆沟和电缆隧道内要设电缆井，便于电缆接头施工及维修。有些小电缆沟就在地面下，沟底距离地面 500 mm，电缆直接摆放在沟底，维修时可以不下到电缆井内进行操作，只要把手伸入电缆井中，这种井叫作手孔井。

电缆沟应采取防水措施，其底部应做成坡度不小于 0.5%的排水沟，积水可直接排入排水管道或经集水坑用泵排出。电缆沟应设置有防火隔离措施，在进、出建筑物处一般设有隔水墙。

2)电缆沟内电缆支架的制安。

①支架安装工艺流程。电缆沟内电缆支架工艺流程如图 6.9 所示。

材料检查 → 电缆支架加工 → 电缆支架安装 → 接地线安装 → 检查和验收

图 6.9　电缆沟内电缆支架工艺流程

②支架加工。电缆敷设在电缆沟内应使用支架固定。支架的制作由工程设计决定，通常采用角钢支架，支架需进行防腐处理。

电缆支架的层间允许最小距离，当设计无要求时，可采用表 6.7 的规定。但层间净距不应小于两倍电缆外径加 10 mm，35 kV 及以上高压电缆不应小于 2 倍电缆外径加 50 mm。

表 6.7　电缆支架的层间允许最小距离值　mm

电缆类型和敷设特征		支(吊)架	桥架
控制电缆		120	200
电力电缆	10 kV 及以下(除 6～10 kV 交联聚乙烯绝缘外)	150～200	250
	6～10 kV 交联聚乙烯绝缘	200～250	300
	35 kV 单芯	—	—
	35 kV 多芯	300	350
	110 kV 及以上，每层 1 根	250	300
电缆敷设在盒槽内		$h+80$	$h+80$

③支架安装。电缆支架应安装牢固，横平竖直。各支架的同层横档应在同一水平面上，高低偏差不应大于 5 mm。

电缆支架安装时，当设计无要求时，电缆支架最上层至沟顶的距离为 150～200 mm；电缆支架最下层至沟底、地面的距离为 50～100 mm，见表 6.8，如图 6.10 所示。

表 6.8　电缆支架最上层及最下层至沟顶、楼板或沟底、地面的距离　mm

敷设方式	电缆隧道及夹层	电缆沟	吊架	桥架
最上层及最下层至沟顶、楼板	300～350	150～200	150～200	350～450
最下层至沟底、地面	100～150	50～100	—	100～150

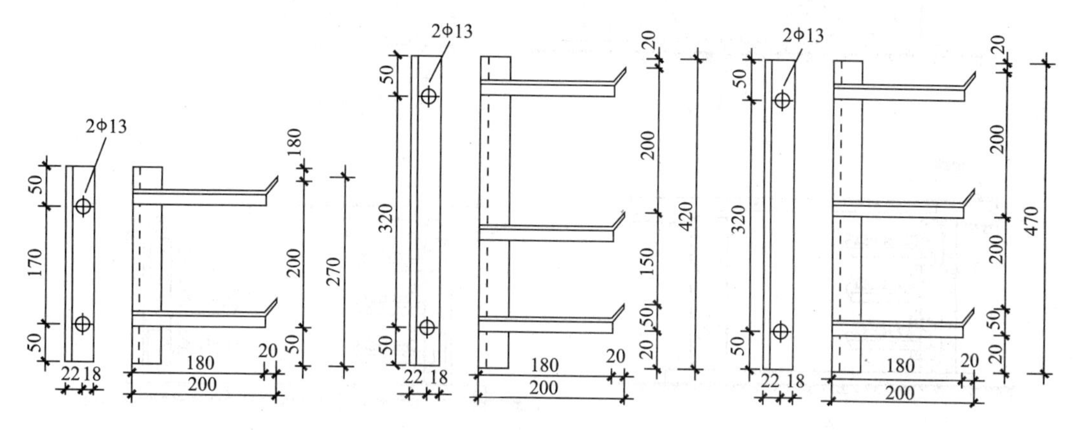

图 6.10　角钢支架安装最上层及最下层至沟顶、楼板或沟底、地面的距离

电缆支架安装在沟壁，由工程设计决定其固定方式，需与土建施工密切配合，根据现场的实际情况进行安装。支架安装有 4 种类型，如图 6.11 所示。其中，图 6.11(d)所示为支架承重较重、电缆数量较多。电缆支架的上、下底板与立柱为散件到货，需在安装过程中进行焊接。电缆支架的固定一般有地脚螺栓固定、膨胀螺栓固定、焊接固定和预埋扁钢焊接等几种形式。

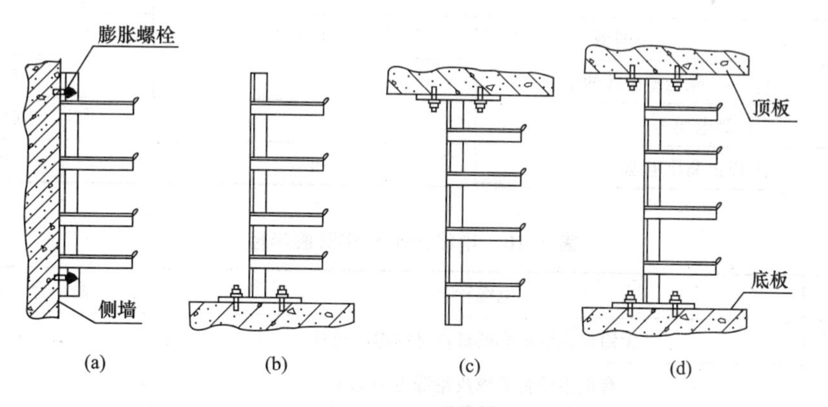

图 6.11　支架类型

④接地线。为避免电缆产生故障时危及人身安全，电缆支架全长均应有良好的接地。电缆线路较长时，还应根据设计进行多点接地。接地线宜使用直径不小于 12 mm 的镀锌圆钢或— 25×4 的扁钢在电缆敷设前与支架的立柱内或外侧进行焊接。当电缆支架利用沟的护边角钢做接地线时，不需要再设专用接地线。

3)电缆敷设。电缆均挂在支架上，如图 6.12 所示，敷设时要求排列整齐，固定可靠(当设计无要求时，电缆支持点间距应符合表 6.9)，尽量避免交叉，若是敷设多根电缆时，应根据现场实际情况，事先绘出电缆的排列图表，以尽量减少电缆交叉。拐弯处半径以最大截面电缆允许弯曲半径为准，转弯处的最小允许弯曲半径见表6.10。

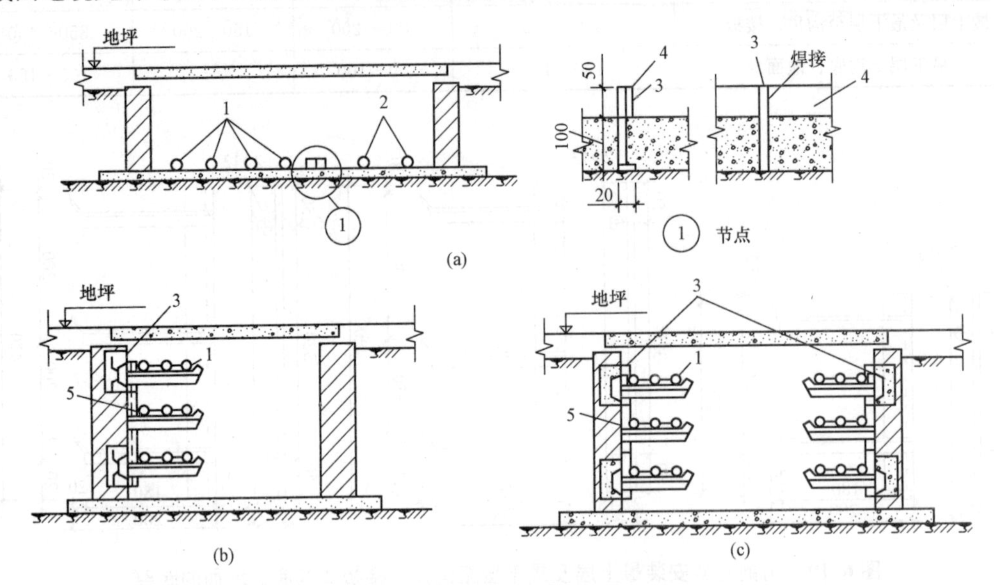

图6.12 电缆在电缆沟敷设示意图

(a)无支架；(b)单侧支架；(c)双侧支架

1—电力电缆；2—控制电缆；3—接地线；4—接地线支持件；5—支架

表6.9 电缆支架的允许跨距 m

电缆种类		敷设方式	
		水平	垂直
电力电缆	全塑型	400	1 000
	除全塑型外的电缆	800	1 500
控制电缆		800	1 000
35 kV以上高压电缆		1 500	3 000

表6.10 电缆最小允许弯曲半径

序号	电缆种类	最小允许弯曲半径
1	无铅包钢铠护套的橡皮绝缘电力电缆	$10D$
2	有钢铠护套的橡皮绝缘电力电缆	$20D$
3	聚氯乙烯绝缘电力电缆	$10D$
4	交联聚乙烯绝缘电力电缆	$15D$
5	多芯控制电缆	$10D$

电缆水平敷设时，需注意在带电区域内敷设电缆时，应制定有针对性的安全措施；不同电压等级的电缆应分层敷设，高压电缆应敷设在最上层；同电压等级的电缆沿支架敷设时，水平净距不得小于35 mm；并列敷设的电缆，其接头位置应相互错开。垂直敷设时，宜自上而下敷设。

电缆在超过40°倾斜敷设时，应在每个支架上进行固定。水平敷设的电缆，在电缆的首末两端及转弯、电缆接头的两端应加以固定。当对电缆的间距有要求时，应该每隔5～10 m处进行固定。

电缆敷设经检验完毕后，应及时清除杂物，盖好盖板。必要时，还应将盖板缝隙处密封。对电缆沟(道)内敷设的电缆应做好隐蔽工程记录。

(3)电缆隧道敷设。电缆隧道敷设和电缆沟敷设基本相同，只是电缆隧道所容纳的电缆根数更多(一般在18根以上)，电缆隧道净高不应低于1.9 m，其底部处理与电缆沟底部相同，做成坡度不小于0.5%的排水沟，四壁应做严格的防水处理。

(4)电缆排管敷设。电缆排管敷设是指按照一定的孔数和排列预制好的水泥管块，再用水泥砂浆浇筑成一个整体，然后将电缆穿入管内，如图6.13所示。电缆数量不多，但道路交叉多，路径拥挤时，可采用电缆排管敷设。电缆排管还可以采用钢管、硬质塑料管、石棉水泥管等。

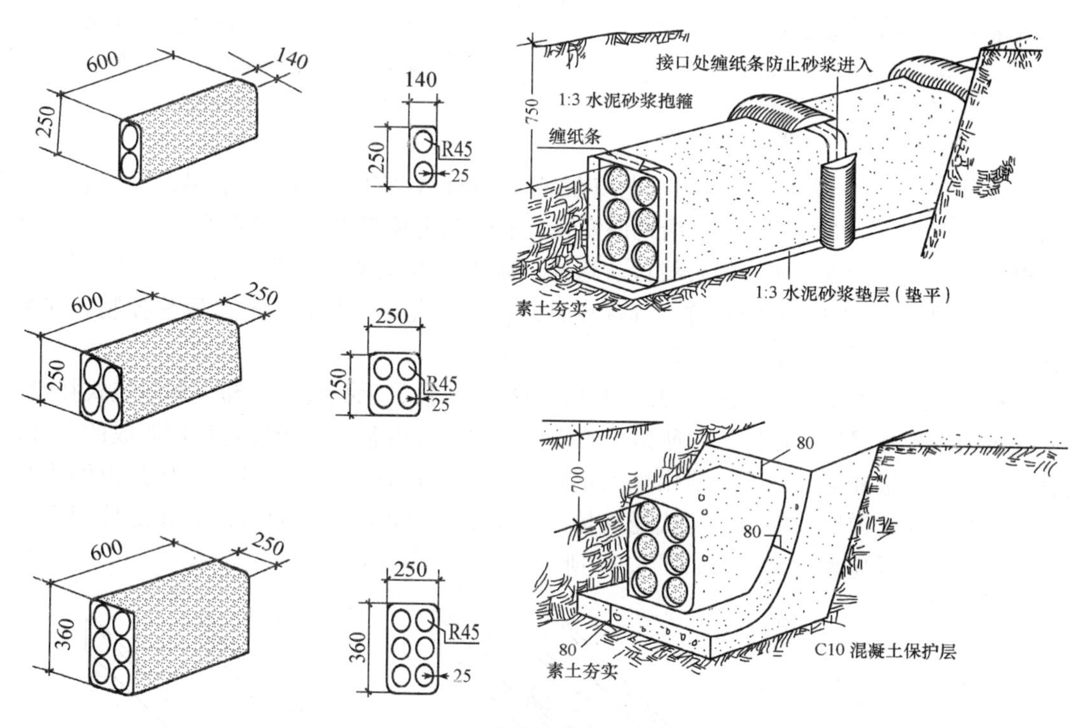

图6.13 电缆排管敷设示意图

(5)电缆室内外支架明敷。电缆室内外支架明敷是直接敷设在构架上，可以像在电缆沟中一样，使用支架，也可以使用钢索悬挂或用挂钩悬挂，分别如图6.14～图6.16所示。

电缆垂直敷设时若是自下而上敷设，低层小截面电缆可用滑轮人力牵引，高层、大截面电缆宜用机械牵引敷设。在拐弯处敷设电缆时，需用定滑轮，以防拐角损伤电缆。

室内电缆敷设穿过楼板时，应安装套管，敷

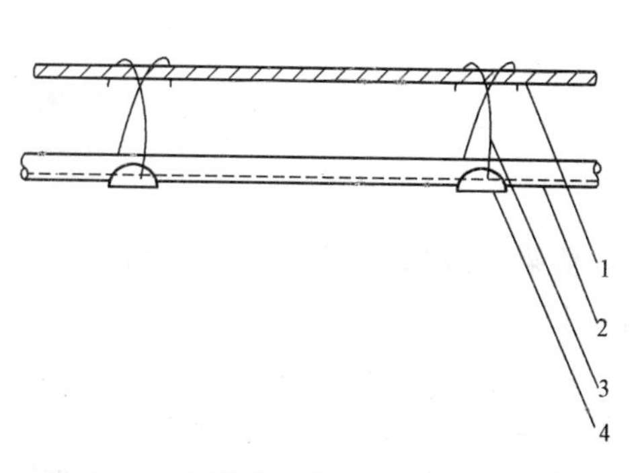

图6.14 电缆在钢索上悬挂敷设示意图

1—钢索；2—电缆；3—钢索挂钩；4—铁托片

设完后应将套管用防火材料(耐火泥、石棉绳等)封堵严密；如在线槽内敷设，电缆间缝隙也应用防火材料封堵严密。

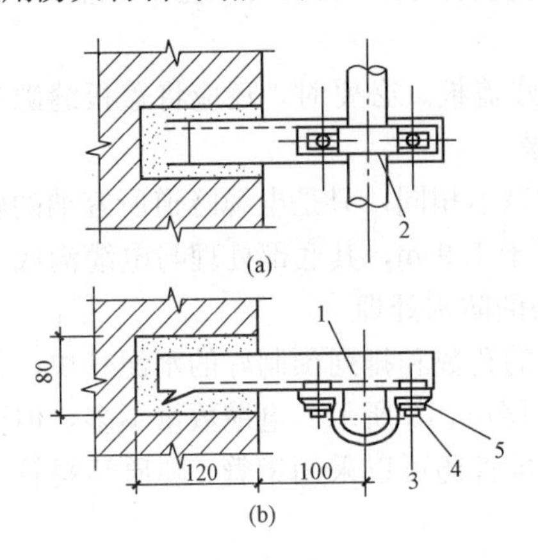

图 6.15　电缆在角钢支架上敷设示意图

(a)垂直敷设；(b)水平敷设

1—角钢支架；2—夹头(卡子)；

3—六角螺栓；4—六角螺母；5—垫圈

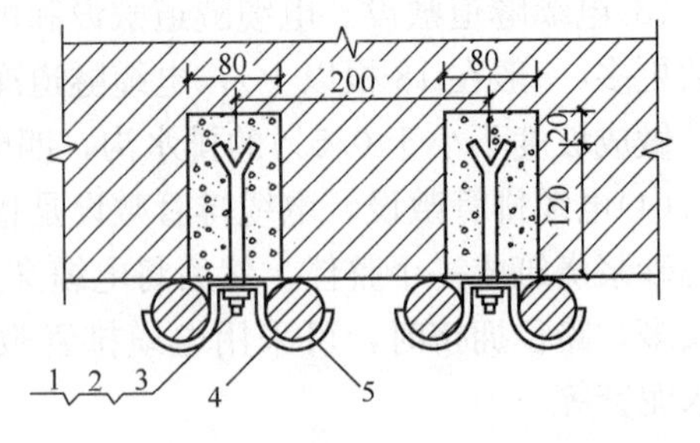

图 6.16　电缆在挂钩上悬挂敷设示意图

1—地角螺栓；2—六角螺母；3—垫圈；

4—电缆；5—夹头(卡子)

(6)桥架敷设。电缆桥架主要用于电缆在室内的敷设，它的安装主要有沿顶板安装、沿墙水平和垂直安装、沿竖井安装、沿地面安装、沿电缆沟及管道支架安装等。

电缆桥架是由托盘、梯架的直线段、弯通、附件以及支架、吊架等构成，用以支承电缆的连续性的刚性结构系统的总称。其优点是制作工厂化、系列化，质量容易控制，安装方便，安装后的电缆桥架整齐美观。

1)桥架的结构类型。桥架的结构类型可分为有孔托盘、无孔托盘、梯架和组装式托盘。有孔托盘是由带孔眼的底板和侧边所构成的槽形部件，或由整块钢板冲孔后弯制成的部件；无孔托盘是由底板和侧边构成的或由整块钢板冲孔后弯制成的槽形部件；梯架是由侧边与若干个横档构成的梯形部件；组装式托盘是由适用于工程现场任意组合的有孔部件用螺栓或插接方式连接成托盘的部件，如图 6.17 所示。

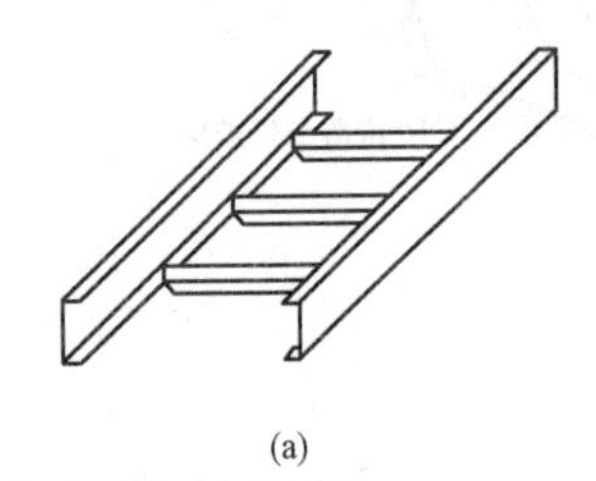

(a)

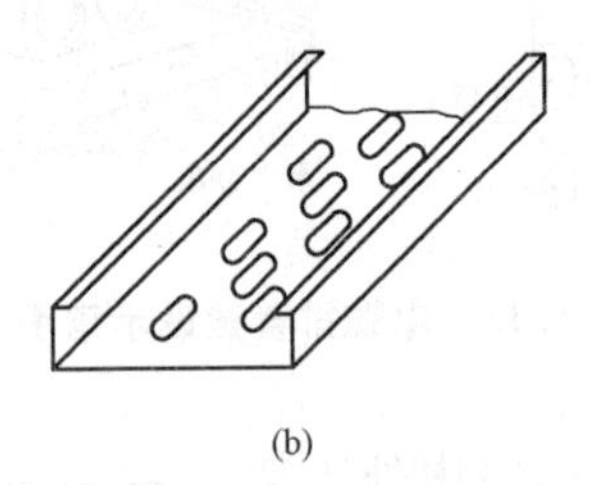

(b)

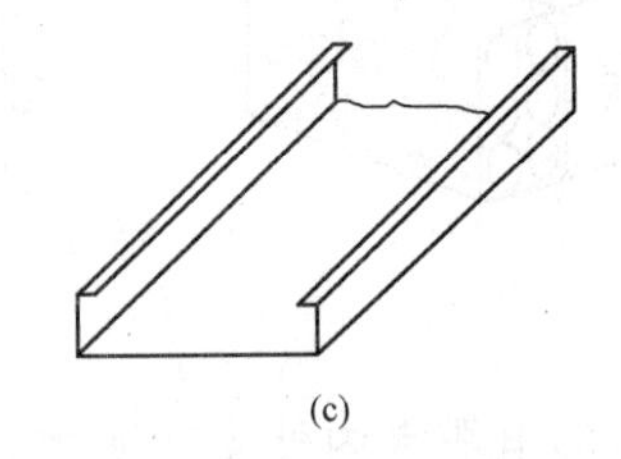

(c)

图 6.17　电缆桥架

(a)梯阶式；(b)盘式；(c)槽式

桥架一般由直线段和弯通组成，用桥架附件将直线段、弯通等连接构成整体，如图 6.18 所示。

目前，电缆桥架行业仍无统一归口机构，产品型号命名由各生产厂家自定，产品结构形式呈多样化，技术数据、外形尺寸、标准符号字样也不一致，设计、施工中选用时应注意。

2)工艺流程。桥架敷设工艺流程如图 6.19 所示。

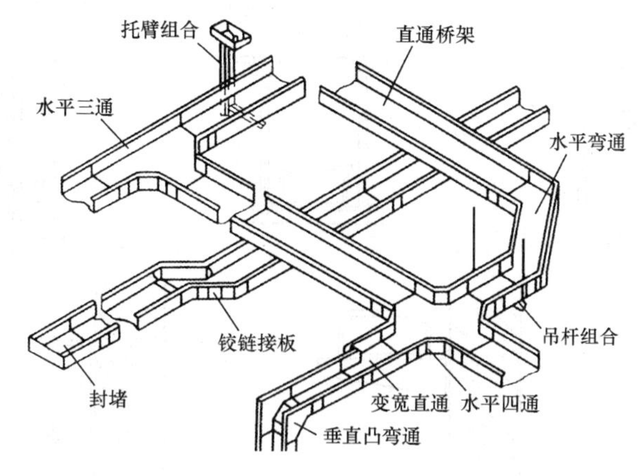

图 6.18　托盘式电缆桥架空间布置示意图

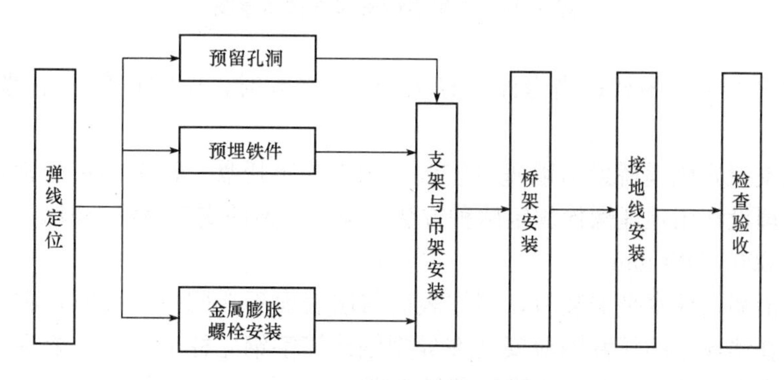

图 6.19　桥架敷设工艺流程

3)操作方法。

①弹线定位：根据施工图纸确定桥架的安装位置和标高，以土建结构轴线为基准，确定每一直线段的始端和终端吊架或预埋铁件的准确位置，在两点之间拉直线，然后根据施工规范的规定(当设计无要求时，电缆桥架水平安装的支架间距为 1.5～3 m，垂直安装的支架间距不大于 2 m)，分别在直线上确定每个吊架或预埋铁件的具体位置。

②预留孔洞：根据施工图标注的轴线部位，将预制加工好的木质或铁制框架，固定在标出的位置上，并进行调直找正。

③预埋铁件：将预埋铁件的平面放在钢筋网片下面，紧贴模板，采用绑扎或焊接的方法将锚固圆钢定在钢筋网上。模板拆除后，及时清理使预埋铁平面明露。

④金属膨胀螺栓安装：沿着弹性定位标出的固定点的位置，选择相应的金属膨胀螺栓及钻头，钻好孔洞后，将膨胀螺栓敲进洞内，埋好螺栓后，用螺母配上相应的垫圈将支架或吊架直接固定在金属膨胀螺栓上。金属膨胀螺栓安装适用于 C10 以上混凝土构件及实心砖墙，不适用于空心砖墙。

⑤支架与吊架安装如图 6.20 所示。电缆桥架主要靠支架、吊架做固定支撑。在决定支、吊形式和支撑距离时，应符合设计的规定，当设计无明确规定时，也可按照生产厂家提供的产品特性数据确定。

电缆桥架水平敷设时，支撑跨距一般为 1.5～3 m；垂直敷设时，固定点间距不宜大于 2 m。当桥架弯通弯曲半径不大于 300 mm 时，应在距弯曲段与直线段结合处 300～600 mm 的

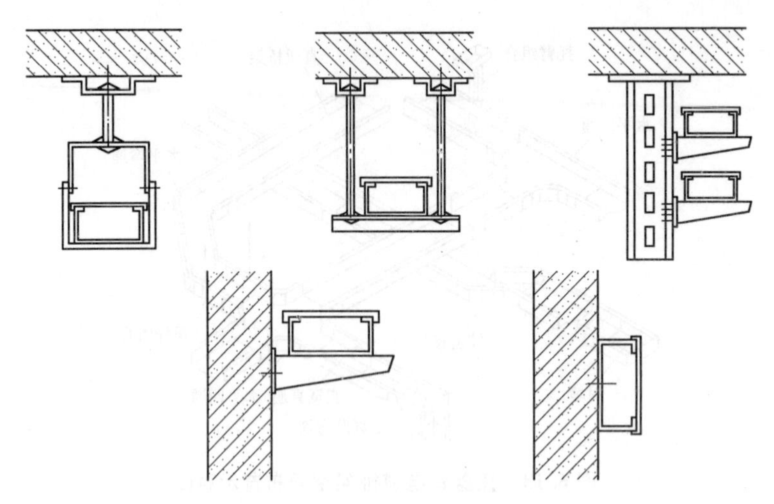

图 6.20　电缆桥架安装方式示意图

直线段侧设置一个支、吊架；当弯曲半径大于 300 mm 时，还应在弯通中部增设一个支、吊架。

U 形角钢支架是电缆桥架沿墙垂直安装，用以固定托盘、梯架的一种常用支架。其安装方式有直接埋设和用预埋螺栓固定两种方法。单层桥架的支架埋深一般为 150 mm，多层支架的埋深为 200～300 mm。

电缆桥架沿墙、柱水平安装时，当柱表面与墙表面不在同一平面时，在柱上可以直接安装托臂，而在墙体上的托臂则应安装在异型钢或工字钢立柱上，立柱要焊接在梯形角钢支架上，支架在墙、柱上安装需用膨胀螺栓固定。

桥架水平敷设也常采用圆钢吊架。圆钢吊杆直径与吊杆长度应视工程设计或实际需要而定。圆钢吊架可以是单杆吊架，也可以是双杆吊架。

支架、吊架应安装牢固，保证横平竖直，在有坡度的建筑物上安装支、吊架时，应与建筑物有相同的坡度。

⑥桥架安装。

a. 直线段电缆桥架安装时，桥架应采用专用的连接板进行连接，在电缆桥架的外侧用螺母固定，连接处缝隙应平齐，并加平垫、弹簧垫。

b. 电缆桥架在十字交叉、丁字交叉连接时，应采用水平四通、水平三通、垂直三通、垂直四通进行变通连接，并在连接处的两端增加吊架或支架进行加固处理。

c. 电缆桥架在转弯处应采用相应的弯通进行连接，并增加吊架或支架进行加固处理。

d. 电缆桥架敷设在易燃易爆气体管道和热力管道的下方。当设计无要求时，电缆桥架与管道的最小净距应符合表 6.11 的规定。

表 6.11　电缆桥架与管道的最小净距　　m

管道类别		平行净距	交叉净距
一般工艺管道		0.4	0.3
易燃易爆气体管道		0.5	0.5
热力管道	有保温层	0.5	0.3
	无保温层	1.0	0.5

e. 敷设在竖井内和穿越不同防火分区的桥架，按设计要求位置，有防火隔堵措施，如图 6.21 所示。

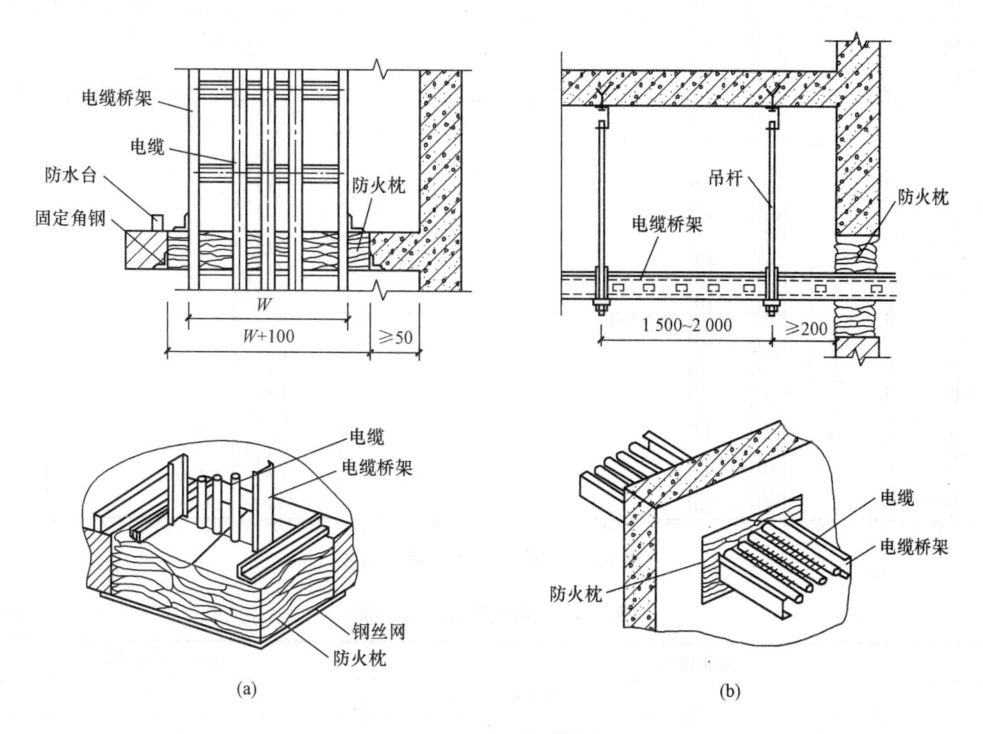

图 6.21　电缆桥架穿楼板、穿墙时防火封堵方法

(a)电缆桥架穿楼板时防火封堵方法；(b)电缆桥架穿墙时防火封堵方法

⑦接地线安装。为使钢制电缆桥架系统有良好的接地性能，整个系统必须具有可靠的电气连接。在吊架、支架下部，用扁钢或圆钢将吊架、支架焊接成一体，并与接地干线相连接。

在接地孔处，应将丝扣、接触点和接触面上任何不导电涂层和类似的表面清理干净。

电缆桥架的伸缩缝或软连接处需采用编织铜软线连接；多层桥架时，应将每层桥架的端部用 16 mm^2 的软铜线并联连接起来，再与总接地干线相通。电缆桥架全长与接地干线连接不少于 2 处，长距离的电缆桥架每隔 30～50 m 接地一次。

⑧电缆沿桥架敷设，如图 6.22 所示。

电缆沿桥架敷设前，应防止电缆排列不整齐，避免严重交叉，应事先将电缆排列好，画出排列图表，按图表依次进行施工。

施放电缆时，对于单端固定的托臂可以在地面上设置滑轮施放，然后拿到托盘或桥架内；在双吊杆固定的托盘或桥架内敷设电缆时，应将电缆直接在托盘或桥架内安放滑轮进行施放，电缆不得直接在托盘或梯架内拖拉。

电缆在桥架内敷设时，应单层敷设，并且边敷设边整理和卡固；垂直敷设的电缆，应每隔 1.5～2 m 处固定，固定点的间距不大于表 6.12 的规定；水平敷设的电缆，在电缆的首尾两端、转弯处两侧及每隔 5～10 m 处进行固定；大于 45°倾斜敷设的电缆，应每隔 2 m 设置固定点。固定方法可用尼龙卡带、绑线或电缆卡子。

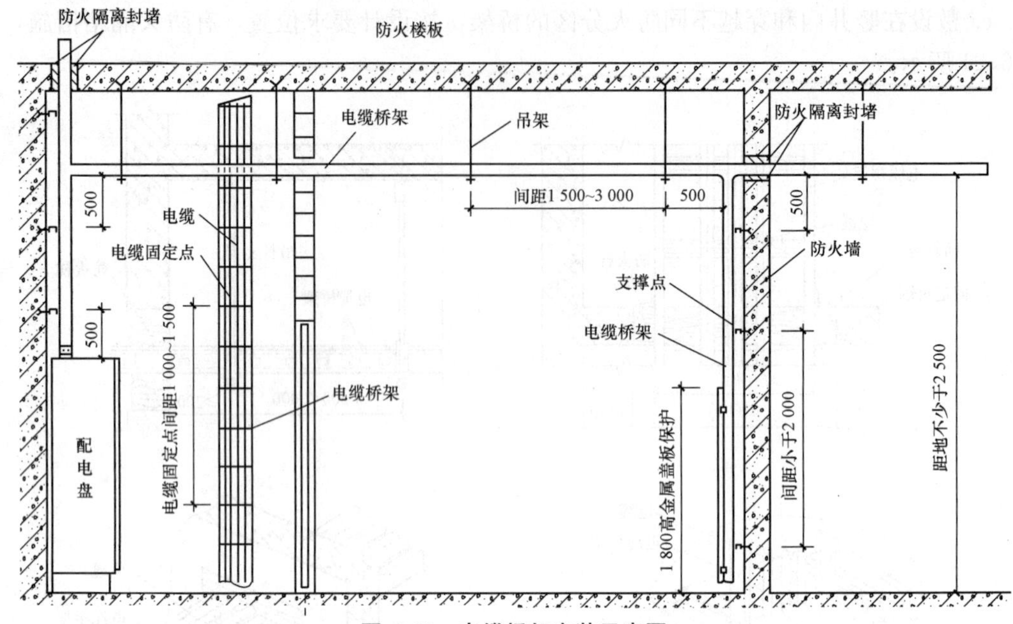

图 6.22　电缆桥架安装示意图

表 6.12　电缆固定点的间距

mm

电缆种类		固定点的间距
电力电缆	全塑型	1 000
	除全塑型外的电缆	1 500
控制电缆		1 000

在桥架内电力电缆的总截面(包括外护层)不应大于桥架横截面面积的 40%，控制电缆不应大于 50%。

为了保障线路运行的安全和避免相互间的干扰影响，下列不同电压、不同用途的电缆不宜敷设在同一层桥架内：

a. 1 kV 以上和 1 kV 以下的电缆。

b. 同一路径向同一级负荷供电的双路电源电缆。

c. 应急照明和其他照明电缆。

d. 强电和弱电电缆。

若受条件限制需要安装在同一层桥架内时，应用隔板隔开。

3. 竖井内配线

现代建筑高层及超高层较多，因为其层数多，低压供电距离长，供电负荷大，为了减少线路电压损失及电能损耗，干线截面都比较大，电气垂直供电线路因此一般不能暗敷在墙内，而是敷设在专用的电缆竖井里，并利用电缆竖井作为各层的配电小间，层配电箱均设在此处。

在竖井内配线有多种形式，但多是采用电缆桥架，竖井内电缆桥架安装如图 6.23 所示，电缆沿墙的垂直敷设如图 6.24 所示。

垂直供电干线和层配电箱在每一层都需进行分支连接，分支接头在施工现场是难以做到的，现一般采用预制分支电力电缆，它是在工厂一次预制成型，图 6.25 所示为预制电缆分支接头的外形图，包括主干电缆、连接件和分支电缆。预制分支电力电缆在竖井内的安装如图 6.26 所示。

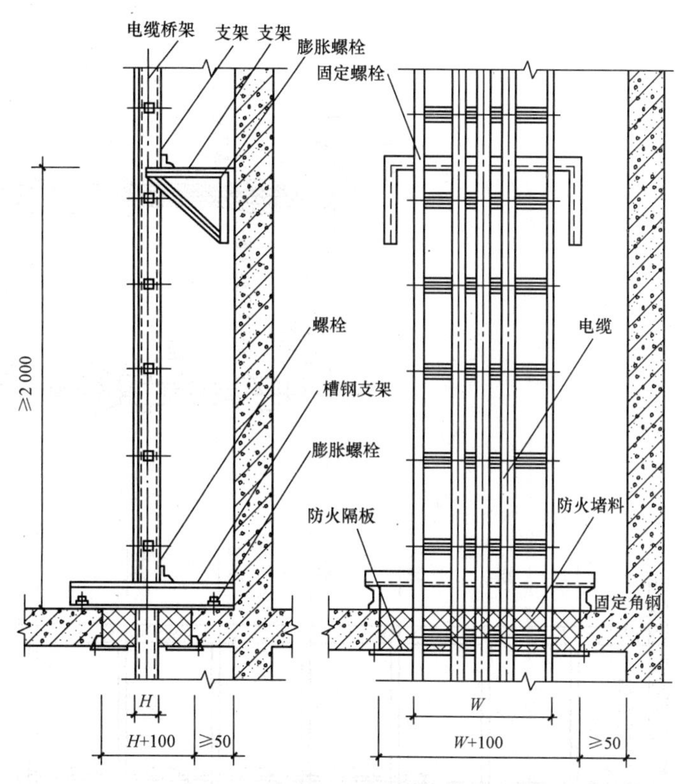

图 6.23　竖井内电缆桥架垂直安装方法

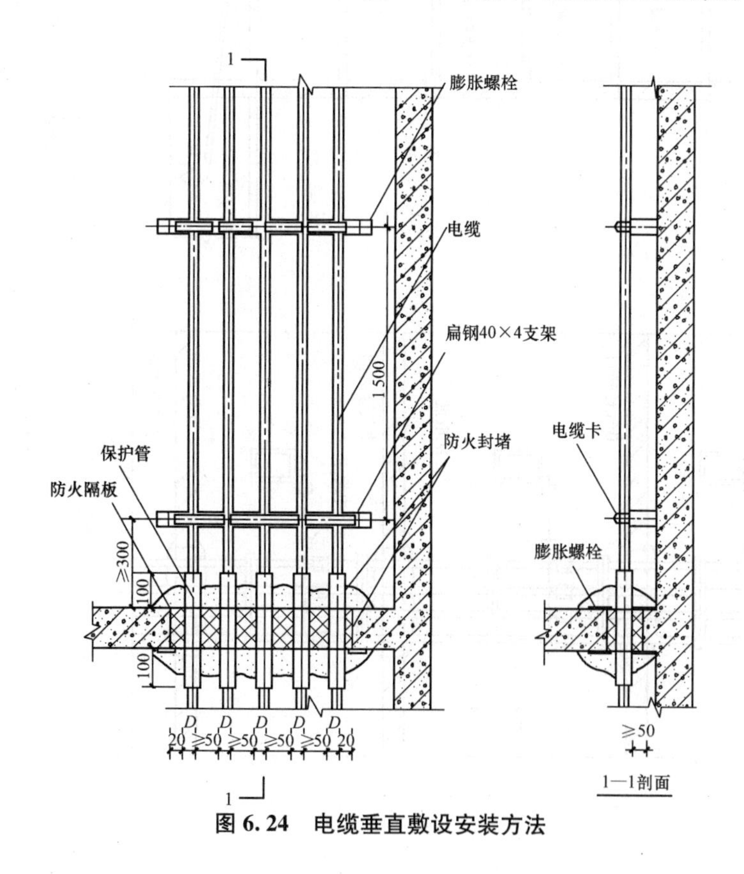

图 6.24　电缆垂直敷设安装方法

图 6.25　预制电缆分支接头外形图

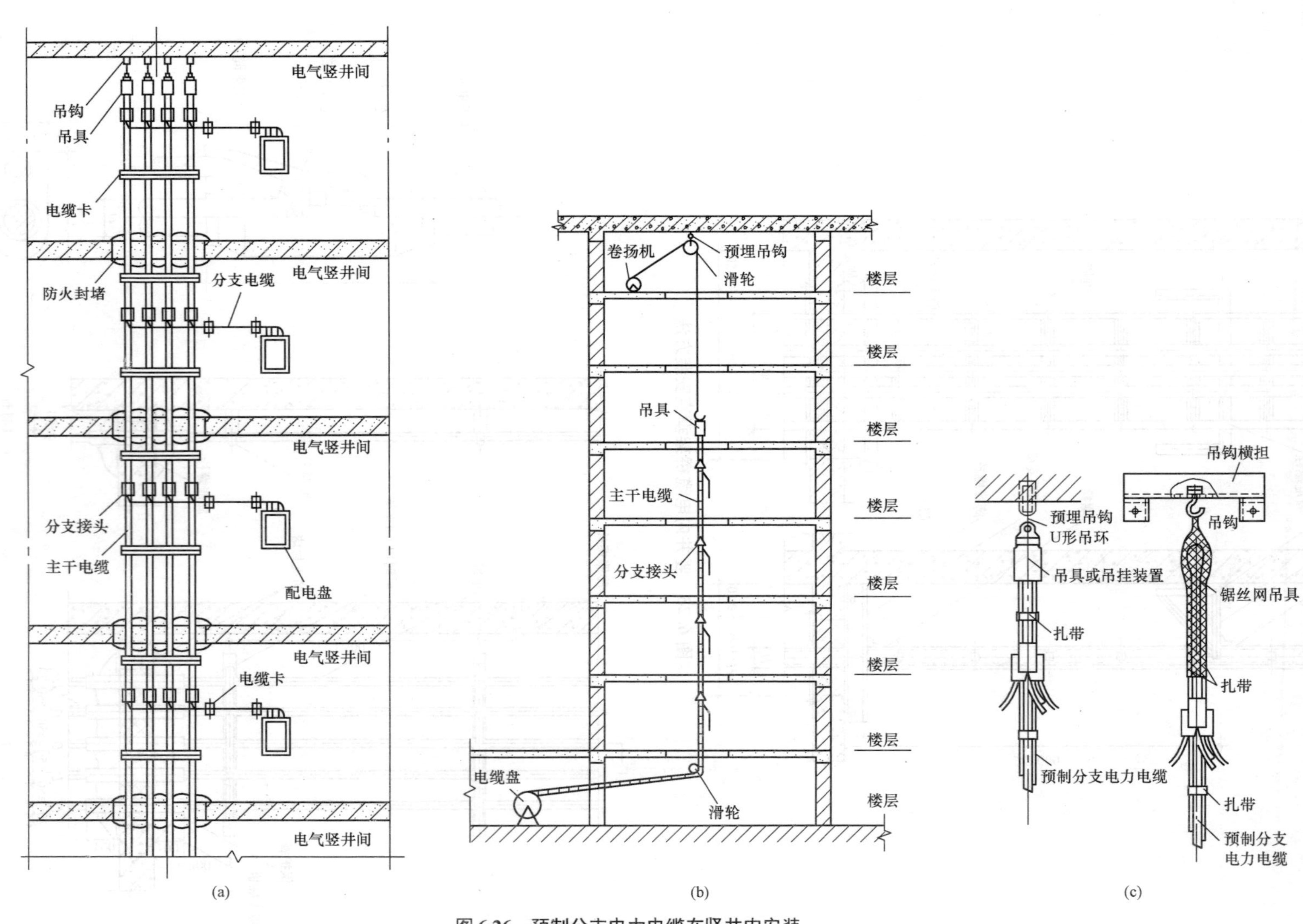

图 6.26　预制分支电力电缆在竖井内安装

（a）预制分支电力电缆安装方法示意图；（b）分支电缆吊装示意图；（c）分支电力电缆吊具安装方法

4. 电缆头

为了保证电缆的绝缘、机械强度及整体性，电缆敷设时要敷设电缆头。

(1)按电缆头位置可分为电缆中间头、电缆终端头、电缆分支头三种。

1)电缆中间头：用于电缆连接。

2)电缆终端头：用于电缆的起止点。

3)电缆分支头：用于电缆干线与直线连接时。

(2)常用电缆头。

1)交联聚乙烯绝缘电缆热缩终端头[10(6)kV 户内、户外]如图 6.27 所示。

2)交联聚乙烯绝缘电缆硅橡胶预制式终端头[10(6)kV 户内型]。

3)交联聚乙烯绝缘电缆热缩中间接头[10(6)kV]如图 6.28 所示。

4)交联聚乙烯绝缘电缆硅橡胶预制式中间接头[10(6)kV]。

5)低压热缩电缆终端头(0.6/1 kV 的室内聚氯乙烯绝缘、交联聚乙烯绝缘电力电缆终端头)如图 6.29 所示。

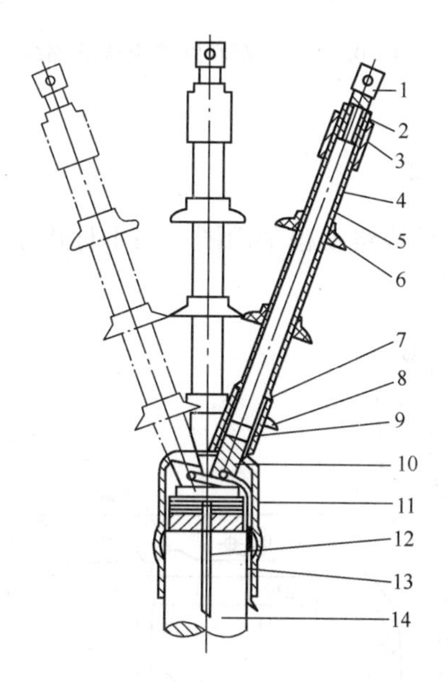

图 6.27　10 kV 交联聚乙烯绝缘电缆热缩终端头

1—接线端子；2—密封管；3—填充胶；4—主绝缘层；5—热缩绝缘管；6—单孔雨裙；7—应力管；8—三孔雨裙；9—外半导电层；10—铜屏蔽带；11—分支套；12—铠装地线；13—铜屏蔽地线；14—外护层

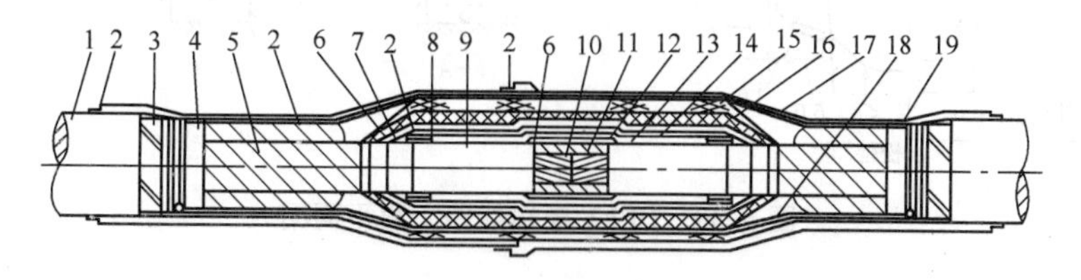

图 6.28　10 kV 交联聚乙烯绝缘电缆热缩中间接头

1—外护层；2—绝缘带；3—铠装；4—内衬层；5—铜屏蔽带；6—半导电体；7—外半导电层；8—应力带；9—主绝缘带；10—线芯导体；11—连接管；12—内半导管；13—内绝缘管；14—外绝缘管；15—外半导电管；16—铜网；17—铜屏蔽地线；18—铠装地线；19—外护套管

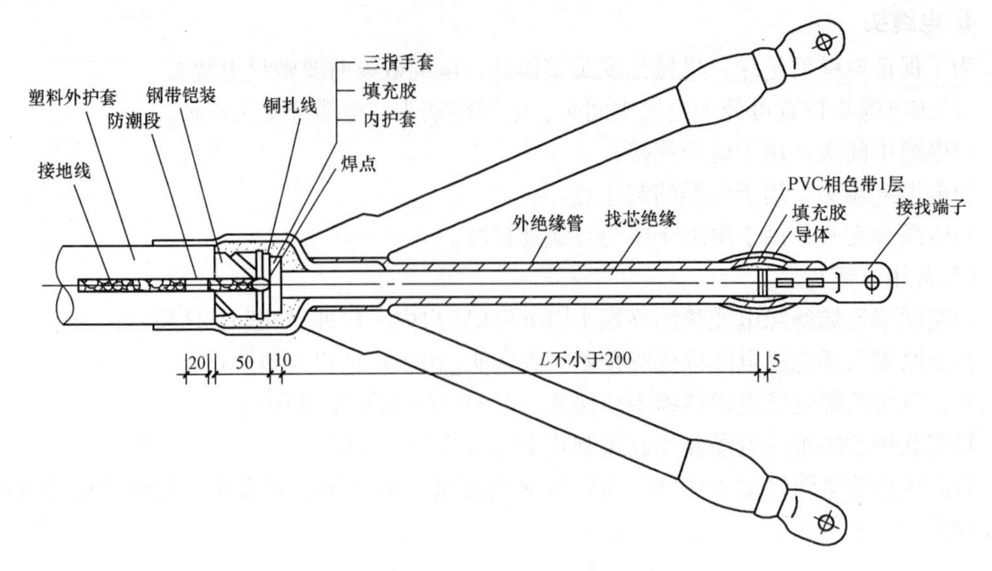

图 6.29　0.6/1 kV 塑料绝缘电缆热缩终端头

6.1.3　电力电缆图的识读

图 6.30 所示为 10 kV 电缆线路工程平面图。图中标出了电缆线路的走向、敷设方法、各段线路长度及局部处理方法。

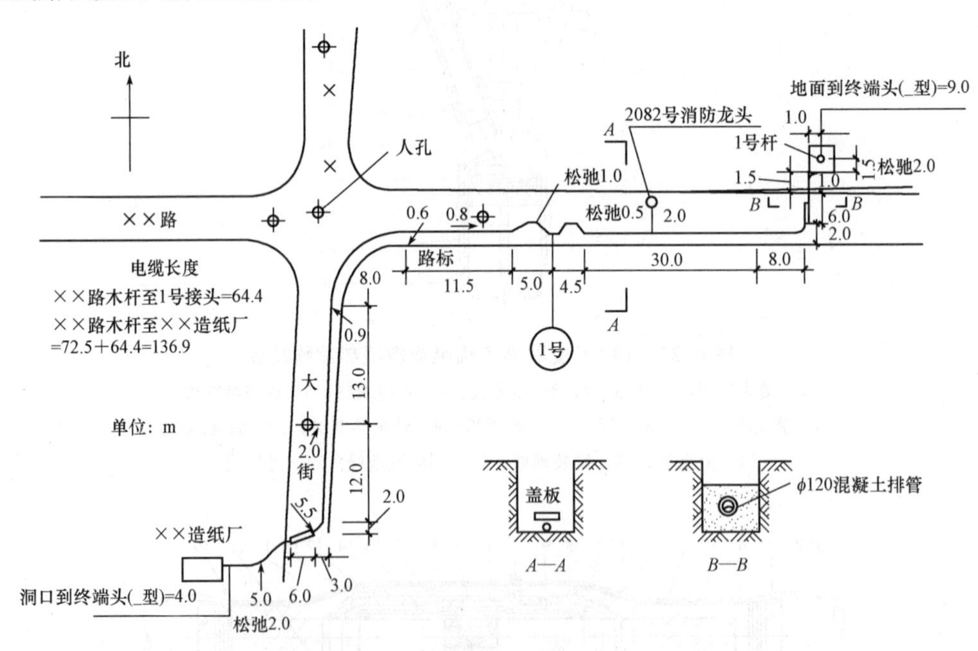

图 6.30　10 kV 电缆线路工程平面图

电缆采用直接埋地敷设，从××路东边末端北侧一号电杆引下，穿过道路向西沿××路南侧敷设，至××大街转向南，沿街东侧敷设，至造纸厂对面后穿保护管穿过大街至终点造纸厂。

剖面 $A-A$、$B-B$ 为电缆敷设断面图。剖面 $A-A$ 在××路上，是整条电缆埋地敷设的情况；剖面 $B-B$ 是电缆起点穿过道路加直径 120 mm 保护管的情况，每段管长度为 6 m，起点和终点都有。

电缆全长为 136.9 m，包含了电缆两端和电缆中间头处必须预留的松弛长度。

6.2 电缆工程计量计价

6.2.1 电缆工程计量计价规则

电缆应根据设计额定电压、工程性质和用途选用定额。10 kV 以下电力电缆及相应控制电缆安装，选用《重庆市安装工程计价定额》第二册定额，35 kV 及以上电力电缆安装，选用《重庆市安装工程计价定额》电力专业安装定额；自动化控制装置及仪表用电缆，选用《重庆市安装工程计价定额》第十册定额；通信及图像信息传送用光纤缆等，选用《重庆市安装工程计价定额》第十二、第十三册定额。在这里，主要介绍 10 kV 以下电力电缆。

电缆敷设方式有多种，列项时，除电缆敷设定额外，电缆沟，挂墙支架(桥架)、电缆保护管、挂电缆钢索等另列项计算。

1. 电缆敷设

(1)电缆敷设定额应用。10 kV 以下电力电缆无论采用什么方式敷设以铝芯和铜芯分类，是否竖直通道敷设，按电缆芯数根据线芯截面面积分档，以“m”计量。

温馨提醒：定额的“电缆敷设项目”是按各种敷设方式[如土沟内直埋，电缆沟内穿管、吊架，沿墙设挂架、桥架、竖井、线(隧)道等]综合取定的，按电缆最大芯截面面积使用相应子目。

(2)电缆工程量计算。

1)计算规则：10 kV 以下电力电缆和控制电缆，按单根“延长米”计量。其敷设总长度根据敷设路径的水平长度和垂直长度，再加上表 6.13 规定的附加长度而定。

温馨提醒：若实际未预留者不得计算工程量。

表 6.13 电缆敷设的附加长度

序号	项目	附加(预留)长度	说明
1	电缆敷设弛度、波形弯度、交叉	2.5%	按电缆全长计算
2	电缆进入建筑物	2.0 m	规范规定最小值
3	电缆进入沟内或吊架时引上(下)预留	1.5 m	规范规定最小值
4	变电所进线、出线	1.5 m	规范规定最小值
5	电力电缆终端头	1.5 m	检修余量最小值
6	电缆中间接头盒	两端各留 2.0 m	检修余量最小值
7	电缆进控制、保护屏及模拟盘等	宽＋高	按盘面尺寸
8	高压开关柜及低压动力盘、箱	2.0 m	盘下进出线
9	电缆进入电动机	0.5 m	从电机接线盒起算
10	厂用变压器	3.0 m	从地坪起算
11	电缆绕过梁柱等增加长度	按实计算	按被绕物的断面情况计算增加长度
12	电梯电缆与电缆架固定点	每处 0.5 m	规范规定最小值

如图 6.31 所示，电缆计算式如下：

$$L=(\text{水平长度}+\text{垂直长度}+\text{附加长度})\times(1+2.5\%)$$
$$=(L_1+L_2+L_3+L_4+L_5+L_6+L_7)\times(1+2.5\%)$$

2)计算要领：从电源起点沿线路算至终点。

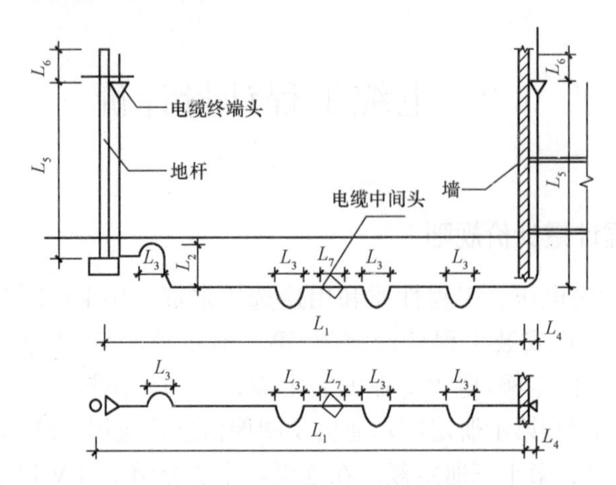

图 6.31　电缆从杆上引下埋地进入入户长度计算示意

2. 直埋

(1)土石方。

1)电缆沟土石方。

①电缆土石方定额应用。电缆沟挖填方执行 2008 年《重庆市建筑工程计价定额》或 2008 年《重庆市市政工程计价定额》。

②电缆土石方工程量计算。电缆埋设挖填土石方量：电缆沟有设计断面图时，按图计算土石方量；电缆沟无设计断面图时，按下式计算土石方量。

a. 两根电缆以内土石方量[图 6.32]：

$V=SL$

$S=(0.6+0.4)\times0.9/2=0.45(\text{m}^2)$

即每 1 m 沟长，$V=0.45\ \text{m}^3$。沟长按设计图计算。

b. 每增加一根电缆时，沟底宽增加 170 mm。也即每米沟长增加 $0.153\ \text{m}^3$ 土石方量。

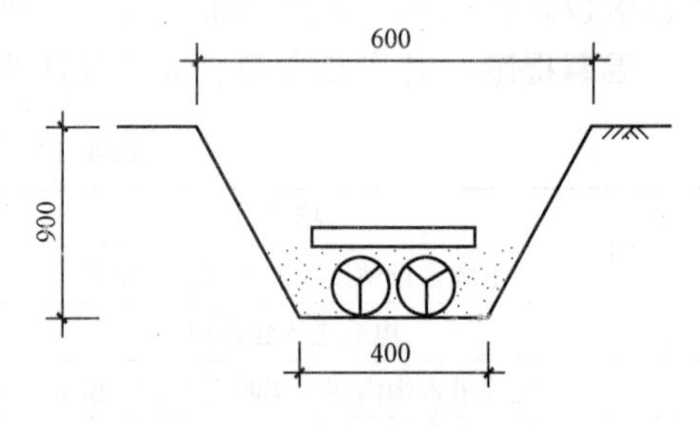

图 6.32　直埋电缆沟尺寸

2)保护管沟、手孔、人孔、井道、沟道、隧道等土石方，按设计断面图示尺寸计算，保护管无施工图的，一般按沟深 0.9 m、沟宽按最外边的保护管两侧边缘外各增加 0.3 m 工作面计算。

(2)电缆直埋沟内铺砂盖砖工程量。

1)电缆沟铺砂盖砖工程量以沟长度以“m”计量。以 1～2 根电缆为准，每增一根另立项再套定额计算。

2)电缆不盖砖而盖钢筋混凝土保护板时，或埋电缆标志桩时，运输以“t/km”计量，用《重庆市安装工程计价定额》第二册相应定额，其钢筋混凝土保护板和标志桩的加工制作，定额不包括，按建筑工程定额有关规定或按实计算。

(3)电缆保护管。电缆保护管是由铸铁管、钢管和角钢组成的保护管，按下述方法计算：

1)电缆保护管：无论是引上管、引下管、过沟管、穿路管、穿墙管均按长度“m”计量，以管的材质(铸铁管、钢管和混凝土管)分档，套《重庆市安装工程计价定额》第二册第八章定额。

温馨提醒：直径 ϕ100 以下的电缆保护管敷设按《重庆市安装工程计价定额》第二册第十三章“配管配线”有关项目执行。

2)电缆保护管长度，除按设计规定长度计算外，遇有下列情况，应按以下规定增加保护管长度：

①横穿道路，按路基宽度两端各增加 1 m。

②垂直敷设时，管口距离地面增加 2 m。

③穿过建筑物外墙时，按基础外缘以外增加 1 m。

④穿过排水沟时，按沟壁外缘以外增加 0.5 m。

3)顶过路管的定额取顶管径 100 mm，按管的长度进行分项，按“根”计量。

3. 电缆在支架、吊架、桥架上敷设

(1)支架、吊架制作与安装，以“100 kg”计量，用《重庆市安装工程计价定额》第二册定额第四章有关子目。

(2)电缆桥架安装。

1)桥架按材质分成钢制、玻璃钢和铝合金，再分别按槽式、梯式、托盘式按半周长分档，以“m”计量，定额包括直通桥架和弯头，不扣除弯头、三通、四通等所占的长度。桥架主材费中“直通桥架、弯头、三通、四通”分别按实际用量(含规定损耗量)计算材料价格。套用《重庆市安装工程计价定额》第二册定额第八章有关子目。其中桥架安装包括运输、组对、吊装、固定、弯通或三、四通修改、制作组对，切割口防腐，桥架开孔，上管件、隔板安装、盖板安装、接地、附件安装等工作内容。

2)组合式桥架以每片长度 2 m 作为一个基型片，已综合了宽度为 100 mm、150 mm、200 mm 三种规格，工程量计算以“100 片”作为计量单位。支撑架以“100 kg”计量，套用《重庆市安装工程计价定额》第二册定额第八章有关子目。

3)非标桥架的加工制作执行《重庆市安装工程计价定额》第二册定额第四章“铁构件”子目。

4. 电缆沟安装

(1)电缆沟砌砖或浇混凝土以“m^3”计量，用《重庆市建筑工程计价定额》或《重庆市市政工程计价定额》计算并套用相应定额。

(2)电缆沟壁、沟顶抹水泥砂浆，以“m^2”计量，用《重庆市建筑工程计价定额》或《重庆市市政工程计价定额》计算并套用相应定额。

(3)电缆沟盖板揭、盖项目，按每揭或每盖一次，以“m”为计量单位，如又揭又盖，则按两次计算。

(4)钢筋混凝土电缆沟盖板现场制作，以“m^3”计量，用《重庆市建筑工程计价定额》或《重庆市市政工程计价定额》计算并套用相应定额。当向混凝土预制构件厂订购时，应计算电缆沟盖板采购价值。

(5)采购的电缆沟盖板场外运输，以“m^3”计量，用《重庆市建筑工程计价定额》或《重庆市市政工程计价定额》计算并套用相应定额。计算运输费，用市场车辆运输时以“元/(t×km)”计算。

(6)电缆沟内铁件制作安装，以“100 kg”计量，用《重庆市安装工程计价定额》第二册第四章相应子目，该子目已包括除锈、刷油漆，所以不再另立项计算这些内容。

(7)接地母线及接地极制作安装，分别以“m”及“根”计量，用《重庆市安装工程计价定额》第二册防雷接地章节的相应子目。

5. 电缆终端头与中间头制作安装

(1)10 kV 以下户内、户外电缆终端头，按制作方法(浇注式、干包式及热缩式)，分为铝芯和铜芯两种，按电缆截面规格的不同，以“个”计量。电力电缆和控制电缆均按一根电缆有两个终端头考虑。

(2)电缆中间头制作安装(10 kV 以下)，分为铝芯和铜芯两种，以电缆截面规格不同，以“个”计量，中间电缆头设计有图示的，按设计确定；设计没有规定的，按实际情况计算(或按平均 250 m 一个中间头考虑)。

6. 电缆防火措施

(1)电缆隧道口、沟道口、保护管口等处，用耐火泥、石棉绳、防火填料等堵口填筑，以“m^3”计量或“kg”计量。

(2)防火门、盘柜下，用防火涂料涂抹，以“m^2”计量或“kg”计量。

(3)电缆桥架、槽盒穿楼层竖井或穿墙时，安装防火枕(隔板)以“m^2”计量。

7. 电缆线材的工地运输

工地运输以“t/km”计量。

(1)电缆运输量。电缆运输量为电缆质(重)量加上电缆线盘质(重)量；

(2)运距。运距为工地仓库至线路中点之间的距离。

使用《重庆市安装工程计价定额》第二册定额“架空线路”相应子目，并根据线路地形情况分别按地形系数调整计算。

8. 电缆试验

电缆敷设前或安装后进行交接验收，应对电缆进行检验，测量绝缘电阻，用泄漏试验仪作绝缘直流耐压试验及泄漏电流试验等，按实计算。

6.2.2 电缆工程计量计价举例

机修车间和加工车间由厂变电所用电缆供电，采用直埋敷设，如图 6.33 所示，整个线路一处与公路交叉，一处与厂区给水管道交叉。计算该平面图所示工程的工程量。

解：(暂不考虑户内情况，仅算至入户)

说明：此工程各房号算至建筑物外墙皮，注意练习电缆工程量的计算。

电缆工程量：

VLV22－3×95＋1×35：[1.5(终端头)＋1.5(出变电所)＋1.5(进沟)＋100＋50＋1.5(出沟)＋2(进建筑物)＋1.5(终端头)]×(1＋2.5%)＝159.5×1.025＝163.49(m)

VLV22－3×120＋1×35：[1.5(终端头)＋1.5(出变电所)＋1.5(进沟)＋100＋100＋1.5(出沟)＋2(进建筑物)＋1.5(终端头)]×2×(1＋2.5%)＝209.5×2×(1＋2.5%)＝429.48(m)

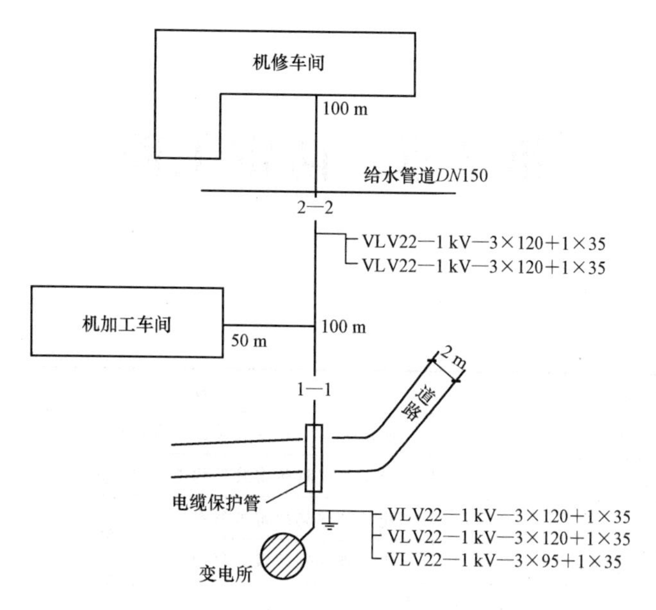

图 6.33　某厂区电缆线路平面图

保护管工程量：(2+2×2)×3=18(m)

挖填土方工程量：1～2 根：(100+50)×0.45=67.5(m^3)

3 根：100×(0.45+0.153)=60.3(m^3)

合计：67.5+60.3=127.8(m^3)

本工程穿路面时，采用顶管施工工艺。

小　结

本章主要介绍了电缆常用材质及型号，电缆工程常用敷设方式(直接埋地敷设、电缆沟敷设、电缆隧道敷设、排管敷设、室内外支架明敷及桥架敷设)的构造、施工工艺以及电缆工程的识图和电缆工程的列项、计量计价等。

习　题

1. 常用电缆种类有哪些？简述其基本结构。
2. 电缆工程的敷设方式是什么？
3. 电缆敷设是如何计量计价的？
4. 电缆保护管，除按设计规定的长度计算外，需增加保护管长度的规定有哪些？
5. 试叙述直埋的工艺流程。
6. 试叙述电缆沟敷设的工艺流程。

第7章 防雷工程

学习目标

知识目标	能力目标	权重
表述防雷工程的基本知识	能理解雷电危害及对应防雷措施	0.15
正确表述防雷装置构造及施工工艺	能正确理解防雷装置构造及施工工艺	0.35
正确表述防雷工程图	能正确识读防雷工程图	0.20
正确表述防雷工程计量计价	能正确编制防雷工程预算	0.30
合　计		1.0

教学准备

安装施工规范、防雷工程施工图等。

教学建议

在安装工程识图实训基地采用集中讲授、课堂互动教学、分组实训等方法教学。

教学导入

虽然雷电是一种常见的自然现象，但是它能击毁房屋、杀伤人畜，尤其是对高层建筑危害更大，因此，如何防止雷电的危害，保证建筑物及设备、人身的安全，就显得极为重要。

7.1 防雷工程构造及施工工艺

在进行防雷设计和安装施工时，应首先弄清楚雷击的类型，根据建筑物的重要程度、使用性质、发生雷击事故的可能性与其可能产生的后果，以及建筑物周围环境的实际情况，按有关建筑防雷的设计规范来确定建筑物的防雷等级。

7.1.1 雷击的类型及建筑防雷等级的划分

1. 雷击的类型及防护

(1)直接雷击。直接雷击是指雷电对电气设备或建筑物直接放电，放电时雷电流可达几万甚至几十万安培，容易引起火灾和爆炸，造成房屋倒塌、设备毁坏及人身伤亡的重大事故。直击雷的破坏作用最大。

直击雷一般采用由接闪器(避雷针、避雷带、避雷网、避雷线)、引下线、接地装置构成的防雷装置防雷。

(2)雷电感应。雷电感应是指当雷云出现在建筑物的上方时，由于静电感应，在屋顶的金属上积聚大量与雷云所带负电荷性质相反的正电荷，在雷云对其他地方放电后，屋顶上原来被约束的电荷对地形成感应雷，其电压可达几十万伏，往往会造成对室内的金属管道、大型金属设备和电线等放电，引起火、电气线路短路和人身伤亡等事故。

雷电感应的防止办法是将感应电荷的屋顶金属通过引下线、接地装置泄入大地。

(3)雷电波侵入。雷电波侵入是指由于线路、金属管道等遭受直接雷击或感应雷而产生的雷电波沿线路、金属管道等侵入变电站或建筑物而造成危害。据统计，这种雷电侵入波占系统雷害事故的50%以上。因此，对其防护问题，应予重视。

一般在线路进入建筑物处安装避雷器进行防护。

(4)雷击电磁脉冲。雷击电磁脉冲是指雷电直接击在建筑物防雷装置或建筑物附近所引起的效应。它是一种干扰源，绝大多数是通过连接导体的干扰，如雷电流或部分雷电流、被雷电击中的装置的电位升高以及电磁辐射干扰。

防雷击电磁脉冲措施有屏蔽、接地和等电位联结、设置电源保护器等。

(5)雷电“反击”。雷击直击雷防护装置时，雷电流经接闪器，沿引下线流入接地装置的过程中，由于各部分阻抗的作用，接闪器、引下线、接地装置上将产生不同的较高对地电位，若被保护物与其间距不够时，会发生直击雷防护装置对被保护物的放电现象，称为“反击”。

雷电“反击”的防止措施有两种：一是使被保护物与直击雷防护装置保持一定的安全距离；二是将被保护物与直击雷防护装置做等电位联结，使其之间不存在电位差。

2. 建筑物防雷等级的划分

建筑物根据其重要性、使用性质、发生雷电事故的可能性和后果，按防雷要求分为三类，具体见表7.1。

表7.1　建筑物防雷划分

类别	内容
一类	(1)凡制造、使用或储存炸药、火药、起爆药、火工品等大量爆炸物质的建筑物，因电火花而引起爆炸，会造成巨大破坏和人身伤亡者。 (2)具有0或10区爆炸危险环境的建筑物。 (3)具有1区爆炸危险环境的建筑物，因电火花而引起爆炸，会造成巨大破坏和人身伤亡者
二类	(1)国家级重点文物保护的建筑物。 (2)国家级的会堂、办公建筑物、大型展览和博览建筑物、大型火车站、国家宾馆、国家级档案馆、大型城市的重要给水水泵房等特别重要的建筑物。 (3)国家级计算中心、国际通信枢纽等对国民经济有重要意义且有大量电子设备的建筑物。 (4)制造、使用或储存爆炸物质的建筑物，且电火花不易引起爆炸或不至造成巨大破坏和人身伤亡者。 (5)具有1区爆炸危险环境的建筑物，且电火花不易引起爆炸或不致造成巨大破坏和人身伤亡者。 (6)具有2区或11区爆炸危险环境的建筑物。 (7)工业企业有爆炸危险的露天钢质封闭气罐。 (8)预计雷击次数大于0.06次/年的部、省级办公建筑物及其他重要或人员密集的公共建筑物。 (9)预计雷击次数大于0.3次/年的住客、办公楼等一般性民用建筑物

续表

类别	内容
三类	(1)省级重点文物保护的建筑物及省级档案馆。 (2)预计雷击次数大于或等于 0.012 次/年，且小于或等于 0.06 次/年的部、省级办公建筑物及其他重要或人员密集的公共建筑物。 (3)预计雷击次数大于或等于 0.06 次/年，且小于或等于 0.03 次/年的住宅、办公楼等一般民用建筑物。 (4)预计雷击次数大于或等于 0.06 次/年的一般性工业建筑物。 (5)根据雷击后对工业生产的影响及产生的后果，并结合当地气象、地形、地质及周围环境等因素，确定需要防雷的 21 区、22 区、23 区火灾危险环境。 (6)在平均雷暴日大于 15 天/年的地区，高度在 15 m 及以上的烟囱、水塔等孤立的高耸建筑物；在平均雷暴日小于或等于 15 天/年的地区，高度在 20 m 及以上的烟囱、水塔等孤立的高耸建筑物

3. 建筑物易受雷击的部位

建筑的性质、结构以及建筑物所处位置都对落雷有着很大的影响。特别是建筑物屋面坡度与雷击部位关系较大。建筑物易受雷击部位如下(图 7.1)：

(1)平屋顶或坡度不大于 1/10 的屋顶——檐角、女儿墙、屋檐。

(2)坡度大于 1/10 的屋顶——屋角、屋脊、檐角、屋檐。

(3)坡度不小于 1/2 的屋顶——屋角、屋脊、檐角。

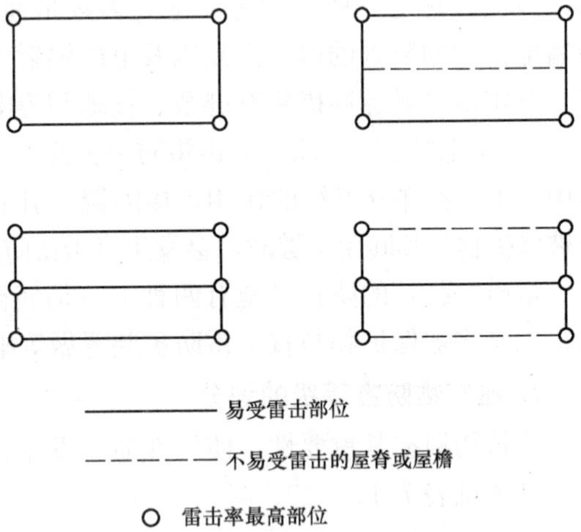

图 7.1 建筑物易受雷击部位

7.1.2 建筑物防雷措施及安装

建筑物的防雷保护措施主要是装设防雷装置。防雷装置一般由接闪器、引下线和接地装置三部分组成。其作用原理是：将雷电引向自身并安全导入地中，从而使被保护的建筑物免遭雷击，如图 7.2 所示。

1. 接闪器

接闪器是专门用来接受雷击的金属导体。通常有避雷针、避雷带、避雷网以及兼作接闪的金属屋面和金属构件(如金属烟囱、风管等)。所有接闪器都必须经过接地引下线与接地装置相连接。

(1)避雷针。避雷针是指安装在建筑物突出部位或独立装设的针形导体。

1)材料要求。避雷针一般用镀锌圆钢或镀锌钢管制成，上部制成针尖形状，圆钢截面面积不得小于 10 mm^2。

针长 1 m 以下：圆钢直径为 12 mm，钢管直径为 20 mm。

针长 1～2 m 时：圆钢直径为 16 mm，钢管直径为 25 mm。

烟囱顶上的针：圆钢直径为 20 mm，钢管直径为 40 mm。

2)避雷针的保护范围。避雷针的保护范围，以它对直击雷所保护的空间来表示，用滚

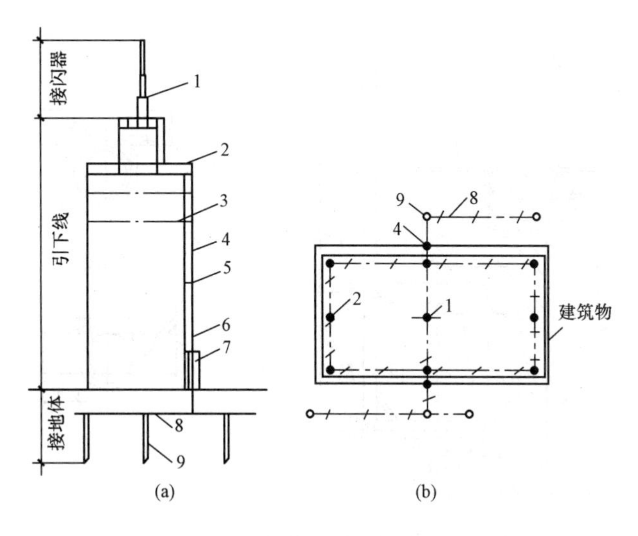

图 7.2　建筑物防雷接地组成

(a)立面图；(b)平面图

1—避雷针；2—避雷网；3—均压环；4—引下线；5—引下线卡子；

6—断接卡子；7—引下线保护管；8—接地母线；9—接地极

球法进行确定。滚球半径可按表 7.2 确定，单支避雷针保护范围如图 7.3 所示。

表 7.2　按建筑物防雷类别布置接闪器及滚球半径

建筑物防雷类别	滚球半径 h_r/m	避雷网网格尺寸/m
第一类防雷建筑物	30	≤5×5 或≤6×4
第二类防雷建筑物	45	≤10×10 或≤12×8
第三类防雷建筑物	60	≤20×20 或 24×16

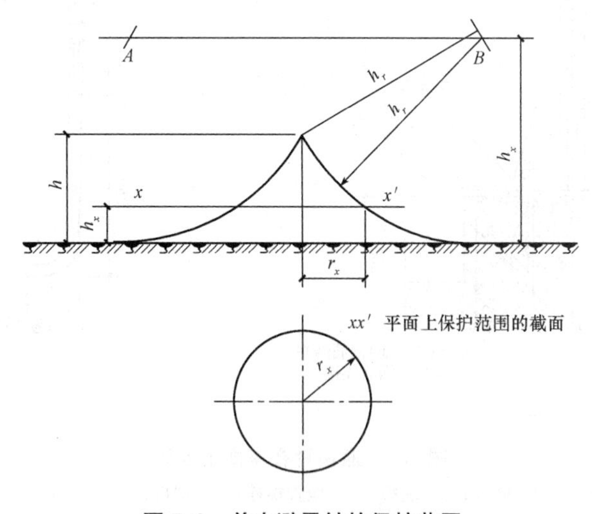

图 7.3　单支避雷针的保护范围

3)避雷针的安装。避雷针在山墙和屋面上的安装如图 7.4、图 7.5 所示。

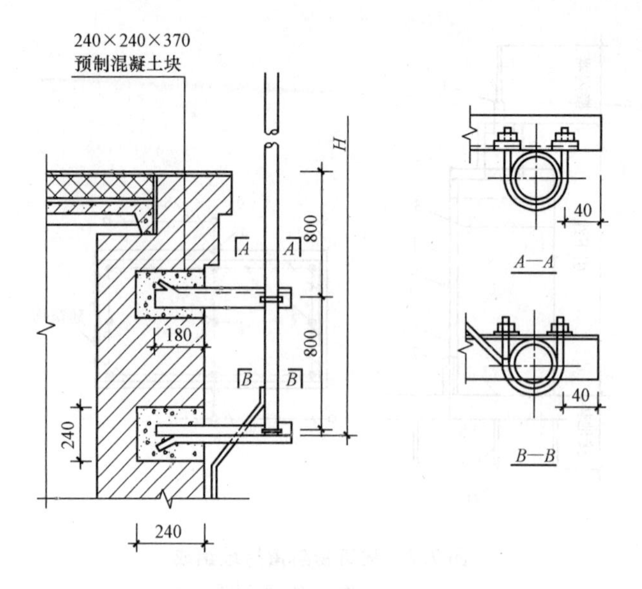

图 7.4　避雷针在山墙上安装

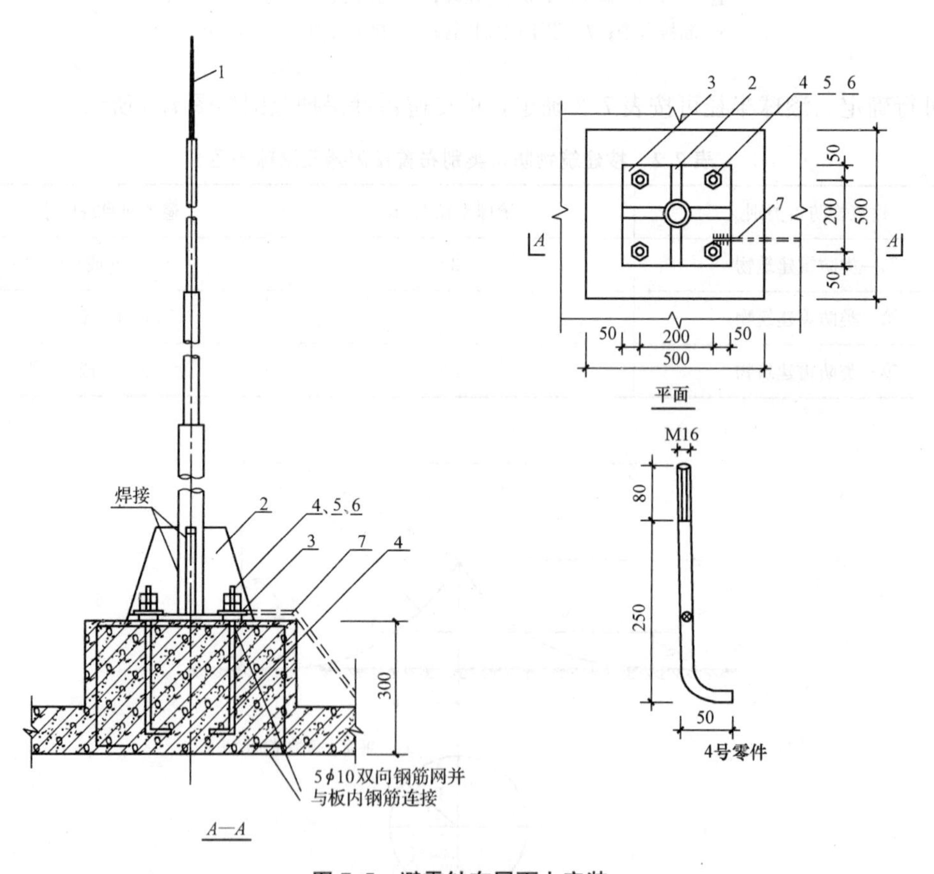

图 7.5　避雷针在屋面上安装

1—避雷针；2—肋板；3—底板；4—地脚螺栓；5—螺母；6—垫圈；7—引下线

建筑物上的避雷针和建筑物顶部的其他金属物体应连接成一个整体。避雷针及接地装置，应采取自下而上的施工顺序，首先安装接地装置，然后引下线，最后安装避雷针。

(2)避雷带和避雷网。避雷带就是用小截面圆钢或扁钢装于建筑物易遭雷击的部位，如屋脊、屋檐、屋角、女儿墙和山墙等条形长带；避雷网相当于纵横交错的避雷带叠加在一起，形成多个网孔，其网孔的尺寸见表 7.2。避雷带和避雷网既是接闪器，又是防感应雷的装置，因此，是接近全部保护的方法，一般用于重要的建筑物。

避雷网也可以做成笼式，即笼式避雷网，也可简称避雷笼。避雷笼是笼罩着整个建筑物的金属笼，对于雷电它起到均压和屏蔽的作用，任凭接闪时笼网上出现高电压，笼内空间的电场强度为零，笼内各处电位相等，形成一个等电位体，因此，笼内人身和设备都是安全的，如图 7.6 所示。我国高层建筑的防雷设计多采用避雷笼，其特点是将整个建筑物的梁、柱、板、基础等主要结构钢筋连成一体，因此，是最安全可靠的防雷措施。

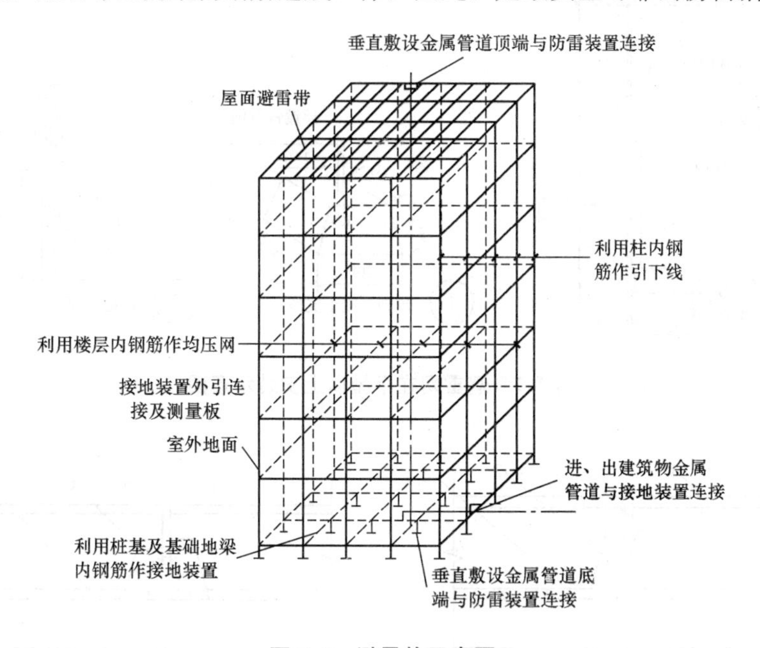

图 7.6　避雷笼示意图

1)材料要求。避雷带(网)一般用圆钢或扁钢制成，其尺寸不应小于下列数值：圆钢直径为 8 mm；扁钢截面面积为 48 mm^2，扁钢厚度为 4 mm，架空避雷线不小于 35 mm^2 的镀锌钢绞线。

2)明装避雷带(网)的安装。避雷带安装在建筑物的屋脊、屋檐(坡屋顶)或屋顶边缘及女儿墙(平屋顶)等处，一般焊在支架上，距离屋面边缘不应大于 500 mm。其安装示意如图 7.7 所示。

①在屋面混凝土支座上的安装。明装避雷带当不上人屋面预留支撑件有困难时，可安装在屋面混凝土支座上，支座可以在建筑物屋面面层施工过程中现浇，也可以预制后再砌牢或与屋面防水层进行固定。混凝土支座的设置如图 7.8 所示，其安装位置根据避雷带确定，一般是在直线段两端点(即弯曲处的起点)拉通线，根据均匀分布原则，间距 1～1.5 m 确定好中间支座位置。转弯处支座间距为 0.5 m，并在避雷带转角中心严禁设置。

②避雷带在女儿墙或天沟支架上的安装。女儿墙上安装避雷带(网)支架时，应尽量随结构施工预埋支架；天沟上安装避雷带(网)支架时，应尽量先设置好预埋件，支架与预埋件采用焊接。支架支起高度不小于 150 mm，直线段支架水平间距为 1～1.5 m，且

间距平均分布，转弯处支架应距转弯中点 0.25～0.5 m。避雷带在女儿墙或天沟支架上的安装，如图 7.9 所示。

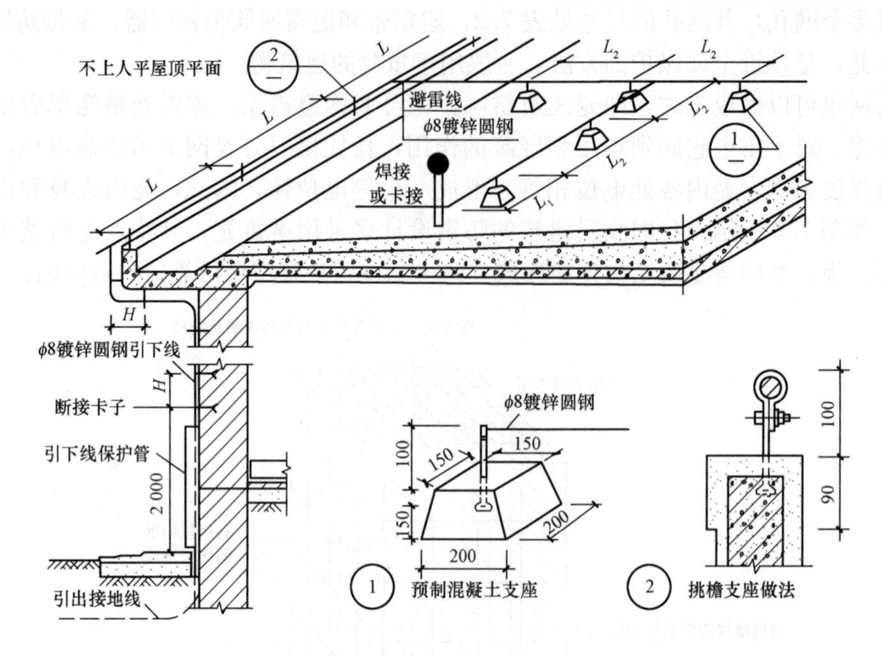

图 7.7　避雷网在平屋顶上安装示意图

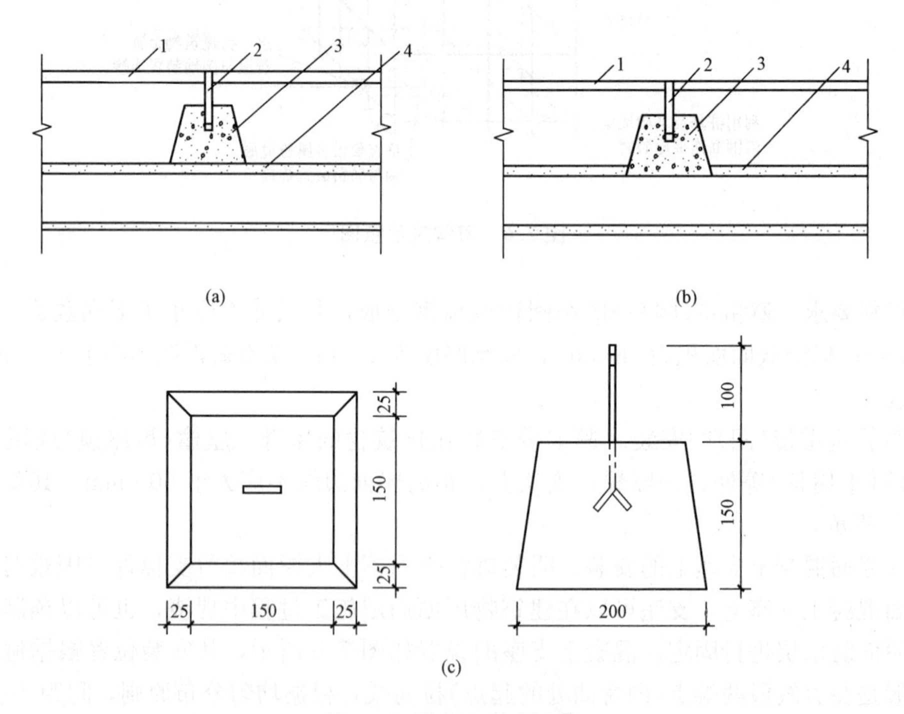

图 7.8　混凝土支座设置

(a)预制混凝土支座；(b)现浇混凝土支座；(c)混凝土支座

1—避雷带；2—支架；3—混凝土支座；4—屋面板

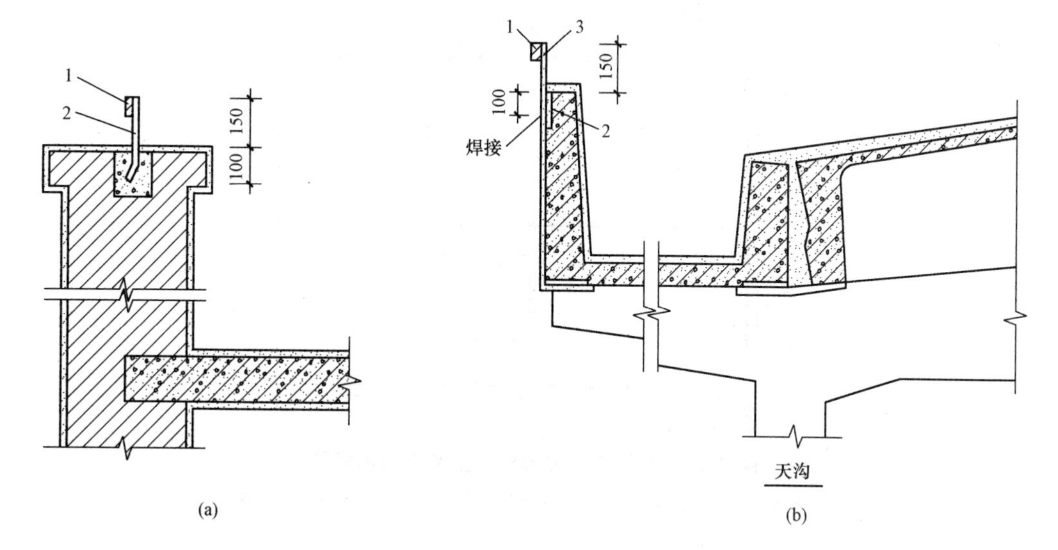

图 7.9　避雷带在女儿墙或天沟支架上的安装

(a)避雷带在女儿墙上安装

1—避雷带；2—支架

(b)避雷带在天沟上安装

1—避雷带；2—预埋件；3—支架

③避雷带在屋脊或檐口上的安装。避雷带在屋脊或檐口上的安装，既可使用混凝土支座，也可使用支架固定。其安装示意图如图 7.10、图 7.11 所示。

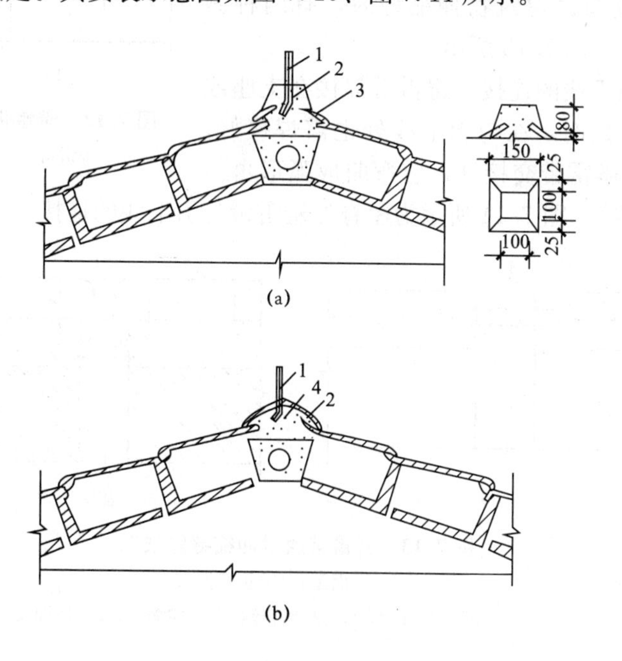

图 7.10　避雷带在屋脊上支持卡子的安装

(a)用支座安装；(b)用支架安装

1—避雷带；2—支架；3—支座；4—1∶3 水泥砂浆

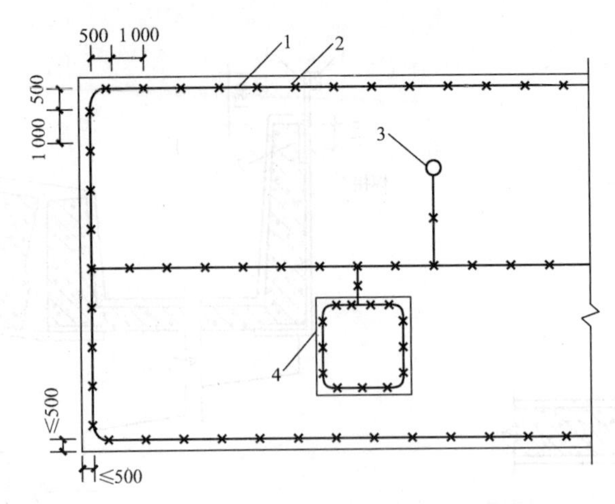

图 7.11　避雷带在挑檐板上安装平面示意图

1—避雷带；2—支架；3—凸出屋面的金属管道；4—建筑物凸出物

④明装避雷带敷设。支架调正、校平后，可进行避雷带(网)安装。避雷带(网)安装前应校直，将校直后的避雷带(网)逐段焊接或用螺栓固定于支架上。

注：1. 避雷带在转角处应随建筑造型弯曲，不能弯成直角，一般不宜小于 90°，弯曲半径不宜小于圆钢直径的 10 倍，扁钢宽度的 6 倍。

2. 不同平面的避雷带(网)需有两处以上焊接，建筑物屋顶上的突出金属物体，如铁栏杆、旗杆、透气管等均需与避雷带焊成一个整体。

a. 避雷带敷设通过建筑物伸缩缝时，有两种做法，分别如图 7.12、图 7.13 所示。

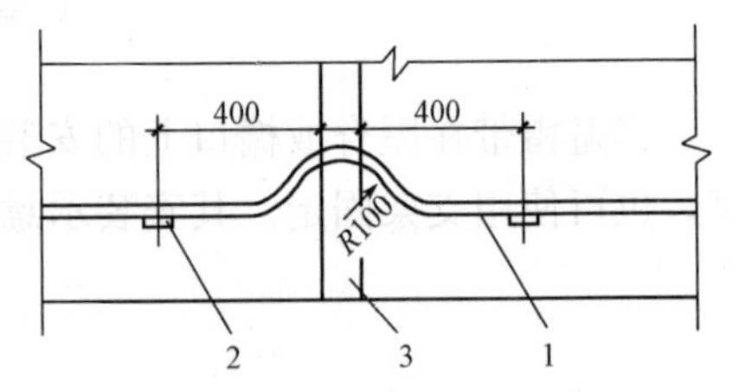

图 7.12　避雷带通过伸缩缝做法一

1—避雷带；2—支架；3—伸缩缝

b. 避雷带与引下线的连接。避雷带焊接在支座或支架进行卡固或焊接时，在与引下线处也需焊接好，其引下线的上端与避雷带交接处，应弯曲成弧形再与避雷带进行搭接焊接。图 7.14 所示为屋脊处避雷带与引下线的连接。

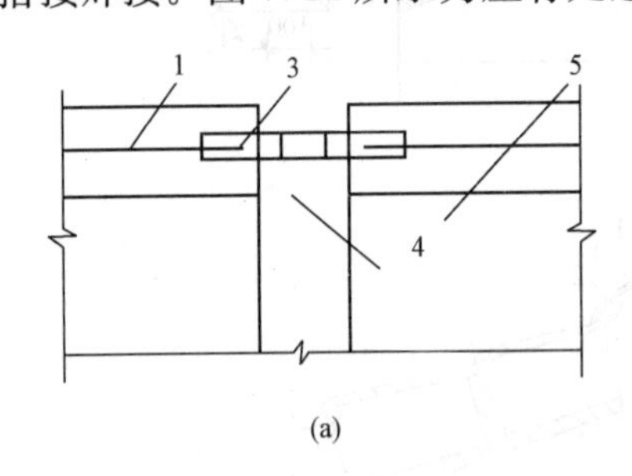

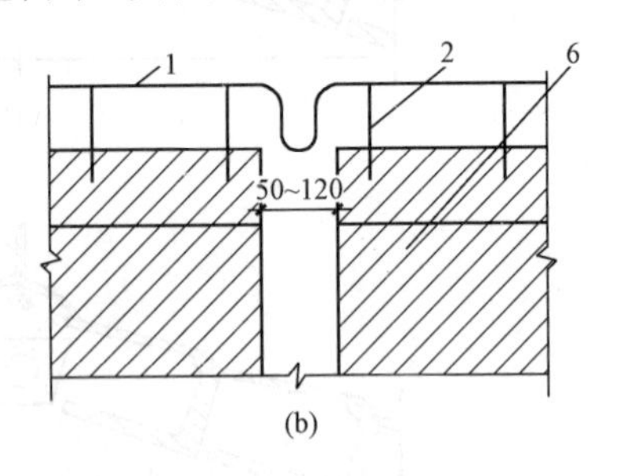

图 7.13　避雷带通过伸缩缝做法二

(a)平面图；(b)正视图

1—避雷带；2—支架；3—━ 25×4，L=500，跨越扁钢；4—伸缩缝；5—屋面女儿墙；6—女儿墙

3)暗装避雷带(网)的安装。暗装避雷带(网)是利用建筑物内的钢筋做避雷网，外观上比明装美观。

①用厂房屋顶 V 形板内钢筋作避雷网。V 形板内钢筋作避雷网可如图 7.15 所示，其是利用 V 形板内的钢筋。

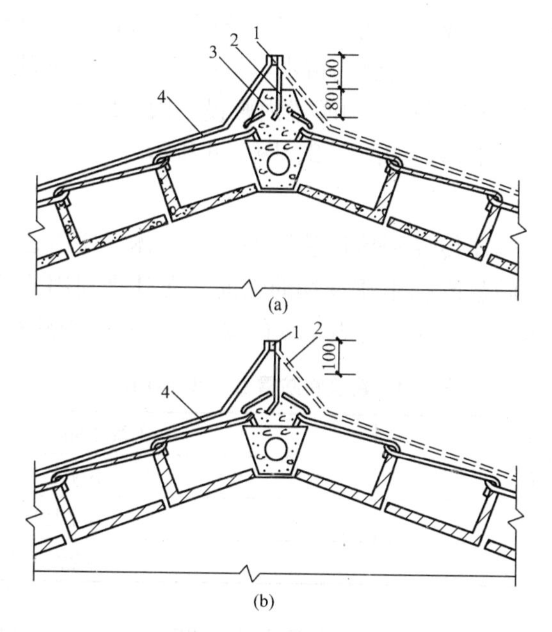

图 7.14　避雷带及引下线在屋脊上的安装

(a)用支座安装；(b)用支架安装

1—避雷带；2—支架；3—支座；4—1∶3 水泥砂浆

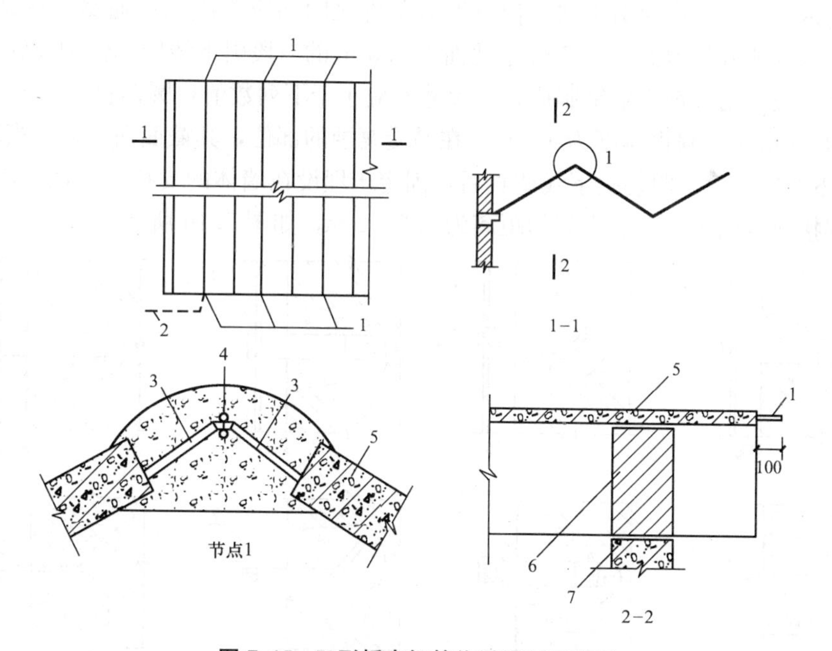

图 7.15　V 形板内钢筋作避雷网示意图

1—通长筋预留钢筋头；2—引下线；3—吊环(插筋)；

4—附加通长筋；5—折板；6—三脚架或三角墙；7—支托构件

②用女儿墙压顶钢筋作避雷网。女儿墙压顶内的通长钢筋为圆钢，可用作避雷网，需注意与引下线应用 $\phi 10$ 圆钢进行连接。

③高层建筑暗装避雷网安装。高层建筑的避雷网是利用建筑物屋面板内的钢筋，在高

层建筑中，常将避雷网、引下线和接地装置三部分组成避雷笼，安全性能更高。

高层建筑较高，因此要注意防备侧向雷击，一般是 30 m 以下部分每隔三层设均压环一圈，30 m 以上部分向上每隔三层在结构圈梁内敷设一圈－ 25×4 避雷带，并与引下线焊接形成水平避雷带，以防止侧击雷，如图 7.2、图 7.6 所示。

2. 引下线

引下线是将雷电从接闪器传导到接地装置的金属导体。应沿建筑物外墙敷设，并经最短路径接地，现一般都为暗敷或利用建筑物的钢筋，尤其是利用建筑物的钢筋应用最为广泛。引下线相互之间的水平间距应符合表 7.3 的要求并应按最短路径装设。

表 7.3　建筑物防雷引下线水平间距

建筑物防雷类别	引下线之间的水平距离/m
第一类防雷建筑	不应大于 12
第二类防雷建筑	不应大于 18
第三类防雷建筑	不应大于 25

在引下线上于距离地面 0.3～1.8 m 之间需设置断接卡便于测量接地电阻以及检查引下线、接地线的连接状况。

(1)材料要求。建筑物的金属构件(如消防梯等)，金属烟囱、烟囱的金属爬梯、混凝土柱内钢筋、钢柱等都可作为引下线，但其所有部件之间均应连成电气通路。在易受机械损坏和人身接触的地方，地面上 1.7 m 至地面下 0.3 m 的一段引下线应加保护设施。

引下线一般采用圆钢或扁钢制成，其尺寸不应小于下列数值：圆钢直径为 8 mm，扁钢截面面积为 48 mm^2，扁钢厚度为 4 mm。在易受腐蚀的部位，其截面面积应适当增大。

(2)引下线明敷设。明装引下线调直后，固定于埋设在墙体的支持卡子内，固定方法可用螺栓、焊接或卡固等。卡子之间的距离为 1.5～2 m，如图 7.16 所示。

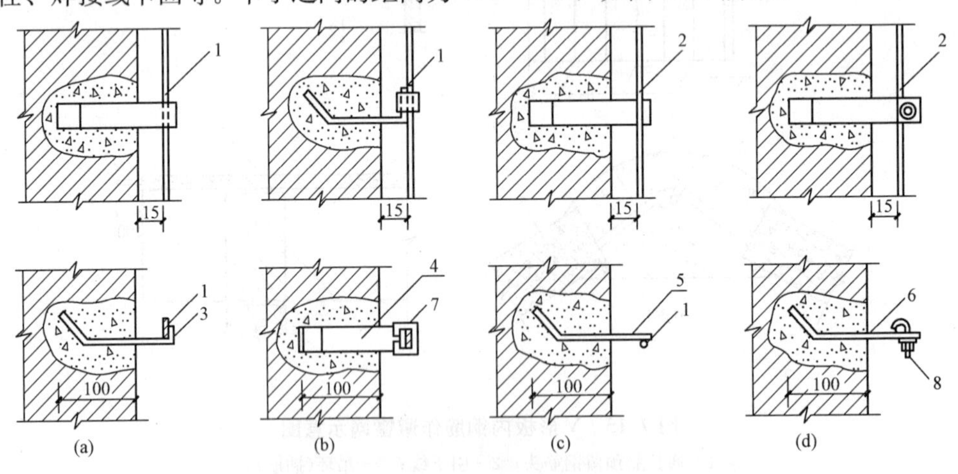

图 7.16　引下线明敷设固定安装

(a)用一式固定钩安装；(b)用二式固定钩安装；(c)用一式托板安装；(d)用二式托板安装

1—扁钢引下线；2—圆钢引下线；3—－ 12×4，L=141 支架；

4—－ 12×4，L=141 支架；5—－ 12×4，L=130 支架；6—－ 12×4，L=135 支架；

7—－ 12×4，L=60 套环；8—M8×59 螺栓

引下线的路径尽可能短而直，转弯时，应做成曲径较大的慢弯。引下线通过挑檐板和女儿墙做法，如图 7.17 所示。

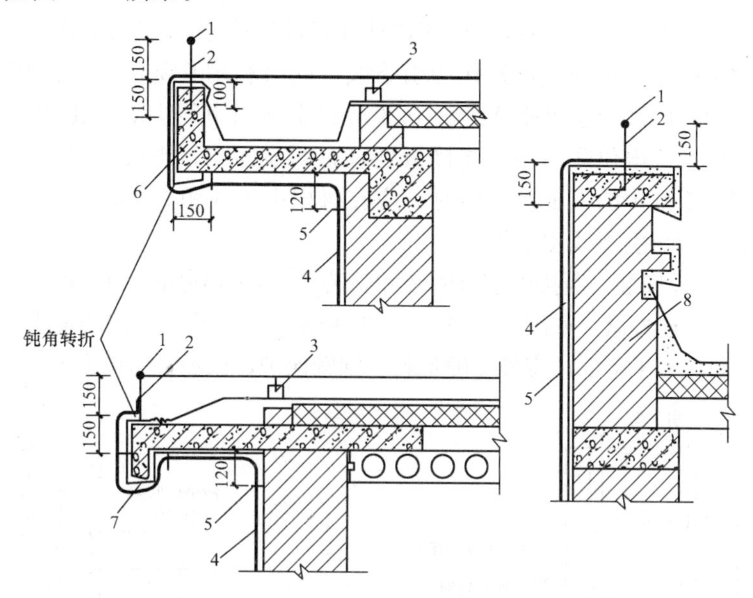

图 7.17　引下线明敷设过挑檐板、女儿墙做法

1—避雷带；2—支架；3—混凝土支座；4—引下线；
5—固定卡子；6—现浇挑檐板；7—预制挑檐板；8—女儿墙

(3)暗设圆钢、扁钢引下线敷设。引下线沿墙或混凝土构造柱暗敷设，应与外墙或构造柱的土建施工相配合。其做法如图 7.18 所示。

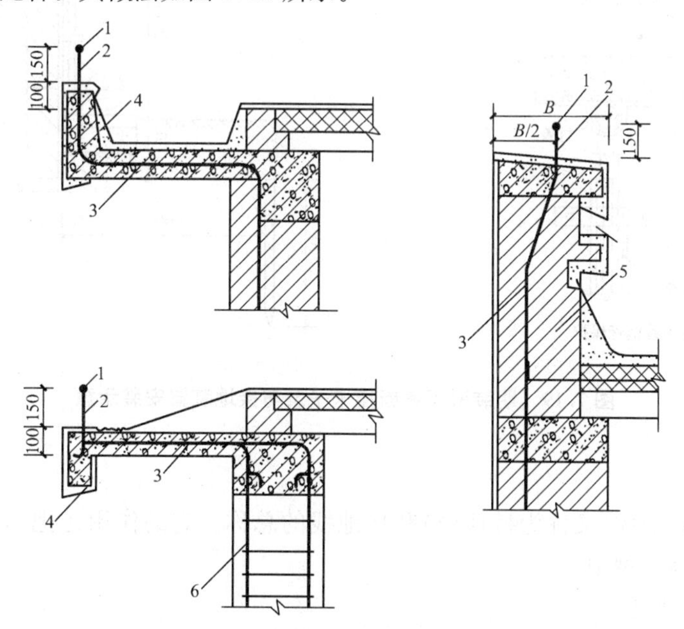

图 7.18　引下线暗敷设过挑檐板、女儿墙做法

1—避雷带；2—支架；3—引下线；4—挑檐板；5—女儿墙；6—柱主筋

(4)利用建筑物钢筋作引下线。利用建筑物、构筑物钢筋混凝土柱内的钢筋作为引下线时，其屋顶上部必须与接闪器进行可靠焊接。其下部必须与接地装置焊接，并应符合下列要求：

1)当钢筋直径为 16 mm 以上时，应利用两根钢筋贯通作为一组引下线；

2)当钢筋直径为 8～10 mm 时，应利用四根钢筋贯通作为一组引下线。

利用建筑物混凝土内钢筋或钢柱作为引下线，同时利用其基础作接地体时，可不设断接卡，而应在室内外的适当位置距离地面 0.3 m 以上从引下线上焊接出测试连接板，供测量、接人工接地体和等电位联结用。连接板处宜有明显标志。当仅利用混凝土内钢筋作为引下线并采用埋于土壤中的人工接地体时，应在每根引下线距离地面不低于 0.3 m 处设暗装断接卡，其上端应与引下线主筋焊接。

(5)断接卡子制作安装。断接卡子有明装和暗装两种，可利用— 40×40 或— 25×4 的镀锌扁钢制作，用镀锌螺栓拧紧，如图 7.19 和图 7.20 所示。断接卡子一般距地 1.8 m 安装。明装防雷引下线下方断接卡子下部，应外套硬塑料、钢管保护，保护管引伸入地下 300 mm 以上。

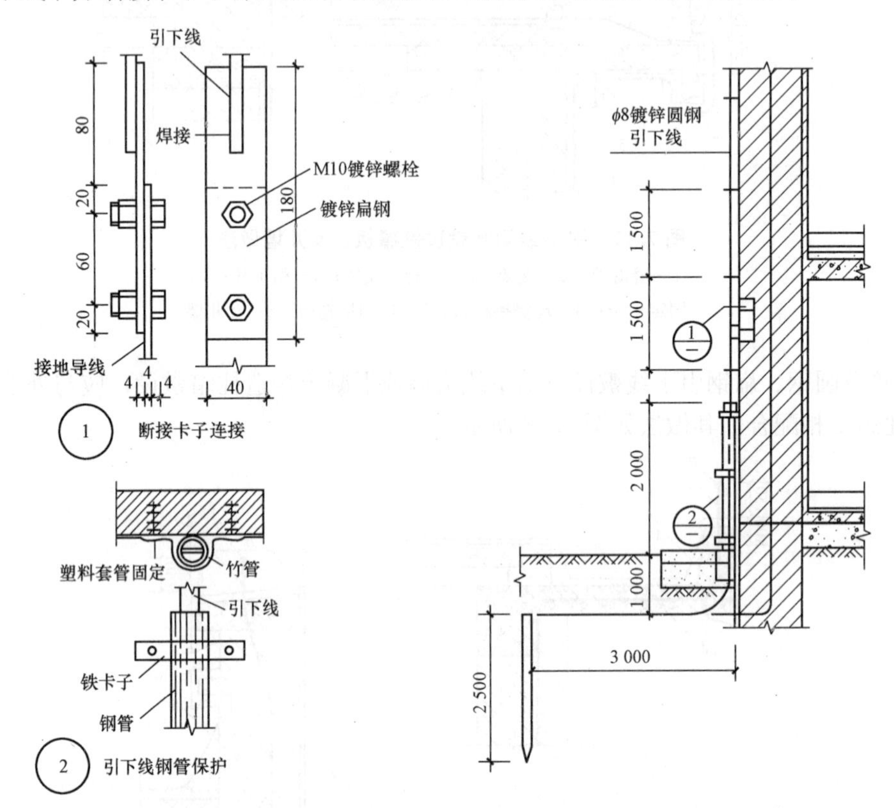

图 7.19　明装引下线断接卡子及与接地装置安装示意

3. 接地装置

接地装置是接地体(又称为接地极)和接地线的总称。它的作用是把引下线引下的雷电流迅速流散到大地土壤中。

(1)接地装置概述。

1)接地体或接地极。直接与土壤接触的金属导体称为接地体或接地极。接地体可分为人工接地体和自然接地体。人工接地体是指专门为接地而装设的接地体，按其敷设方式可分为垂直接地体和水平接地体；自然接地体是指兼作接地体用的直接与大地接触的各种金属构件、金属管道及建筑物的钢筋混凝土基础等。

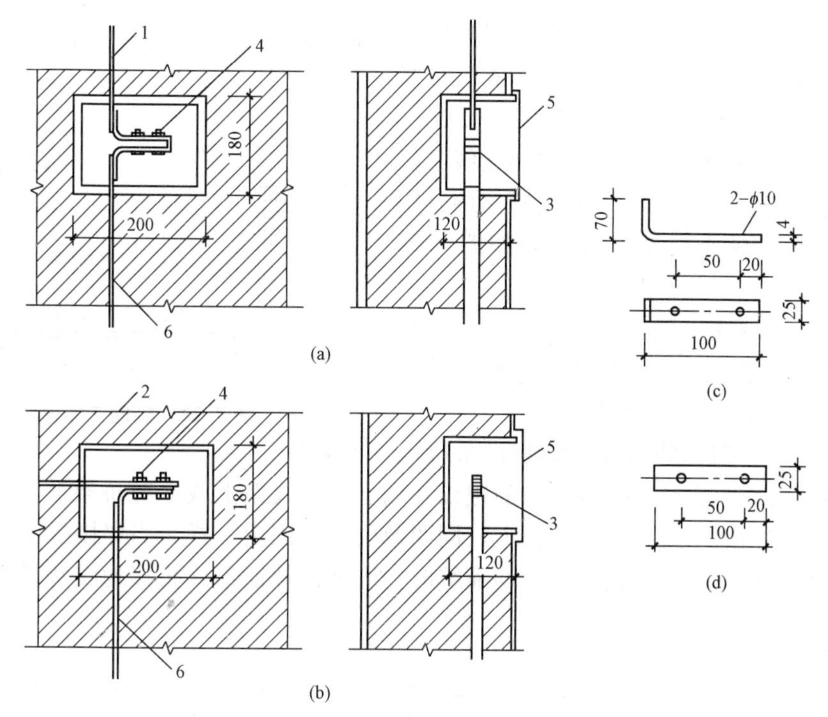

图 7.20　暗装引下线断接卡子安装

(a)专用暗装引下线；(b)利用柱筋作引下线；(c)连接板；(d)垫板

1—专用引下线；2—至柱筋引下线；3—断接卡子；

4—M10×30 镀锌螺栓；5—断接卡子箱；6—接地线

2)接地线。连接于电气设备接地部分与接地体间的金属导线称为接地线。

(2)接地装置材料及安装。

1)接地线敷设。接地线可分为人工接地线和自然接地线。人工接地线一般采用扁钢或圆钢，从接地干线敷设到用电设备的接地支线的距离越短越好，且要易于检查同时应有防止机械损伤及化学腐蚀的保护措施。与电缆或其他电线交叉时，间距 25 mm 以上；与管道、公路、铁路交叉时，应套钢管或角钢保护；当跨越有震动的地方时，应略加弯曲，留出伸缩的长度。图 7.21 所示为跨越铁路敷设接地线，既需钢管保护，还需弯曲。

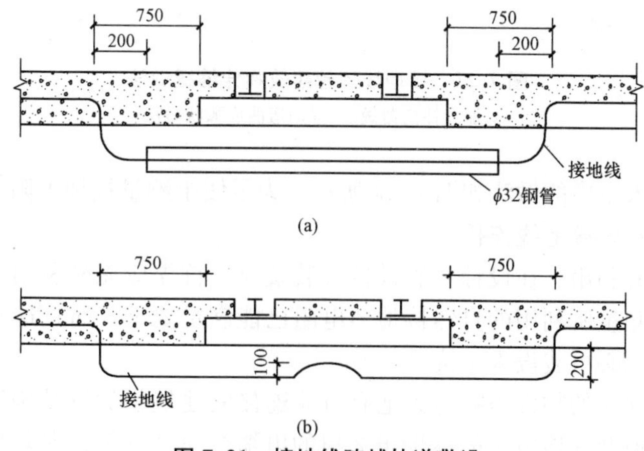

图 7.21　接地线跨越轨道敷设

(a)穿钢管保护；(b)抗震弯曲

①接地体间的连接。垂直接地体间多用扁钢连接，接地体打入地中后，用扁钢依次与接地体焊接，扁钢应侧放。

②接地干线与接地支线敷设。接地干线与接地支线敷设分为室外和室内，分别连接室内外用电设备，接地支线连接用电设备，如图 7.22 所示。

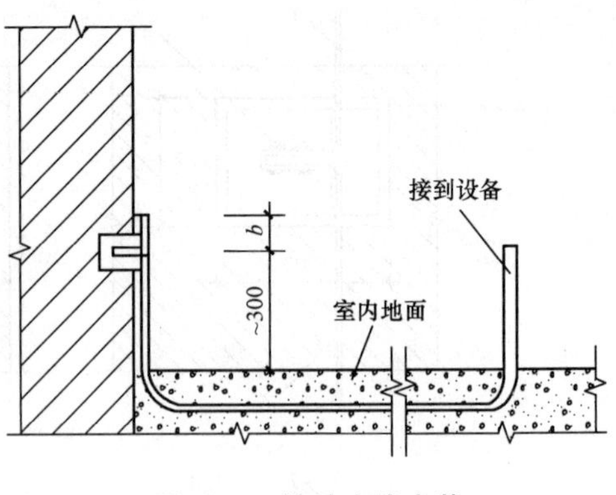

图 7.22　接地支线安装

室外支干接地线一般敷设在沟内，支干线之间及与接地体连接均采用焊接，接地支干线末端应露出 0.5 m，以便接地线。

室内接地线一般为明敷设，如果设备接地需要也可暗敷设，明敷设的接地线一般敷设在墙上、母线架上或电缆桥架上。明敷在墙上的接地线用固定钩固定或支持在托板上，同明敷引下线固定一样。当穿楼板或墙壁时需设保护套管。当接地支干线跨越建筑物伸缩缝时，应加设补偿器或将接地线弯成弧状，如图 7.23 所示。

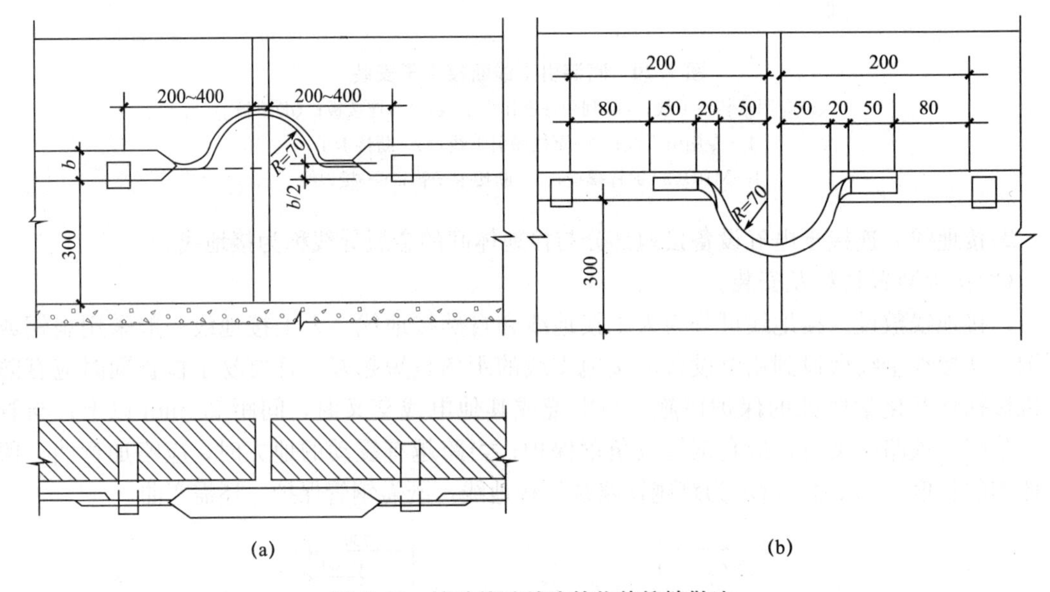

图 7.23　接地线跨越建筑物伸缩缝做法

(a)加设补偿器做法；(b)弯曲成弧状做法

室外接地线引入室内的做法如图 7.24 所示。为了便于测量接地电阻，接地线引入室内后，必须用螺栓与室内接地线连接。

2)自然接地体的利用。在设计和装设接地装置时，首先应充分利用自然接地体，以节约投资。如果实地测量所利用的自然接地体电阻已能满足要求，而且这些自然接地体又满足热稳定条件，可不必再装设人工接地装置。

可作为自然接地体的物件包括与大地有可靠连接的建筑物的钢结构和钢筋、行车的钢轨、埋地的金属管道及埋地敷设的不少于 2 根的电缆金属外皮等，尤其是建筑物钢筋混凝土基础里的钢筋用来防雷极其广泛。

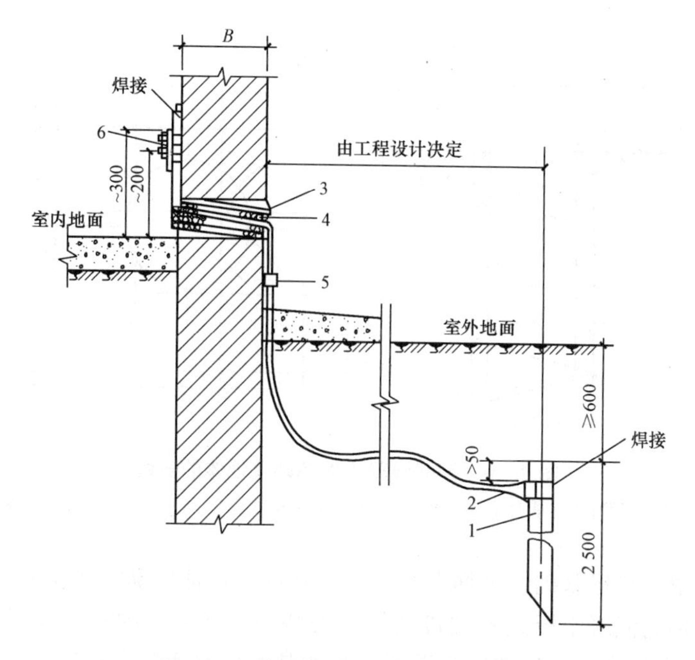

图 7.24　室外接地线引入室内的做法

1—接地体；2—接地线；3—套管；4—沥青麻丝；5—固定钩；6—断接卡子

利用自然接地体时，一定要保证良好的电气连接，在建(构)筑物结构的结合处，除已焊接者外，凡用螺栓连接或其他连接的，都要采用跨接焊接。

①钢筋混凝土桩基础接地体的安装。图 7.25 所示为桩基础接地体的构成。桩基础的抛头钢筋与承台梁主钢筋的焊接如图 7.26 所示。

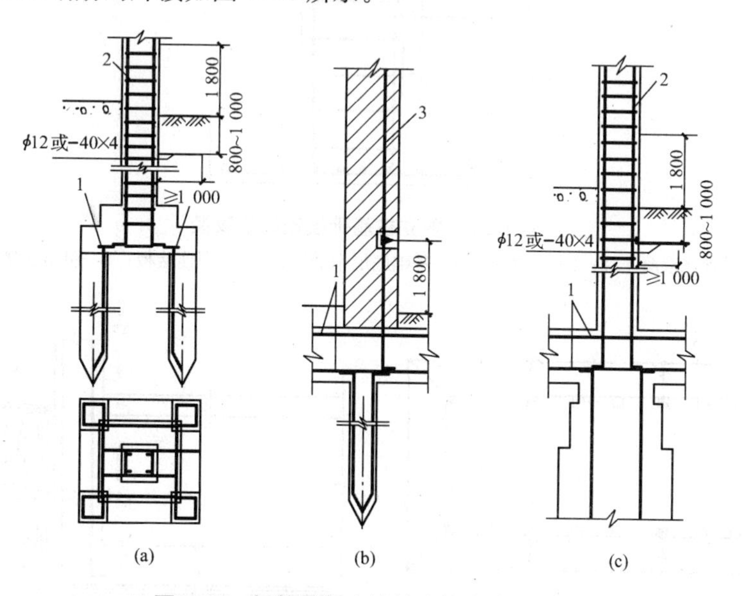

图 7.25　钢筋混凝土桩基础接地体的安装

(a)独立式桩基；(b)方桩基础；(c)挖孔桩基础

1—承台梁钢筋；2—柱主筋；3—独立引下线

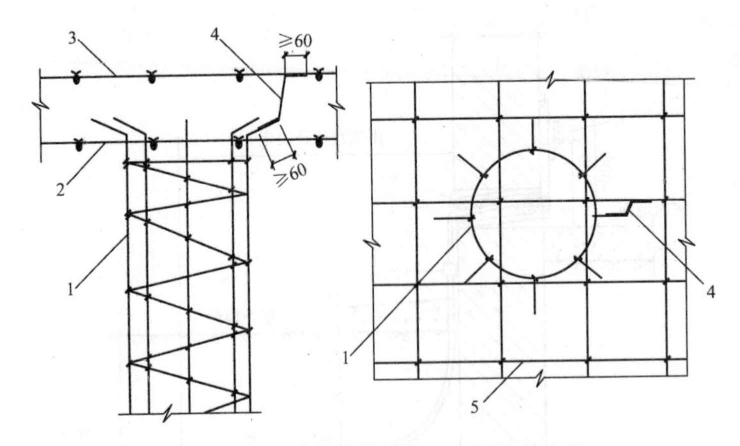

图 7.26　钢筋混凝土桩基础接地体的安装

1—桩基钢筋；2—承台下层钢筋；3—承台上层钢筋；4—连接导体；5—承台钢筋

②独立柱基础、箱形基础、钢筋混凝土板式基础接地体安装。独立柱基础、箱形基础、无防水层底板的钢筋混凝土板式基础接地体的安装是一样的，独立柱基础接地体安装示意如图 7.27 所示，有防水层底板的钢筋混凝土板式基础接地体的安装如图 7.28 所示。

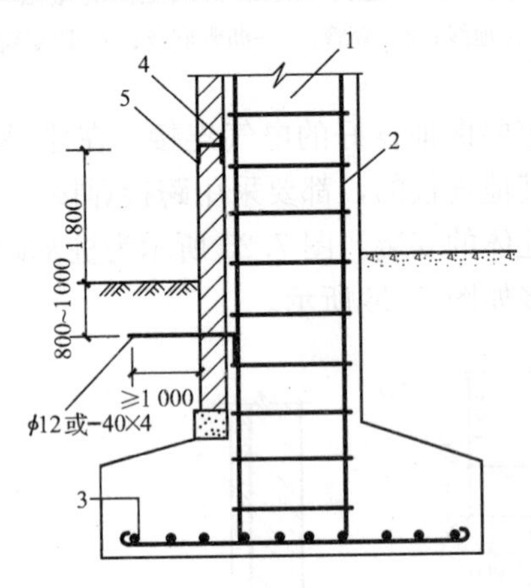

图 7.27　独立柱基础接地体的安装

1—现浇混凝土柱；2—柱主筋；3—基础底层钢筋网；4—预埋连接板；5—引出连接板

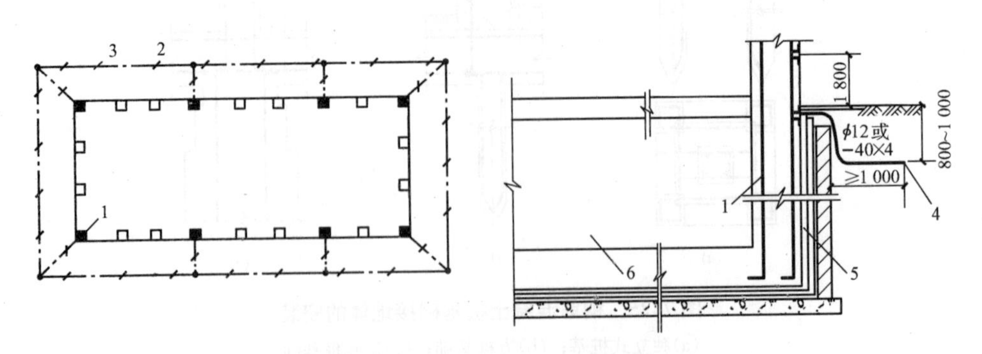

图 7.28　钢筋混凝土板式(有防水层)基础接地体的安装

1—柱主筋；2—接地体；3—连接线；4—引至接地体；5—防水层；6—基础底板

3)人工接地体或接地极装设。人工接地体有垂直埋设和水平埋设两种基本结构形式，如图 7.29 所示。人工接地体一般采用钢管、圆钢、角钢或扁钢等安装和埋入地下，但不应埋设在垃圾堆、炉渣和强烈腐蚀性土壤处。最常用的垂直接地体为直径 50 mm、长 2.5 m 的钢管，这是最为经济合理的。

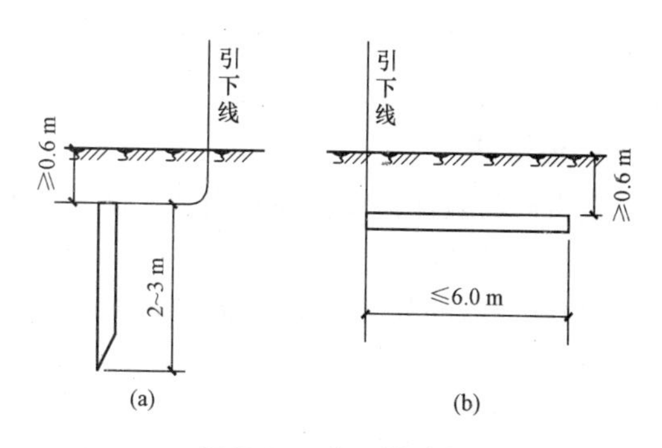

图 7.29 人工接地体

(a)垂直埋设的棒形接地体；(b)水平埋设的带形接地体

4)接地体的埋设要求。

①接地体的埋设深度不应小于 0.6 m，且必须在大地冻土层以下。角钢及钢管接地体应垂直配置。

②垂直接地体的长度不应小于 2.5 m，其相互之间间距一般不应小于 5 m。

③防雷接地的人工接地装置的接地干线埋设，经人行通道处埋地深度不应小于 1 m，且应采取均压措施或在其上方铺设卵石或沥青地面。

④人工接地装置或利用建筑物基础钢筋的接地装置必须在地面以上按设计要求位置设测试点。

⑤埋入后接地体周围要用新土夯实。

⑥接地体地下部分不得涂漆。

5)接地体的连接要求。

①接地体的焊接应采用搭接焊，其搭接长度应符合下列规定：

a. 扁钢与扁钢搭接为扁钢宽度的 2 倍，不少于三面施焊；

b. 圆钢与圆钢搭接为圆钢直径的 6 倍，双面施焊；

c. 圆钢与扁钢搭接为圆钢直径的 6 倍，双面施焊；

d. 扁钢与钢管，扁钢与角钢焊接，应紧贴角钢外侧两面，或紧贴 3/4 钢管表面，上下两侧施焊；

e. 除埋设在混凝土中的焊接接头外，应有防腐措施。

② 接地体与接地干线的连接，应采用可拆卸的螺栓连接点，以便测量电阻。

6)接地装置的检验、接地电阻的测量和常用降阻措施。

①接地装置的检验。新安装的接地装置，需按施工规范要求检验合格，既要求整个接地网的连接需完整牢固，同时还应按照规定进行涂色，标志记号鲜明齐全，一般是绿、黄色相间条纹，中性线是淡蓝色。在接地线引向建筑物内的入口处和在检修用临时接地点处，均应刷白色底漆后标以黑色记号“⏚”。

②接地电阻的测量。接地电阻的电阻必须足够小，不然无法有效地传导雷电，因此，必须要测量接地电阻。目前，使用最多的是接地电阻测量仪(接地摇表)，如图 7.30 所示。

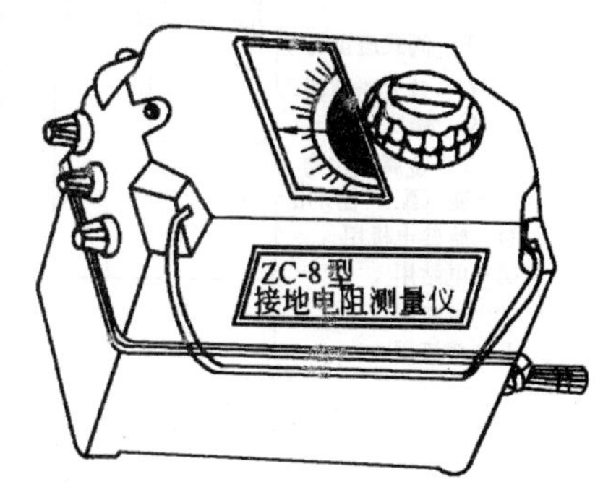

图 7.30 ZC 型接地电阻测量仪外形

③降低接地电阻措施。当接地电阻测量出来达不到设计要求，需采取电阻降低措施。主要有置换电阻率较低的土壤、接地体深埋(适用地层深处土壤电阻率

较低情况)、使用化学降阻剂、外引式接地(适用于接地体附近有导电良好的土壤、湖泊等)。

4. 避雷器

避雷器与被保护设备并联安装，防止雷电波侵入至建筑物室内引起的过电压，以免危及被保护设备的绝缘。

(1)避雷器的分类。避雷器的分类及应用见表7.4。

表7.4 避雷器的分类及应用

类别与名称				产品系列	应用范围
阀式	碳化物	交流	低压型阀式避雷器	FS	低压网络保护交流电器电表和配电变压器低压绕组
			配电型普通阀式避雷器	FS	3 kV、6 kV、10 kV交流配电系统保护配电变压器和电缆头
			电站型普通阀式避雷器	FZ	保护3～220 kV交流系统电站设备绝缘
			保护旋转电机磁吹阀式避雷器	FCD	保护旋转电机绝缘
			电站型磁吹阀式避雷器	FCZ	保护35～500 kV系统电站设备绝缘
		直流	线路型磁吹阀式避雷器	FCX	保护330 kV及以上交流系统电站设备绝缘
			直流型磁吹阀式避雷器	FCL	保护直流系统电气设备绝缘
	金属氧化物	交流	无间隙型金属氧化物式避雷器	YW	包括FS、FZ、FCD、FCZ、FCX系列的全部应用范围，有取而代之趋势
			有串联间隙型金属氧化物式避雷器	YC	3～10 kV交流系统，保护配电变压器、电缆头和电站设备
			有并联间隙型金属氧化物式避雷器	YB	保护旋转电机和要求保护性能特别好的场合
		直流	直流型金属氧化物式避雷器	YL	保护直流电气设备
管式	纤维管式避雷器			GWX	电站进线和线路绝缘弱点保护
	无续流管式避雷器			GSW	电站进线、线路绝缘弱点及6 kV、10 kV交流配电系统电气设备保护

常见避雷器型号含义如图7.31所示。

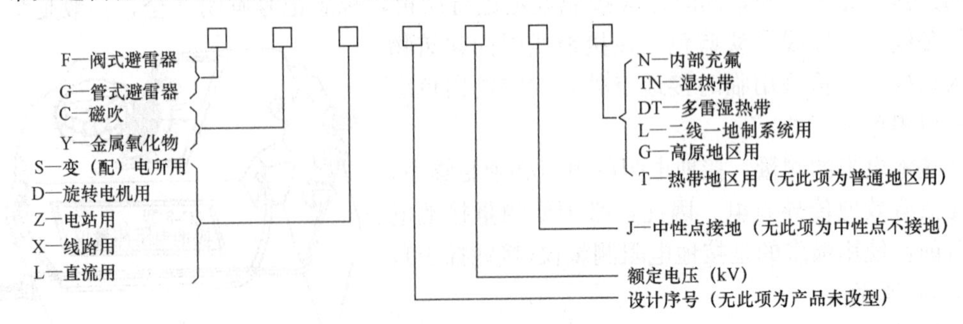

图7.31 避雷器型号含义

(2)阀式避雷器。阀式避雷器性能较好，使用较为广泛，其外形和结构如图 7.32 所示。它是由若干个火花间隙和阀片组成，安装在密封的瓷套里。火花间隙用铜片冲压而成，间隙之间用云母垫片相隔，阀片是用碳化硅颗粒制成，具有非线性，正常电压时，阀片电阻很大，火花间隙阻断电流通过，在雷电过电压作用下，阀片电阻很小，火花间隙被击穿，从而通过避雷器引下线向大地泄放，雷电过电压消失，线路恢复正常，阀片又呈现很大电阻。

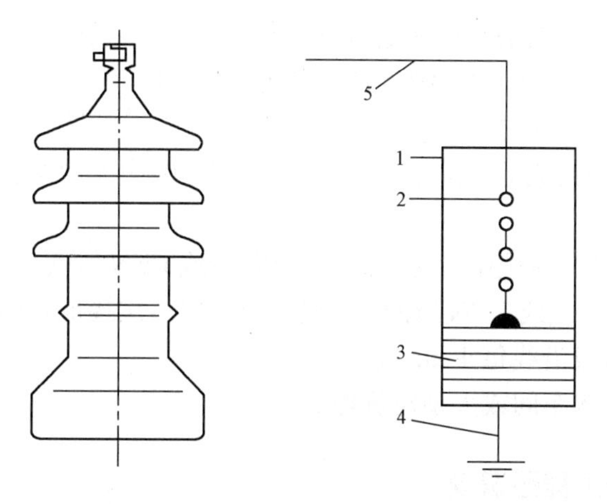

图 7.32　阀形避雷器外形

1—瓷套；2—间隙；3—阀片；4—接地线；5—进线

阀式避雷器应垂直安装，图 7.33 所示为阀式避雷器安装在墙上的示意图。室内阀式避雷器多安装在高、低压配电柜内。避雷器安装前需进行绝缘电阻测定、直流泄漏电流测量、工频放电电压测量和检查放电记录器动作情况及其基座绝缘。

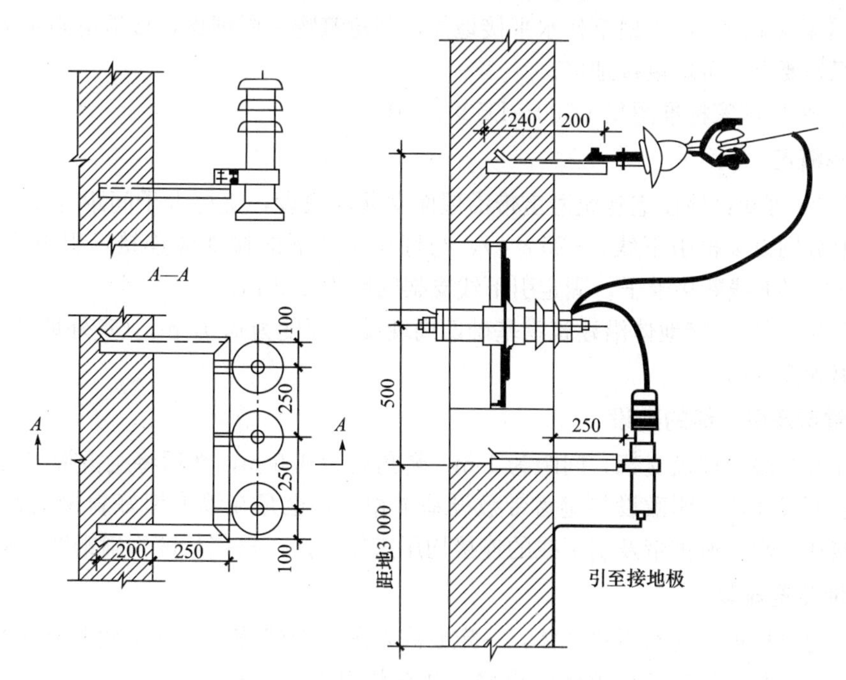

图 7.33　阀式避雷器在墙上安装及接线

(3)管型避雷器。管型避雷器由产气管和内外两个间隙组成(图 7.34)，具有较强的灭弧能力，但其保护特性较差，当工频电流过高时还易引起爆炸，与变压器特性不易配合，因而只适用于架空线路。

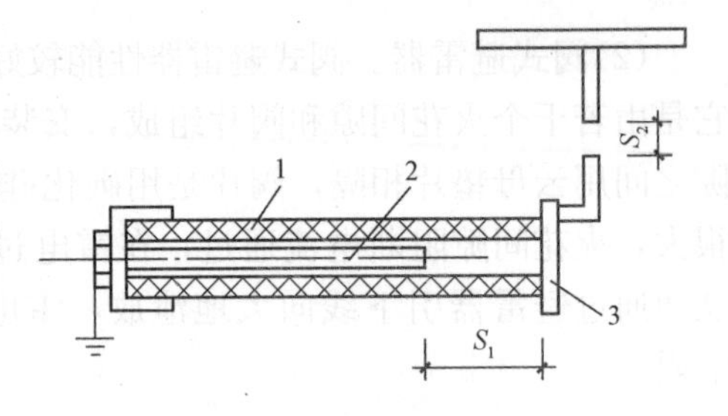

图 7.34 管形避雷器

1—灭弧管；2—内电极；3—外电极；

S_1—内部间隙；S_2—外部间隙

5. 接地的分类

(1)工作接地。工作接地是为保证电力系统和设备达到正常工作要求而进行的一种接地，如电源中性点的接地、防雷装置的接地等。

(2)保护接地。保护接地是为保障人身安全、防止间接触电而将设备的外露可导电部分接地。

(3)重复接地。在 TN 系统中，为确保公共 PE 线或 PEN 线安全可靠，除在中性点进行工作接地外，还应在 PE 线或 PEN 线的下列地方进行再一次接地，称为重复接地。

1)如架空线路终端及沿线每 1 km 处。

2)电缆和架空线引入车间或大型建筑物处。

7.1.3 防雷接地工程图识读

建筑物防雷接地工程图一般包括防雷工程图及接地工程图两部分。图 7.35 所示为某住宅建筑防雷平面图，图 7.36 所示为某住宅建筑接地工程图，图纸附施工说明。

施工说明：

(1)避雷带、引下线均采用－25×4 扁钢，镀锌或作防腐处理。

(2)引下线在地面上 1.7 m 至地面下 0.3 m 一段，用直径为 50 mm 的硬塑料管保护。

(3)本工程采用－25×4 扁钢作水平接地体，围建筑物一周埋设，接地电阻不大于 10 Ω。施工后达不到要求，可增设接地极。

(4)施工采用国家标准图集 D500～D502、14D504。

1. 工程概况

由图 7.35 可知：该住宅建筑避雷带沿屋面女儿墙敷设，支持卡子间距为 1 m。在西面及东面墙上分别设 2 根引下线(－25×4)，与埋设于地下的接地体连接，引下线在距地面 1.8 m 处设置引下线断接卡子。固定引下线支架间距为 1.5 m。

由图 7.35 可知：接地体沿建筑物基础四周埋设，深度为 0.97 m，(室外地坪以下)距基础中心距离为 0.65 m。

2. 避雷带及引下线的敷设

首先在女儿墙上埋设支架，间距为 1 m，转角处为 0.5 m，然后将避雷带与扁钢支架焊为一体，引下线在墙上明敷设与避雷带敷设基本相同，也是在墙上埋好扁钢支架之后再与引下线焊接在一起。避雷带及引下线的连接均用搭接焊接，搭接长度为扁钢宽度的 2 倍。

3. 接地装置安装

该住宅建筑接地体为水平接地体，一定要注意配合土建施工，在土建基础工程完工后，未进行回填土之前，将扁钢接地体敷设好，并在与引下线连接处，引出一根扁钢，做好与引下线连接的准备工作。扁钢连接应焊接牢固，形成一个环形闭合的电气通路，摇测接地

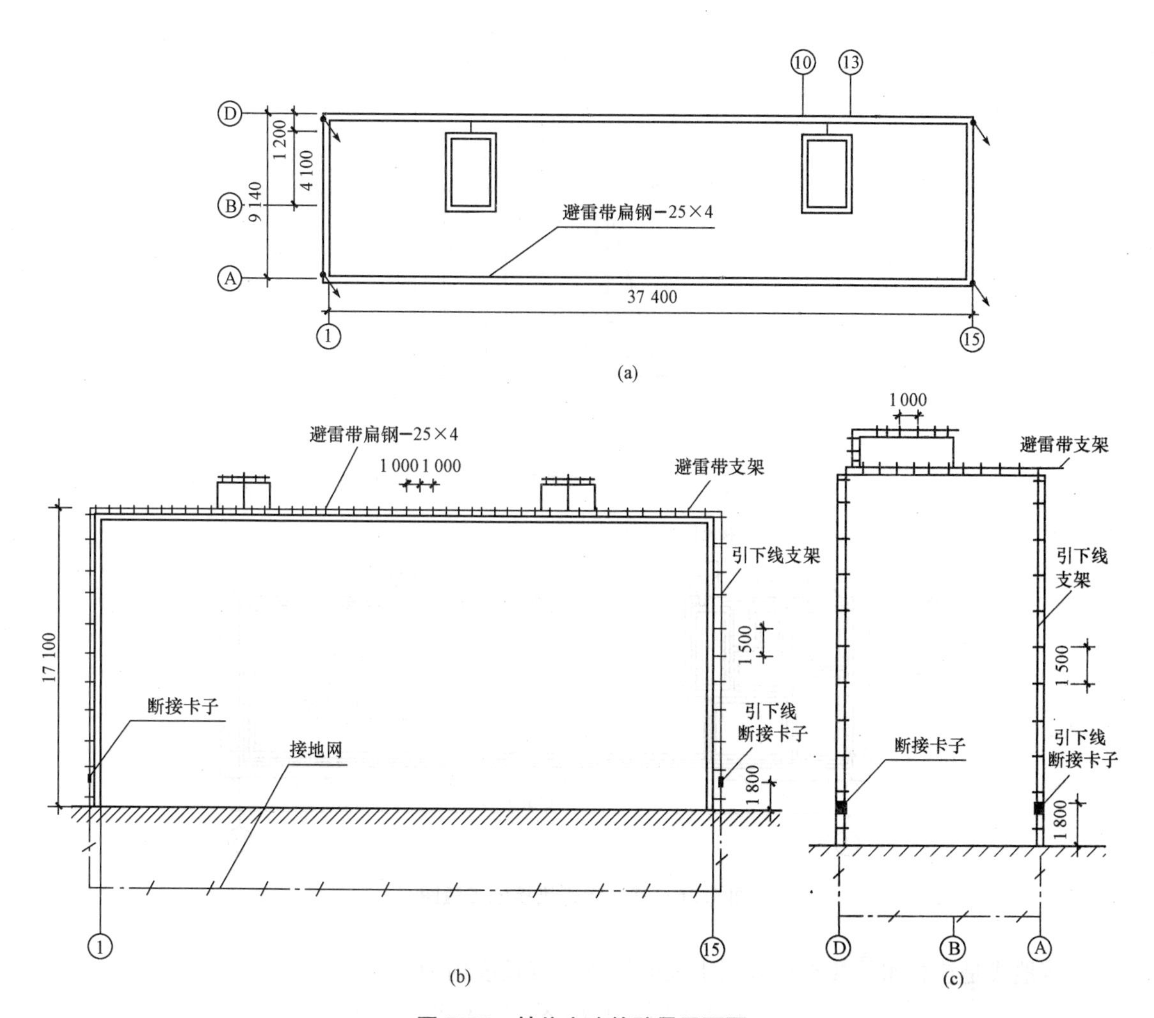

图 7.35　某住宅建筑防雷平面图

电阻达到设计要求后，再进行回填土。

4. 避雷带、引下线和接地装置的计算

避雷带、引下线和接地装置都是采用− 25×4 的扁钢制成，它们所消耗的扁钢长度计算如下：

(1)避雷带。避雷带为平屋面上的避雷带及楼梯间屋面的避雷带组成，平屋面上的避雷带长度为

$$(37.4+9.14)\times 2=93.08(\mathrm{m})$$

楼梯间屋面上的避雷带沿其顶面敷设一周，并用− 25×4 的扁钢与屋面避雷带连接(此处需要配合结构施工图，结合楼梯间屋面尺寸及其距屋面高度计算扁钢用量)。

(2)引下线。引下线共 4 根，分别沿建筑物四周敷设，在地面以上 1.8 m 处用断接卡子与接地装置连接，引下线长度为

$$(17.1-1.8)\times 4=61.2(\mathrm{m})$$

(3)接地装置。接地装置由水平接地体和接地线组成，水平接地体沿建筑物一周埋设，距基础中心线为 0.65 m，其长度为

$$[(37.4+0.65\times 2)+(9.14+0.65\times 2)]\times 2=98.28(\mathrm{m})$$

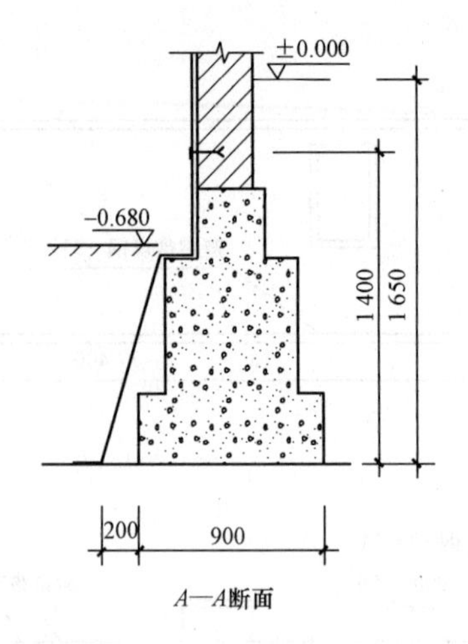

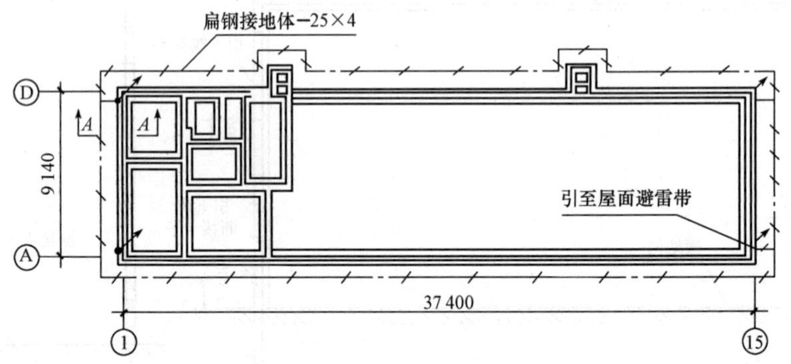

图 7.36　某住宅建筑接地工程图

接地线是连接水平接地体和引下线的导体，其长度约为

$$(0.65+0.97+1.8)\times4=13.68(\text{m})$$

(4)引下线的保护管。

引下线的保护管，采用直径为 50 mm 的硬塑料制管，长度为

$$(1.7+0.3)\times4=8(\text{m})$$

(5)避雷带和引下线的支架。

避雷带支架个数：(37.4/1+9.14/1)×2≈94(个)

引下线支架个数：[(17.1−1.8)/1.5]×4≈41(个)

7.2　防雷工程计量计价

7.2.1　防雷工程计量计价

防雷工程的计量计价同样可分为接闪器、引下线、接地装置。除此之外，还有接地跨接线和接地调试。

1. 接闪器

(1)避雷针。

1)安装在平屋顶上、在墙上、在构筑物上、在烟囱上及在金属容器上的避雷针加工制作，分为钢管和圆钢，按针长度以“根”为计量单位。

2)避雷针安装按在平屋顶上、在墙上、在构筑物上、在烟囱上及在金属容器上等划分定额，以“根”或“组”计量。

3)独立避雷针加工制作执行“一般铁构件”或按成品计算，安装以“基”计量，长度、高度、数量均按设计规定。

(2)避雷网安装。

1)避雷网敷设按沿折板支架敷设、沿墙和沿混凝土块敷设，工程量以“m”计量。工程量计算式如下：

$$避雷网长度=按图示尺寸计算的长度\times(1+3.9\%)$$

式中　3.9%——避雷网转弯、避绕障碍物、搭接头等所占长度附加值。

2)混凝土块制作，以“块”计量，按支持卡子的数量考虑，一般每米1个，拐弯处每半米1个 。

3)均压环安装，以“m”计量。主要考虑利用建筑物圈梁内主筋作均压环时，工程量以设计需要作均压接地的圈梁中心线长度，按“延长米”计算，定额按两根主筋考虑，当超过两根主筋时，可按比例调整。

注：若是利用建筑物钢筋，也按“均压环”项目，以“m”计量。

4)柱子主筋与圈梁焊接，以“处”计量。柱子主筋与圈梁连接的“处”数按设计计算。每处按两根主筋与两根圈梁钢筋分别焊接连接考虑。如果焊接主筋规定筋和圈梁钢筋超过两根时，可按比例调整。

2. 引下线

避雷引下线是从接闪器到断接卡子的部分，其定额划分有：沿建筑物、沿构筑物引下；利用建(构)筑物结构主筋引下；利用金属构件引下等。

(1)引下线安装，按施工图建筑物高度计算，以“延长米”计量，定额包括支持卡子的制作与埋设。其引下线工程量按下式计算：

$$引下线长度=按图示尺寸计算的长度\times(1+3.9\%)$$

(2)利用建(构)筑物结构主筋作引下线安装，按下列方法计算工程量：

用柱内主筋作“引下线”时，定额按焊接两根主筋考虑，以“m”计量，超过两根主筋时可按比例调整。

(3)断接卡子制作、安装，按“套”计量。按设计规定装设的断接卡子数量计算。接地检查井内的断接卡子安装按每井一套计算。

3. 接地装置安装工程量计算

接地装置由接地母线、接地极组成。目前，建筑物接地多利用建筑物基础内的钢筋作接地极，接地母线是从断接卡子处引出钢筋或扁钢预留，接至接地极用。

(1)接地母线安装，一般以断接卡子所在高度为母线的计算起点，算至接地极处。接地母线材料用镀锌圆钢、镀锌扁钢或铜绞线，以“延长米”计量。其工程量计算如下：

$$接地母线长度=按图示尺寸计算的长度\times(1+3.9\%)$$

注：电缆支架的接地安装执行“户内接地母线”定额。

(2)接地极安装。单独接地极制作、安装，以“根”为计量，按施工图图示数量计算。自然接地体中，垂直方向用建筑物桩的纵向主筋(一般直径大于16 mm的两根，直径小于等于16 mm的四根)焊连而成，选用“柱引下线”，以“m”计量；水平方向用建筑物独立基础底板或筏形基础钢筋作接地体，选用“均压环”项目，以“m”计量。

4. 接地跨接线工程量计算

接地母线、引下线、接地极等遇有障碍时，需跨越而相连的接头线称为跨接。接地跨接以“处”为计量单位。接地跨接线安装定额包括接地跨接线、构架接地、钢铝窗接地三项内容。

(1)接地跨接一般出现在建筑物伸缩缝、沉降缝处，吊车钢轨作为接地线时的轨与轨连接处，为防静电管道法兰盘连接处，通风管道法兰盘连接处等，如图7.37(a)、(b)所示。

(2)按规程规定凡需作接地跨接线的工程，每跨接一次按一处计算，户外配电装置构架均需接地，每副构架按“一处”计算。

(3)钢、铝窗接地以“处”为计量单位(高层建筑六层以上的金属窗设计一般要求接地)，按设计规定接地的金属窗数进行计算。

(4)其他专业的金属管道要求在入户时进行接地的，按管道的根数进行计算。

(5)金属线管通过箱、盘、柜、盒等焊接的连接线，线管与线管连接管箍处的连接线，定额已包括其安装工作，不得再算跨接，如图7.37(c)所示。

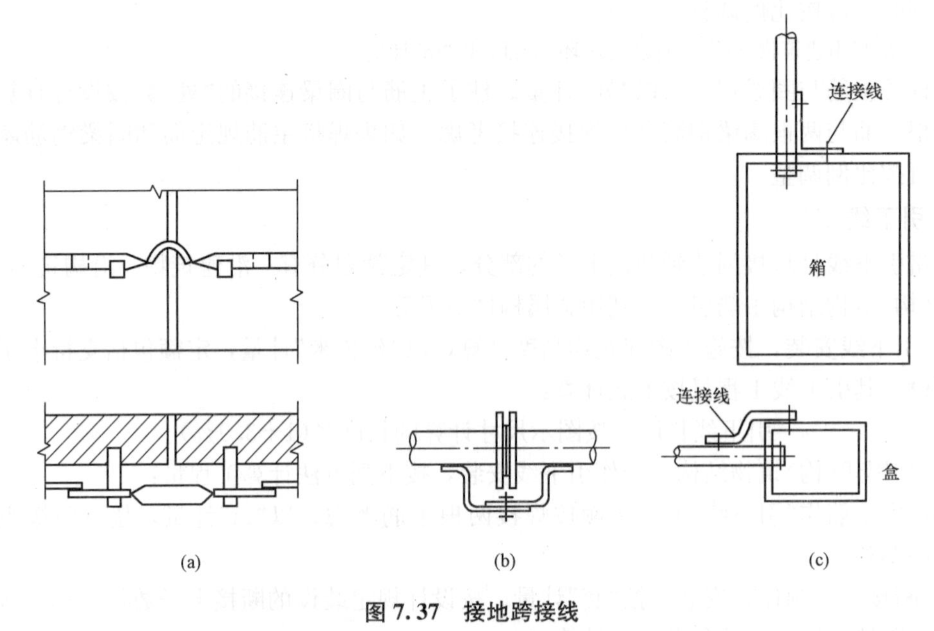

图7.37　接地跨接线

(a)风管接地跨接；(b)法兰接地跨接；(c)箱、盒接地跨接

5. 其他问题

(1)高层建筑物屋顶的防雷接地装置应执行“避雷网安装”项目。

(2)接地装置调试。

1)接地极调试，以“组”计量。接地极一般三根为一组，计一组调试。如果接地电阻未达到要求时，增加接地体后需再作试验，可另计一次调试费。

2)接地网调试，以“组”或“系统”计量。当接地极在6根以内的接地网、独立避雷针的单独接地网、一台柱上变压器独立接地装置，称为独立接地装置，以“组”计算。

自成母网与厂区不相连的独立接地网、大型建筑群中相连的小网，以及不同的电阻值设计要求的、凡接地极在6根以上连成网状者称为接地网，以“系统”计算。用建筑物和构筑物基础及桩基中钢筋焊接成一体代替接地网时，也以“系统”计算。选用《重庆市安装 工程计价定额》第二册第十二章相应定额。

(3)避雷器以“套”计量，避雷器调试以 “组”计量。

7.2.2 防雷工程计量计价举例

【例 7-1】 防雷接地施工图如图 7.38 所示，引下线在距地 0.3 m 处设断接卡子，接地电阻要求小于 30 Ω，接地极为∟50×50×5 镀锌角钢，接地母线为−40×4 镀锌扁钢，避雷网为 ϕ10 镀锌圆钢。

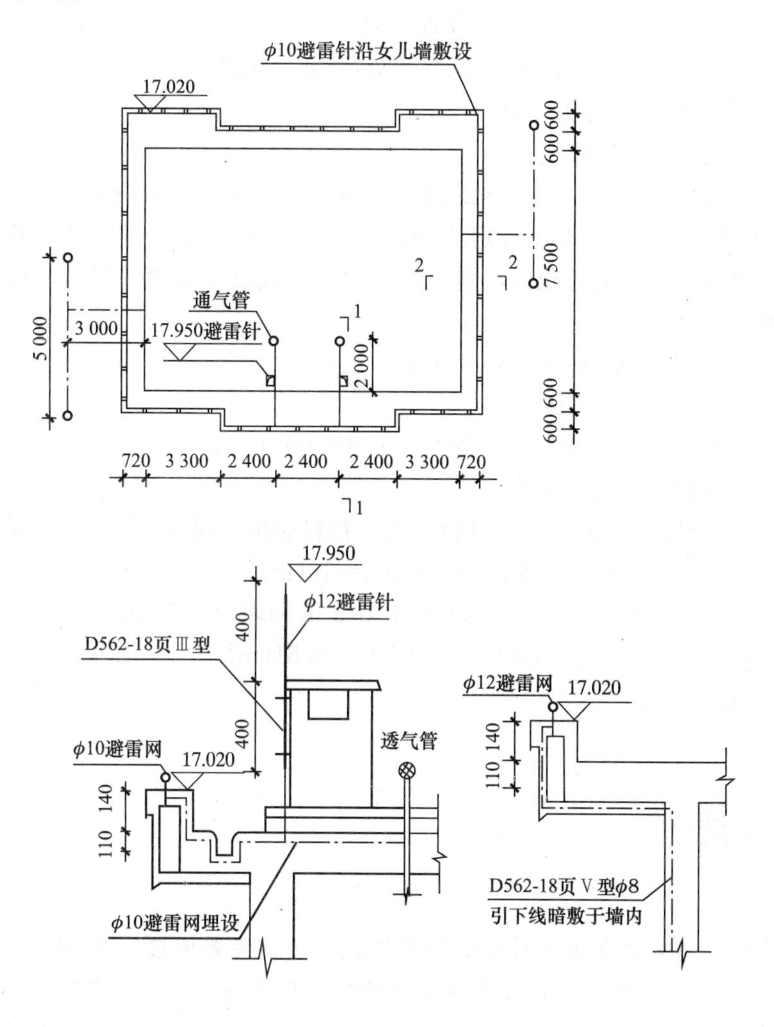

图 7.38 屋顶防雷平面布置图

识图说明：

(1)防雷网(避雷网)沿建筑物屋顶外檐敷设一周，标高为 17.020 m。避雷针要与防雷网连接才达到避雷的目的，由图可知，避雷针底部要与避雷网连接。

(2)引下线上部要接避雷网，标高为 17.020 m，下部要接接地母线，标高为 0.300 m，连成闭合回路。

(3)接地极埋深一般为－0.75 m，接地母线从断接卡子算起。

解析：

(1)防雷接闪器即防雷网部分工程量的计算。防雷网按水平标注计算长度，加上雨水沟剖面的高差及与避雷针之间的高差之和。屋面标高为 17.020－0.14＝16.88(m)，而避雷针标高为 17.950 m，针长为 0.8 m，所以，避雷针下部标高为 17.950－0.8＝17.15(m)，避雷针下部距屋面的垂直高差为 17.15－16.88＝0.27(m)，如图 7.37 所示。

1)防雷网的水平长度：(0.72＋3.3＋3×2.4＋3.3＋0.72)×2＋(0.6×2＋7.5)×2＋0.6×2×2＋0.6×2＋(2＋2×0.6)×2＝57.88(m)

2)防雷网的垂直长度：(0.14＋0.11×2＋0.27)×2＝1.26(m)

总长度＝[57.88(水平长度)＋1.26(垂直长度)]×(1＋3.9%)＝61.45(m)

(2)接地跨接线以“处”统计为 2 处，透气管处(排水铸铁管)。

(3)避雷针安装以“根”统计为 2 根。

避雷针制作按设计要求计算：

实际质量＝0.8(m)×2(根)×0.888(kg/m)＝1.42(kg)

(4)避雷引下线工程量的计算。按房檐的标高 17.020 m 加上房檐距轴线的长度，因在距地 0.3 m 处设断接卡子，故应减去，则 0.3 m 以下引线已变成镀锌扁钢，将其数量列入接地母线中。具体计算如下：

垂直长度：(17.020－0.3)×2＝33.44(m)

水平长度：0.72×2＝1.44(m)

避雷引下线工程量＝(33.44＋1.44)×(1＋3.9%)＝36.24(m)

(5)断接卡子：制作、安装：2 套

(6)接地极两组制作安装：∟50×5 共计 4 根。材料应按不同规格计算出质量后计价。

(7)接地母线－40×4：水平长度：(3＋5)×2＝16(m)

垂直长度：(0.3＋0.75)×2＝2.1(m)(地上 0.3 m 和埋深 0.75 m)

－40×4 的工程量＝(16＋2.1)×(1＋3.9%)＝18.81(m)

(8)接地极调试：1 组。

小 结

本章主要介绍了雷电的危害及对应的防雷措施，防雷装置由接闪器(避雷针、避雷带、避雷网)、引下线及接地装置组成，以及这三部分的材料构成、构造及施工工艺，防雷工程的识图及其列项、计量计价等。

习 题

1. 雷电的危害有哪些？其防护措施有哪些？

2. 防雷工程有哪几级？

3. 为什么要在引下线上设断接卡子?
4. 简述阀形避雷器的工作原理及用途。
5. 何谓接地装置?
6. 防雷工程如何列项?

附录　常用图形符号和文字符号及设备标注

（摘自建筑电气工程设计常用图形和文字符号 09DX001、GB/T 4728）

附表 1　图形符号一导体和连接件

序号	符号	说明	应用类别
1—001	⎓形式一　DC形式二	直流 Direct current：示例⎓220/110V或DC 220/110V表示直流220/110V	用于功能性文件和位置文件
1—002	～形式一　AC形式二	交流 Alternating current 示例：3AC 400V或3～400V表示三相三线交流400V	
1—003	3/N～400/230V 50Hz或 3/N AC400/230V 50Hz	交流，三相带中性线，400V（相线和中性线的电压为230V），50Hz	
1—004	3/N/PE～50Hz/TN—S或 3/N/PE AC 50Hz/TN—S	交流，三相，50Hz；具有一个直接接地点且中性线与保护导体全部分开的系统	
1—005	+	正极性　Positive polarity	
1—006	—	负极性　Negative polarity	
1—007	N	中性（中性线）　Neutral	
1—008	M	中间线　Mid—wire	
1—009		接地，地，一般符号　Earth，general symbol 功能性接地	
1—010 1—011	形式一　形式二	功能等电位联结 Functional equipotential bonding	
1—012		保护等电位联结（保护接地导体、保护接地端子） Protective equipotential bonding	
1—013		连接，一般符号（导线；电缆；电线；传输通路；电信线路）	
1—014 1—015	形式一 3　形式二	导线组（示出导线数）（示出三根连线） Group of connections（number of connection indicated）	
1—016		软连接 Flexible connection	
1—017		屏蔽导体 Screened conductor	
1—018		绞合连接 Twisted connection；示出两根导线	
1—019		电缆中的导线 Conductors in a cable；示出三根导线	
1—020		电缆中的导线 Conductors in a cable 示例：五根导线，其中箭头所指的两根在同一电缆内	
1—021	L1　L3	相序变更（换位）Change of phase sequence	
1—022	○	端子 Terminal	

续表

序号	符号	说明	应用类别
1—023	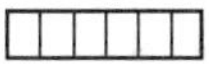	端子板 Terminal strip	用于功能性文件
1—024	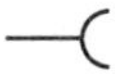	阴接触件(连接器的)、插座 Contact, female(of a socket or plug)	
1—025		阳接触件(连接器的)、插头 Contact, male(of a socket or plug)	用于功能性文件和位置文件
1—026		插头和插座 Plug and socket	
1—027		接通的连接片 Connecting link, closed	
1—028		断开的连接片 Connecting link, open	
1—029		电阻器，一般符号 Resistor, general symbol	
1—030	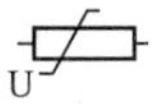 U	压敏电阻器 Resistor, voltage dependent	
1—031	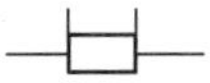	带分流和分压端子的电阻器 Resistor with separate current and voltage terminals	
1—032	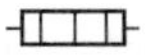	加热元件 Heating element	
1—033 1—034	形式一 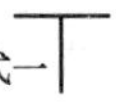 形式二 	T 型连接 T—connection	用于功能性文件(形式一可用于位置文件)
1—035 1—036	形式一 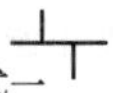 形式二 	导线的双 T 连接 Double junction of conductors	用于功能性文件
1—037 1—038	形式一 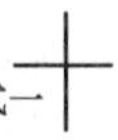 形式二 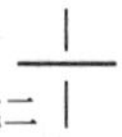	跨接连接(跨越连接)	用于功能性文件和位置文件
1—039		屏蔽 Screen (符号可画成任何方便的形状)	
1—040		边界线 Boundary (用于外壳、外形)	
1—041		传送(单向) Propagation(one way) (能量流、信号流、信息流)表示方向、流动	
1—042 1—043	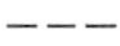 形式一  形式二	连接 Link (机械连接、气动连接、液压连接、光学连接、功能连接、无线电连接)符号的长度取决于图面的布局	
1—044		定向连接 Directed connection (斜线应指向连接点的方向，所示符号是从右到左的一根导线，通过一个位于左边的连接点连接到末端)	
1—045	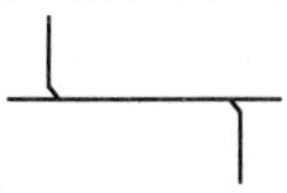	进入线束的点 Point of access to a bundle(本符号不适用于表示电气连接，在平面图中，表示进入导线束的点，也就是 2 根或更多的连线在图中占用了同一空间)	

续表

序号	符号	说明	应用类别
1—046		电容器，一般符号 Capacitor general symbol	用于功能性文件和位置文件
1—047		极性电容器 Capacitor，polarized 例如：电解电容	
1—048		半导体二极管，一般符号 Semiconductor diode，general symbol	用于功能性文件
1—049		发光二极管(LED)，一般符号 Light emitting diode(LED)，general symbol	
1—050		单向击穿二极管 Breakdown diode，unidirectional 齐纳二极管，电压调整二极管	
1—051		双向击穿二极管 Breakdown diode，bidirectional	
1—052		双向三极闸流晶体管 Bidirectional triode thyristor，Triac 半导体，闸流晶体管，三端双向可控硅开关元件	
1—053		PNP 晶体管 PNP transistor PNP，半导体，晶体管	
1—054		集电极接管壳的 NPN 晶体管 NPN，半导体，晶体管 NPN transistor with collector connected to the envelope	
1—055		线圈、绕组，一般符号 Coil；Winding general symbol 电感器，扼流圈 若表示带磁心的电感器可以在该符号上加一条平行线；若磁心有间隙，这条线可断开画，可改变半圆的数目以适合实际应用	用于功能性文件和位置文件
1—056	★	电机一般符号 Machine，general symbol “★”用下述字母之一代替：G—发电机；GP—永磁发电机；GS—同步发电机；M—电动机；MS—同步电动机；MG—能作为发电机或电动机使用的电机；MGS—同步发电机—电动机	

附表 2　图形符号—电机、变压器

序号	符号	说明	应用类别
1—057	M 3~	三相鼠笼式感应电动机 Induction motor，there-phase，squirrel cage	用于功能性文件
1—058	M 1~	单相鼠笼式感应电动机 Induction motor，single-phase，squirrel cage 有绕组分相引出端子	
1—059	M 3~	三相绕线式转子感应电动机 Induction motor，there-phase，with wound rotor	

续表

序号	符号	说明	应用类别
1—060 1—061	形式一　形式二	双绕组变压器，一般符号 Transformer with two windings，general symbol 瞬时电压的极性可以在	用于功能性文件(形式一可用于位置文件)
1—062 1—063	形式一　形式二	绕组间有屏蔽的双绕组变压器 Transformer with two windings and screen	
1—064 1—065	形式一　形式二	一个绕组上有中间抽头的变压器 Transformer with center tap on one windings	
1—066 1—067		星形-三角形连接的三相变压器 Three-phase transformer，connection star-delta	用于功能性文件(形式一可用于位置文件)
1—068 1—069		具有 4 个抽头的星形-星形连接的三相变压器 Three-phase transformer with four taps，connection：star-star	
1—070 1—071		单相变压器组成的三相变压器，星形-三角形连接 Three-phase bank of single-phase transformers，connection star-delta	
1—072 1—073		具有有载分接开关的三相变压器，星形-三角形连接 Three-phase transformer with tap changer	

续表

序号	符号		说明	应用类别
	形式一	形式二		
1—074 1—075	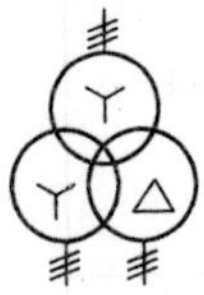	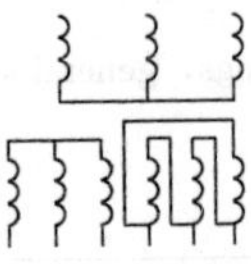	三相变压器，星形-星形-三角形连接 Three-phase transformer，connection star-star-delta	用于功能性文件
1—076 1—077		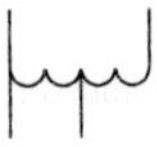	自耦变压器，一般符号 Auto-transformer，general symbol	
1—078 1—079		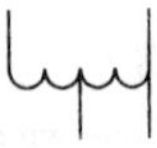	单相自耦变压器 Auto-transformer，single-phase	
1—080 1—081		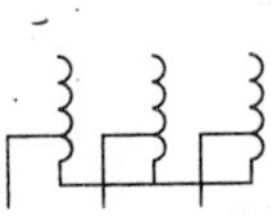	三相自耦变压器，星形连接 Auto-transformer，three-phase，connection star	
1—082 1—083			可调压的单相自耦变压器 Auto-transformer，single-phase with voltage regulation	
1—084 1—085		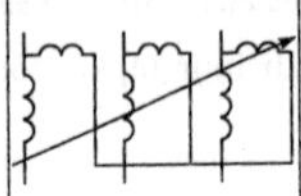	三相感应调压器 Three-phase induction regulator	
1—086 1—087			电抗器，一般符号 Reactor，general symbol 扼流圈	
1—088 1—089	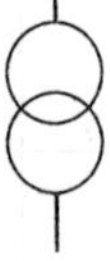	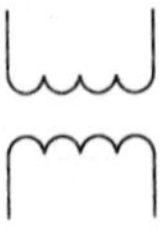	电压互感器 Voltage transformer	
1—090 1—091	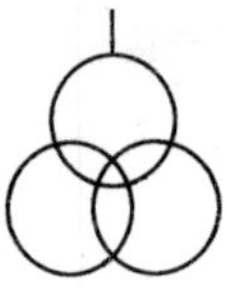	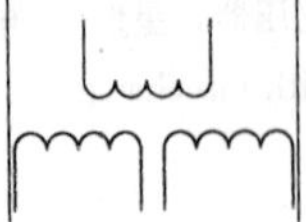	三绕组变压器，一般符号 Transformer with three windings，general symbol	

附表 3　图形符号一互感器

序号	符号		说明	应用类别
	形式一	形式二		
1—092 1—093		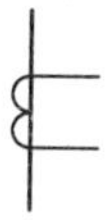	电流互感器，一般符号 Current transformer，general symbol	用于功能性文件
1—094 1—095	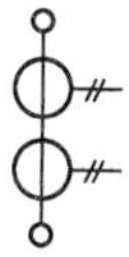	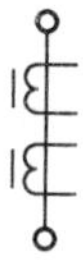	具有两个铁心，每个铁心有一个次级绕组的电流互感器 Current transformer with two cores with one secondary winding on each core 在一次回路中每端示出端子符号表明只是一个单独器件，如果使用了端子代号，则端子(o)符号可以省略，形式二中铁心符号可以略去	
1—096 1—097			在一个铁心上具有两个次级绕组的电流互感器 Current transformer with two secondary windings on one core 形式二中的铁心符号必须画出	
1—098 1—099	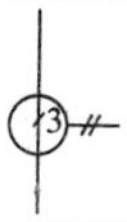	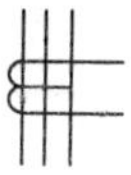	具有三条穿线一次导体的脉冲变压器或电流互感器 Pulse or current transformer with three threaded primary conductors	
1—100 1—101		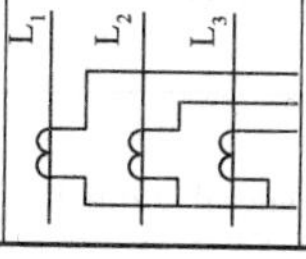	三个电流互感器(四个次级引线引出)	

附表 4　图形符号一开关、触点

序号	符号	说明	应用类别
1—117		隔离器 Disconnector；Isolator	用于功能性文件
1—118	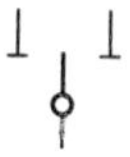	双向隔离器(具有中间断开位置) Two-way disconnector；Two-way isolator	
1—119		隔离开关 Switch-disconnector；on-load isolating switch	
1—120		带自动释放功能的隔离开关 Switch-disconnector，automatic release；On-load isolating switch，automatic(具有由内装的测量继电器或脱扣器触发的自动释放功能)	
1—121		断路器 Circuit breaker	
1—122		带隔离功能断路器	
1—123		剩余电流保护开关	

续表

序号	符号	说明	应用类别
1—126		熔断器式开关 Fuse-switch	用于功能性文件
1—127		熔断器式隔离器 Fuse-disconnector，Fuse isolator	
1—128		熔断器式隔离开关 Fuse switch-disconnector，On load isolating fuse switch	
1—129		接触器；接触器的主动合触点 Contactor；Main make contact of a contactor(在非操作位置上触点断开)	
1—130		接触器；接触器的主动触点 Contactor；Main break contact of a contactor(在非操作位置上触点闭合)	
1—131		静态(半导体)接触器 Static(semiconductor)contactor	
1—132		熔断器，一般符号 Fuse，general symbol	
1—133		熔断器 Fuse(熔断器烧断后仍带电的一端线显示)	
1—134	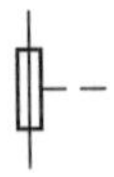	熔断器；撞击熔断器 Fuse；Strike fuse(带机械连杆)	
1—135		火花间隙 Spark gap	
1—136		避雷器 Surge diverter；lightning arrester	
1—137		动合(常开)触点，一般符号 Make contact，general symbol 开关，一般符号 Switch，general symbol	
1—138		动断(常闭)触点 Break contact	
1—139		先断后合的转换触点 Change-over break before make contact	

续表

序号	符号	说明	应用类别
1—140		中间断开的转换触点 Change-over contact with off-position	用于功能性文件
1—141 1—142	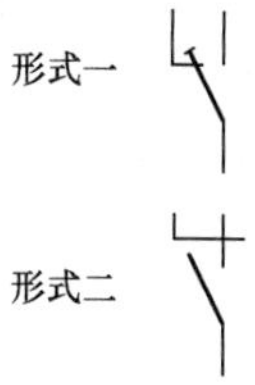 形式一 形式二	先合后断的双向转换触点 Change-over make before break contact，both ways	
1—143		提前闭合的动触点 Make contact，early closing(多触点组中此动合触点比其他动合触点提前闭合)	
1—153 1—154	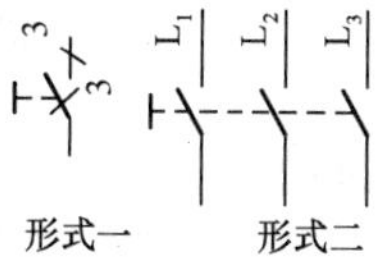 形式一 形式二	一个手动三极开关	
1—155 1—156	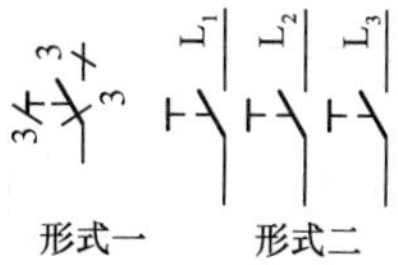 形式一 形式二	三个手动单极开关	
1—157		多功能开关器件 Multiple-function switching device 控制和保护开关器件(CPS)；可逆 CPS(该多功能开关器件包括可逆功能、断路器功能、隔离功能、接触器功能和自动脱扣功能，可通过使用相关功能符号来表示，为了相位转换，该符号示出了可逆功能，当使用该符号时，应省略不适用的功能符号要素)	
1—158	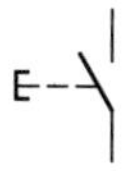	自动复位的手动按钮的开关 Switch，manually operated，push-button，automatic return	
1—159	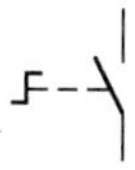	无自动复位的手动旋转开关 Switch，manually operated，turning，stay-put	
1—160	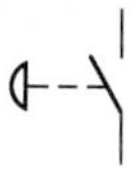	具有动合触点且自动复位的蘑菇头式的应急按钮开关 Push-button switch，type mushroom-head，key by operation	
1—161		静态开关，一般符号 Static switch，general symbol	

附表 5　图形符号一继电器

序号	符号	说明	应用类别
1—177	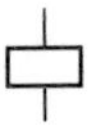	继电器线圈，一般符号；驱动器件，一般符号 Relay coil，general symbol；operating device，general symbol(选择器的操作线圈)	用于功能性文件
1—178	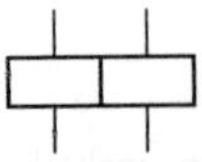	驱动器件，继电器线圈(组合表示法) Operating device；Relay coil(attached representation) (具有两个独立绕组的驱动器件的组合表示法)	
1—179	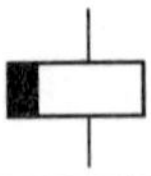	缓慢释放继电器线圈 Relay coil of a slow-releasing relay	
1—180	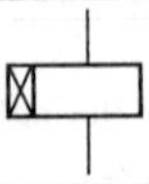	缓慢吸合继电器线圈 Relay coil of a slow-operating relay	
1—181	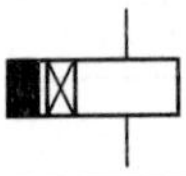	延时继电器线圈 Relay coil a slow-operating and slow-releasing relay	
1—182	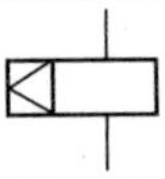	机械保持继电器的线圈 Relay coil of a mechanically latched relay	
1—183	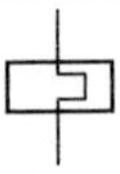	热继电器的驱动器件 Operating device of a thermal relay	
1—184	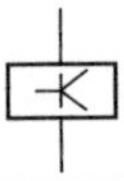	电子继电器的驱动器件 Operating device of an electronic relay	
1—185	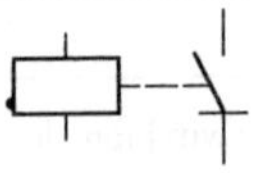	静态继电器，一般符号 Static relay，general symbol(示出为半导体动合触点)	
1—186	 ★	测量继电器；测量继电器有关的器件 Mesuring relay；Device related to a measuring relay "★"应由表示器件参数的一个或多个字母或限定符号按照以下顺序代替： —特性量和其变化方式； —能量流动方向； —整定范围； —重整定比(复位比)； —延时作用； —延时值	
1—187	U < 50~80 V 130%	久压继电器 Undervoltage relay(整定范围从 50 V 到 80 V，重整定比 130%)	
1—188	I >5A <3A	电流继电器 Current relay(有最大和最小整定值，示出限定值 3 A 和 5 A)	

续表

序号	符号	说明	应用类别
1—189		瓦斯保护器件；气体继电器 Buchholz protective device；Gas relay	用于功能性文件
1—190		自动重闭合器件；自动重合闸继电器 Device for auto-reclosing；Auto-reclose relay	

附表6　图形符号—测量仪表

序号	符号	说明		应用类别
1—191	★	指示仪表，一般符号 Indicating instrument，general symbol	符号内的“★”应由下列之一代替： —被测量量的单位的文字符号或倍数、约数，示例见1—193 —被测量的文字的符号，示例见1—197 —化学分子式，示例见1—202 —图形符号，示例见1—200	用于功能性文件
1—192	★	记录仪表，一般符号 Recording instrument，general symbol		
1—193	V	电压表 Voltmeter		
1—194	A Isinφ	无功电流表 Reactive current ammeter		
1—195	W Pmax	最大需量指示器 Maximum demand indicator(被积算仪表激励)		
1—196	var	无功功率表 Varmeter		
1—197	cosφ	功率因数表 Power-factor meter		
1—198	φ	相位计 Phase meter		
1—199	Hz	频率计 Frequency meter		
1—200		同步指示器 Synchronoscope		

续表

序号	符号	说明	应用类别
1—201	 ↑ (in circle)	检流计 Galvanometer	
1—202	 NaCl	盐度计 Salinity meter	
1—203	 θ	温度计；高温计 Thermometer；Pyrometer	
1—204	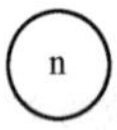 n	转速表 Tachometer	
1—205	 W	记录式功率表 Recording wattmeter	用于功能性文件
1—206	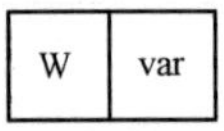 W var	组合式记录功率表和无功功率表 Combined recording wattmeter and varmeter	
1—207	 ★ ★	组合式记录表 符号内的“★”参照序号 1—191、1—192 确定	
1—208	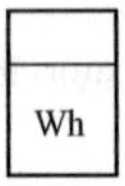 Wh	电度表(瓦时计)Watt-hour meter	
1—209	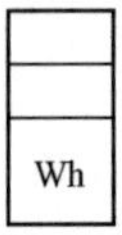 Wh	复费率电度表(示出二费率)Multi-rate watt-hour meter	
1—220	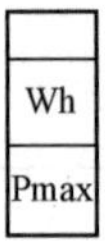 Wh Pmax	带最大需量记录器电度表 Watt-hour meter with maximum demand recorder	用于功能性文件
1—221	⊗	信号灯，一般符号 Lamp，general symbol 如果需要指示颜色，则要在符号旁标出下列代码： RD—红 YE—黄 GN—绿 BU—蓝 WH—白 如果需指示灯的类型，则要在符号旁标出下列代码：Ne—氖 Xe—氙 Na—钠气 Hg—汞 I—碘 IN—白炽灯 EL—电致发光的 ARC—弧光 FL—荧光的 IR—红外线的 UV—紫外线的 LED—发光二极管	用于功能性文件和位置文件

续表

序号	符号	说明	应用类别
1—222	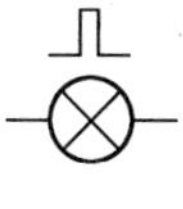	闪光型信号灯 Signal lamp，flashing type	用于功能性文件
1—223		音响信号装置，一般符号(电喇叭、电铃、单击电铃，电动汽笛)Acoustic signalling device，general symbol	用于功能性文件和位置文件
1—224		报警器 Siren	用于功能性文件
1—225		蜂鸣器 Buzzer	

附表 7　图形符号一变电站标注、线路标注

序号	符号	说明	应用类别
1—226	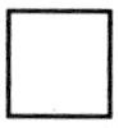	发电站，规划的 Generating station，planned	用于位置文件
1—227		发电站，运行的或未特别提到的 Generating station，in service or unspecified	
1—228	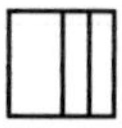	热电联产发电站、规划的 Combined electric and heat generated station，planned	
1—229		热电联产发电站，运行的或未特别提到的 Combined electric and heat generated station，in service or unspecified	
1—230	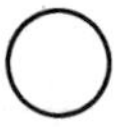	变电站、配电所，规划的 Substation，planned(可在符号内加上任何有关变电站详细类型的说明)	
1—231		变电站、配电所，运行的或未特别提到的 Substation，in service or unspecified	
1—232		连线，一般符号 Connection，general symbol(导线；电线；电缆；传输通路；电信线路)	用于功能性文件和位置文件
1—233	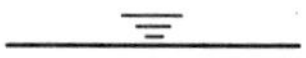	地下线路 Underground line	用于位置文件

续表

序号	符号	说明	应用类别
1—234		带接头的地下线路 Line with buried joint	用于位置文件
1—235	E	接地极 Earthed pole	
1—236	E	接地线 Ground conductor	用于功能性文件和位置文件
1—237	LP	避雷线 Earth wire，ground-wire 避雷带 Strap type lightning protect 避雷网 Network of lightning conduct	
1—238		避雷针 Lightning rod	用于位置文件
1—239		水下线路 Submarine line	
1—240		架空线路 Overhead line	
1—241		套管线路 Line within a duct；Line within a pipe （附加信息可标注在管道线路的上方）	
1—242	6	六孔管道的线路 Line within a six-way-duct	
1—243		电缆梯架、托盘、线槽线路 Line of cable tray 注：本符号用电缆桥架轮廓和连线组组合而成	用于功能性文件和位置文件
1—244		电缆沟线路 Line of cable trench 注：本符号用电缆沟轮廓和连线组组合而成	
1—245		中性线 Neutral conductor	
1—246		保护线 Protective conductor	
1—247	PE	保护接地线 Protective earthing conductor	
1—248		保护线和中性线共用线 Combined protective and neutral conductor	
1—249		带中性线和保护线的三相线路 Three-phase wiring with neutral conductor and protective conductor	
1—250		向上配线；向上布线 Wiring going upwards	用于位置文件
1—251		向下配线；向下布线 Wiring going downwards	

续表

序号	符号	说明	应用类别
1—252		垂直通过配线；垂直通过布线 Wiring passing through vertically	用于位置文件
1—253		人孔，用于地井 Manhole for underground chamber	
1—254		手孔的一般符号	
1—255		多个平行的连接线可用一条线(线束)表示：中断平行连接线，留一定间隔，其间隔之间画一根横线表示线束，横线两端各划一短垂线	
1—256		线束内顺序的表示，使用一个点表示第一个连接	
1—257	A B C D F　C D F A B	线束内顺序的表示，表示对应连接	
1—258 1—259	形式一 5 3 形式二 2	线束内导线数目的表示	

附表 8　图形符号一配电设备标注

序号	符号	说明	应用类别
1—260 1—261 1—262	形式一　形式二　形式三	物件 Object(设备、器件、功能单元、元件、功能)符号轮廓内填入或加上适当的代号或符号以表示物件的类别	用于功能性文件和位置文件
1—263	MEB	等电位端子箱	
1—264	LEB	局部等电位端子箱	
1—265	EPS	EPS 电源箱	
1—266	UPS	UPS(不间断)电源箱	

续表

序号	符号	说明				应用类别
1—267	★	轮廓内或外就近标注字母代码“★”，表示电气柜(屏)、箱、台				用于位置文件
		35kV开关柜、MCC柜	AH	电源自动切换箱(柜)	AT	
		20kV开关柜、MCC柜	AJ	电力配电箱	AP	
		10kV开关柜、MCC柜	AK	应急电力配电箱	APE	
		6kV开关柜、MCC柜	AL	控制箱、操作箱	AC	
		低压配电柜、MCC柜	AN	励磁屏(柜)	AE	
		并联电容器屏(箱)	ACC	照明配电箱	AL	
		直流配电柜(屏)	AD	应急照明配电箱	ALE	
		保护屏	AR	电度表箱	AW	
		电能计量柜	AM	过路接线盒、接线箱	XD	
		信号箱	AS	插座箱	XD	

附表9　图形符号一接线盒、起动器、插座、照明开关

序号	符号	说明	应用类别
1—268 1—269	★	配电中心 Distribution centre(符号表示带五路配线)符号就近标注字母代码“★”见附表8，表示不同配电柜(屏)、箱、台	用于位置文件
1—270		盒，一般符号 Box，general symbol	
1—271		连接盒；接线盒 Connection box；Junction box	
1—272		用户端，供电引入设备 Consumers terminal，Service entrance equipment (符号表示带配线)	用于功能性文件和位置文件
1—273		电动机起动器，一般符号 Motor starter，general symbol(特殊类型的起动器可以在一般符号内加上限定符号来表示)	用于功能性文件
1—274		调节—起动器 Starter-regulator	
1—275		可逆直接在线起动器 Direct-on-line starter，reverting	

续表

序号	符号	说明	应用类别
1—276		星-三角起动器 Star-delta starter	用于功能性文件
1—277		带自耦变压器的起动器 Starter with auto-transformer	
1—278		带可控硅整流器的调节-起动器 Starter-regulator with thyristors	
1—279		(电源)插座、插孔，一般符号(用于不带保护极的电源插座)Socket outlet(power)，general symbol；Receptacle outlet(power)，general symbol	用于位置文件
1—280 1—281	3 形式一 形式二	多个(电源)插座，符号表示三个插座 Multiple socket oulet(power)	
1—282		带保护极的(电源插座) Socket oulet(power) with protective contact	
1—283		单相二、三极电源插座	
1—284 1—285	★ (不带保护极) ★ (带保护极)	根据需要可在"★"处用下述文字区别不同插座： 1P—单相(电源)插座 1EX—单相防爆(电源)插座 3P—三相(电源)插座 3EX—三相防爆(电源)插座 1C—单相暗敷(电源)插座 1EN—单相密闭(电源)插座 3C—三相暗敷(电源)插座 3EN—三相密闭(电源)插座	
1—286		带滑动保护板的(电源)插座 Socket outlet(power) with sliding shutter	
1—287		带单极开关的(电源)插座 Socket outlet(power) with single-pole switch	
1—288		带保护极的单极开关的(电源)插座	

续表

序号	符号	说明	应用类别
1—289		带联锁开关的(电源)插座 Socket outlet(power) with interlocked switch	用于位置文件
1—290		带隔离变压器的(电源)插座 Socket outlet(power) with isolating transformer(剃须插座)	
1—291		开关，一般符号 Switch，general symbol 单联单控开关	
1—292	 ★	根据需要“★”用下述文字标注在图形符号旁边区别不同类型开关： EX—防爆开关；EN—密闭开关；C—暗装开关	
1—293		双联单控开关	
1—294		三联单控开关	
1—295	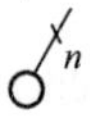 n	n联单控开关，$n>3$	
1—296		带指示灯的开关 Switch with pilot light 带指示灯的单联单控开关	
1—297		带指示灯双联单控开关	
1—298		带指示灯的三联单控开关	
1—299	 n	带指示灯的n联单控开关，$n>3$	
1—300	 t	单极限时开关 Period limiting switch，single pole	
1—301		双极开关 Two pole switch	
1—302		多位单极开关 Multiposition single pole switch(例如用于不同照度)	
1—303	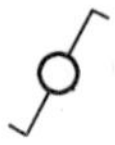	双控单极开关 Two-way single pole switch	
1—304	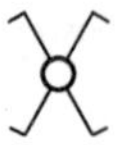	中间开关 Intermediate switch 等效电路图 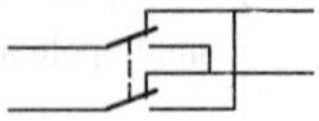	
1—305		调光器 Dimmer	

续表

序号	符号	说明	应用类别
1—306		单极拉线开关 Pull-cord single pole switch	用于位置文件
1—307		风机盘管三速开关	
1—308		按钮 Push-button	
1—309	★	根据需要"★"用下文字标注在图形符号旁边区别不同类型按钮： 2—两个按钮单元组成的按钮盒 3—三个按钮单元组成的按钮盒 EX—防爆型按钮 EN—密闭型按钮	
1—310		带有指示灯的按钮 Push-button with indicator lamp	
1—311		防止无意操作的按钮 Push-button protected against unintentional operation(例如借助于打碎玻璃罩进行保护)	
1—312	t	定时器 Timer(限时设备)	
1—313		定时开关 Time switch	

附表 10　图形符号一灯具

序号	符号	说明	应用类别
1—314		钥匙开关 Key-operated switch（看守人系统装置）	用于位置文件
1—315	★	灯，一般符号 如需要指出灯光源类型，见 09DX001 标准 29 页。如需要指出灯具种类，则在"★"位置标出数字或下列字母： W—壁灯　C—吸顶灯　ST—备用照明 R—筒灯　EN—密闭灯　SA—安全照明 EX—防爆灯　G—圆球灯　E—应急灯 P—吊灯　L—花灯 LL—局部照明灯	
1—316	E	应急疏散指示标志灯 Emergency exit indicating luminaires	

续表

序号	符号	说明	应用类别
1—317		应急疏散指示标志灯(向右) Emergency exit indicating luminaires(right)	用于位置文件
1—318		应急疏散指示标志灯(向左) Emergency exit indicating luminaires(left)	
1—319		应急疏散指示标志灯(向左、向右) Emergency exit indicating luminaires(left、right)	
1—320		专用电路上的应急照明灯 Emergency lighting luminaire on special circuit	
1—321		自带电源的应急照明灯 Self-contained emergency lighting luminaire	
1—322		光源，一般符号 Luminaire general symbol 荧光灯，一般符号 Fluorescent lamp, general symbol	
1—323		二管荧光灯	
1—324		多管荧光灯，表示三管荧光灯 Luminaire with many fluorescent tubes	
1—325		多管荧光灯，$n>3$ Luminaire with many fluorescent tubes	
1—326		如需要指出灯具种类，则在“★”位置标出下列字母： EN—密闭灯 EX—防爆灯	
1—327			
1—328		投光灯，一般符号 Projector，general symbol	
1—329		聚光灯 Spot light	

附表 11　图形符号—小型电气器件

序号	符号	说明	应用类别
1—338	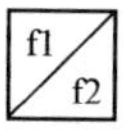 f1 f2	变频器，频率由 f1 变到 f2 Frequency converter，changing from f1 to f2 f1 和 f2 可用输入和输出频率数值代替	用于功能性文件
1—339	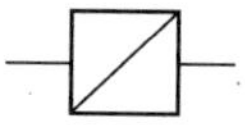	变频器，一般符号(能量转换器；信号转换器；测量用传感器；转发器) Converter，general symbol	用于功能性文件和位置文件
1—340	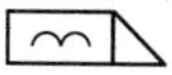	电锁 Electric lock	用于位置文件
1—341	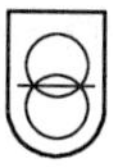	安全隔离高变压器 Safety isolating transformer	
1—342	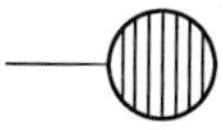	热水器 Water heater(符号表示带配线)	
1—343	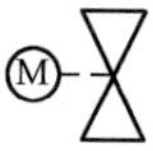 M	电动阀 Electrical valve	用于功能性文件
1—344	 M	电磁阀 Solenoid valve	
1—345		弹簧操动装置 Spring-operated device	
1—346		风扇；通风机 Fan	用于位置文件
1—347		水泵	用于功能性文件和位置文件
1—348	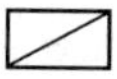	窗式空调器 Window air conditioner	
1—349	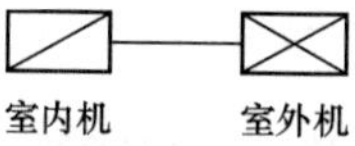 室内机　室外机	分体空调器	

续表

序号	符号	说明	应用类别
1—350		设备盒(箱) Equipment box “★”用下列字母表示设备盒(箱)的种类： QB—熔断器式隔离器、熔断器式隔离开关 QA—断路器箱、母线槽插接箱　XD—接线箱	用于功能性文件和位置文件
1—351 1—352	Q	带设备盒(箱)固定分支的直通段 Straight section with fixed tap-off with equipment box “★”应由合适的设备符号代替或省略	
1—353		带保护极插座固定分支的直通段 Straight section with fixed tap-off having having socket-outlet with protective contact	

附表 12　图形符号—线路标注

序号	符号	说明	应用类别
2—278	TP	电话传输线路	用于功能性文件和位置文件
2—279	TD	数据传输线路	
2—280	TV	电视线路(如：有线电视射频电缆)	
2—281	BC	广播线路	
2—282	WS	信号线路(如：弱电工程中的数字信号线缆)	
2—283	WG	控制线路(如：弱电工程中的模拟信号线缆)	
2—284	WF	数据总线	
2—285	V	视频线路(如：视频安防监控系统视频电缆)	
2—286	GCS	综合布线系统线路	
2—287	~	线路电源器件；表示交流型 Line power unit	
2—288		线路电源接入点 Power feeding injection point	
2—289	WH	光缆，一般符号	
2—290	WH a/b/c	光缆参数标注 a—光缆型号　b—光缆芯数　c—光缆长度	

附表 13　电气设备的标注方法

<table>
<tr><th>序号</th><th>标注方式</th><th>说明</th><th colspan="2">示例</th><th>备注</th></tr>
<tr><td>3—001</td><td>$\frac{a}{b}$</td><td>用电设备标注
a—设备编号或设备位号
b—额定功率
(kW 或 kV·A)</td><td colspan="2">$\frac{\text{M01}}{\text{37 kW}}$　M01 为电动机的设备编号
37 kW 为电动机的容量</td><td>—</td></tr>
<tr><td>3—002</td><td>—a+b/c</td><td>系统图电气箱(柜、屏)标注
a—设备种类代号
b—设备安装位置的位置代号
c—设备型号</td><td colspan="2">—AP01+B1/XL21—15
表示动力配电箱种类代号为—AP01，位于地下一层—AL11+F1/LB101
表示照明配电箱的种类代号为—AL11，位于地上一层</td><td>前缀“—”在不会引起混淆时可取消</td></tr>
<tr><td>3—003</td><td>—a</td><td>平面图电气箱(柜、屏)标注
a—设备种类代号</td><td colspan="2">—AP1 表示动力配电箱种类代号，在不会引起混淆时，可取消前缀“—”即用 AP1 表示</td><td rowspan="4">—</td></tr>
<tr><td>3—004</td><td>a b/c d</td><td>照明、安全、控制变压器标注
a—设备种类代号
b/c—一次电压/二次电压
d—额定容量</td><td colspan="2">TA1 220/36 V 500VA
照明变压器 TA1 变比 220/36 V 容量 500 VA</td></tr>
<tr><td rowspan="2">3—005</td><td rowspan="2">$a-b\frac{c\times d\times L}{e}f$</td><td rowspan="2">照明灯具标注
a—灯数
b—型号或编号(无则省略)
c—每盏照明灯具的灯泡数
d—灯泡安装容量
e—灯泡安装调试(m)，“—”表示吸顶安装
f—安装方式
L—光源种类</td><td>管型荧光灯的标注方式</td><td>紧凑型荧光灯(节能灯)的标注方式</td></tr>
<tr><td>5-FAC41286P $\frac{2\times 36}{3.5}$
CS5 盏 FAC41286P 型灯具，灯管为双管 36 W 荧光灯，灯具链吊安装，安装调试距地 3.5 m。(管型荧光灯标注中光源种类 L 呆以省略)</td><td>6-YAC70542 $\frac{14\times \text{FL}}{—}$
6 盏 YAC70542 型灯具，灯具为单管 14 W 紧凑型荧光灯，灯具吸顶安装。(灯具吸顶安装时，安装方式 f 可以省略)</td></tr>
<tr><td>3—006</td><td>$\frac{a\times b}{c}$</td><td>电缆桥架标注
a—电缆桥架宽度(mm)
b—电缆桥架高度(mm)
c—电缆桥架安装高度(m)</td><td colspan="2">$\frac{600\times 150}{3.5}$　电缆桥架宽度 600 mm
电缆桥架高度 150 mm
电缆桥架安装高度距地 3.5 m</td></tr>
</table>

续表

序号	标注方式	说明	示例	备注
3—007	a b—c(d×e+f×g)i—jh	线路的标注 a—线缆编号 b—型号(不需要可省略) c—线缆根数 d—电缆线芯数 e—线芯截面(mm^2) f—PE、N 线芯数 g—线芯截面(mm^2) i—线路敷设方式 j—线路敷设部位 h—线路敷设安装高度(m) 上述字母无内容则省略该部分	WP201 YJV—0.6/1 kV—2(3×150+2×70) SC80—WS3.5 WP201 为电缆的编号 YJV—0.6/1 kV—2(3×150+2×70)为电缆的型号、规格，2 根电缆并联连接 SC80 表示电缆穿 *DN*80 的焊接钢管 WS3.5 表示沿墙面明敷，高度距地 3.5 m	—
3—008	a-b-c-d e-f	电缆与其他设施交叉点标注 a—保护管根数 b—保护管直径(mm) c—保护管长度(m) d—地面标高(m) e—保护管埋设深度(m) f—交叉点坐标	6-*DN*100-2.0 m-(-0.3 m) -1.0 m-(*x*=174.235，*y*=243.621) 电缆与设施交叉，交叉点坐标为(*x*=174.235，*y*=243.621)，埋设 6 根长 2.0 m *DN*100 焊接钢管，钢管埋设深度为−1.0 m(地面标高为−0.3 m)，上述字母根据需要可省略	
3—009	a-b(c×2×d)e-f	电话线路的标注 a—电话线缆编号 b—型号(不需要可省略) c—导线对数 d—导体直径(mm) e—敷设方式和管径(mm) f—敷设部位	W1—HYV(5×2×0.5)SC15—WS W1 为电话电缆回路编号 HYV(10×2×0.5)为电话电缆的型号、规格 敷设方式为穿 *DN*15 焊接钢管沿墙明敷 上述字母根据需要可省略	

附表 14　与特定导体相连接的设备端子和特定导体终端的标志

<table>
<tr><th rowspan="2">序号</th><th rowspan="2" colspan="2">特定导体</th><th colspan="2">字母数字符号</th></tr>
<tr><th>设备端子标志</th><th>导体和导体终端标识</th></tr>
<tr><td rowspan="4">3—062</td><td rowspan="4">交流导体</td><td>第 1 相</td><td>U</td><td>L_1</td></tr>
<tr><td>第 2 相</td><td>V</td><td>L_2</td></tr>
<tr><td>第 3 相</td><td>W</td><td>L_3</td></tr>
<tr><td>中性导体</td><td>N</td><td>N</td></tr>
<tr><td rowspan="3">3—063</td><td rowspan="3">直流导体</td><td>正极</td><td>＋或 C</td><td>L＋</td></tr>
<tr><td>正极</td><td>－或 D</td><td>L－</td></tr>
<tr><td>中间导体</td><td>M</td><td>M</td></tr>
<tr><td>3—064</td><td colspan="2">接地导体</td><td>E</td><td>E</td></tr>
<tr><td>3—065</td><td colspan="2">保护导体</td><td>PE</td><td>PE</td></tr>
<tr><td>3—066</td><td colspan="2">保护接地中性导体</td><td>PEN</td><td>PEN</td></tr>
<tr><td>3—067</td><td colspan="2">保护接地中间导体</td><td>PEM</td><td>PEM</td></tr>
<tr><td>3—068</td><td colspan="2">保护接地线导体</td><td>PEL</td><td>PEL</td></tr>
<tr><td>3—069</td><td colspan="2">功能接地线</td><td>FE</td><td>FE</td></tr>
<tr><td>3—070</td><td colspan="2">功能等电位连接线</td><td>FB</td><td>FB</td></tr>
</table>

附表 15 电气设备常用项目种类的字母代码

项目种类	设备、装置和元件名称	参照代号的字母代码	
		主类代码	含子类代码
两种或两种以上的用途或任务	35 kV 开关柜、MCC 柜	A	AH
	20 kV 开关柜、MCC 柜		AJ
	10 kV 开关柜、MCC 柜		AK
	6 kV 开关柜、MCC 柜		AL
	低压配电柜、MCC 柜		AN
	并联电容器屏（箱）		ACC
	直流配电柜（屏）		AD
	保护屏		AR
	电能计量柜		AM
	信号箱		AS
	电源自动切换箱（柜）		AT
	电力配电箱		AP
	应急电力配电箱		APE
	控制箱、操作箱		AC
	励磁屏（柜）		AE
	照明配电箱		AL
	应急照明配电箱		ALE
	电度表箱		AW

项目种类	设备、装置和元件名称	参照代号的字母代码	
		主类代码	含子类代码
两种或两种以上的用途或任务	建筑设备监控主机	A	—
	电信（弱电）主机		
把某一输入变量（物理性质、条件或事件）转换为供进一步处理的信号	热过载继电器	B	BB
	保护继电器		BB
	电流互感器		BE
	电压互感器		BE
	测量继电器		BE
	测量电阻（分流）		BE
	测量变送器		BE
	气表、水表		BF
	差压传感器		BF
	流量传感器		BF
	接近开关、位置开关		BG
	接近传感器		BG
	时钟、计时器		BK
	温度计、温度测量传感器		BM
	压力传感器		BP
	烟雾（感烟）探测器		BR

项目种类	设备、装置和元件名称	参照代号的字母代码	
		主类代码	含子类代码
把某一输入变量（物理性质、条件或事件）转换为供进一步处理的信号	感光（火焰）探测器	B	BR
	光电池		BR
	速度计、转速计		BS
	速度变换器		BS
	温度传感器、温度计		BT
	麦克风		BX
	视频摄像机		BX
	火灾探测器		
	气体探测器		—
	测量变换器		
	位置测量传感器		BQ
	液位测量传感器		BL
材料、能量或信号的存储	电容器	C	CA
	线圈		CB
	硬盘		CF
	存储器		CF
	磁带记录仪、磁带机		CF
	录像机		CF

续表

项目种类	设备、装置和元件名称	参照代号的字母代码	
		主类代码	含子类代码
提供辐射能或热能	白炽灯、荧光灯	E	EA
	紫外灯		EA
	电炉、电暖炉		EB
	电热、电热丝		EB
	灯、灯泡		—
	激光器		
直接防止（自动）能量流、信息流、人身或设备发生危险的或意外的情况，包括用于防护的系统和设备	发光设备		
	辐射器		
	热过载释放器	F	FD
	熔断器		FA
	微型断路器		FB
	安全帽		FC
	电涌保护器		FC
	避雷器		FE
	避雷针		FE
	保护阳极（阴极）		FR
	发电机	G	GA
	直流发电机		GA
启动能量流或材料流产生用作信息载体或参考源的信号，生产一种新能量、材料或产品	电动发电机组	G	GA
	柴油发电机组		GA
	蓄电池、干电池		GB
	燃料电池		GB
	太阳能电池		GC
	信号发生器		GF
	不间断电源		GU
处理（接收、加工和提供）信号或信息（用于保护目的的项目除外，见F类）	继电器	K	KF
	时间继电器		KF
	控制器（电、电子）		KF
	输入、输出模块		KF
	接收机		KF
	发射机		KF
	光耦器		KF
	控制器（光、声学）		KG
	阀门控制器		KH
	瞬时接触继电器		KA
	电流继电器		KC
处理（接收、加工和提供）信号或信息（用于保护目的的项目除外，见F类）	电压继电器	K	KV
	信号继电器		KS
	瓦斯保护继电器		KB
	压力继电器		KPR
提供用于驱动的机械能量（旋转或线性机械运动）	电动机	M	MA
	直线电动机		MA
	电磁驱动		MB
	励磁线圈		MB
	执行器		ML
	弹簧储能装置		ML
信息表述	打印机	P	PF
	录音机		PF
	电压表		PG
	电压表		PV
	告警灯、信号灯		PG
	监视器、显示器		PG
	LED（发光二极管）		PG
	铃、钟		PG

续表

项目种类	设备、装置和元件名称	参照代号的字母代码		项目种类	设备、装置和元件名称	参照代号的字母代码		项目种类	设备、装置和元件名称	参照代号的字母代码	
		主类代码	含子类代码			主类代码	含子类代码			主类代码	含子类代码
信息表述	铃、钟	P	PB	信息表述	红色信号灯	P	PGR		自耦降压起动器	Q	QTS
	计量表		PG		绿色信号灯		PGG		转子变阻式起动器		QRS
	电流表		PA		黄色信号灯		PGY	限制或稳定能量、信息或材料的运动或流动	电阻器、二极管	R	RA
	电度表		PJ		显示器		PC		电抗线圈		RA
	时钟、操作时间表		PT		温度计、液位计		PG		滤波器、均衡器		RF
	无功电度表		PJR	受控切换或改变能量流、信号流或材料流（对于控制电路中的开/关信号，见K类或S类）	断路器、接触器	Q	QA		电磁锁		RL
	最大需用量表		PM		接触器		QAC		限流器		RN
	有功功率表		PW		晶闸管、电动机起动器		QA		电感器		—
	功率因数表		PPF		隔离器、隔离开关		QB	把手动操作转变为进一步处理的特定信号	控制开关	S	SF
	无功电流表		PAR		熔断器式隔离器		QB		按钮开关		SF
	（脉冲）计数器		PC		熔断器式隔离开关		QB		多位开关（选择开关）		SAC
	记录仪器		PS		接地开关		QC		起动按钮		SF
	频率表		PF		旁路断路器		QD		停止按钮		SS
	相位表		PPA		电源转换开关		QCS		复位按钮		SR
	转速表		PT		剩余电流保护断路器		QR		试验按钮		ST
	同位指示器		PS		软起动器		QAS		电压表切换开关		SV
	无色信号灯		PG		综合起动器		QCS		电流表切换开关		SA
	白色信号灯		PGW		星-三角起动器		QSD		变频器、频率转换器	T	TA

续表

项目种类	设备、装置和元件名称	参照代号的字母代码 主类代码	含子类代码
保持能量性质不变的能量变换，已建立的信号保持信息内容不变的变换、材料形态或形状的变换	电力变压器	T	TA
	DC/DC转换器		TA
	整流器、AC/DC变换器		TB
	天线、放大器		TF
	调制器、解调器		TF
	隔离变压器		TF
	控制变压器		TC
	电流互感器		TA
	电压互感器		TV
	整流变压器		TR
	照明变压器		TL
	有载调压变压器		TLC
	自耦变压器		TT
保护物体在指定位置	支柱绝缘子	U	UB
	电缆桥架、托盘、梯架		UB
	线槽、瓷瓶		UB
	电信桥架、托盘		UG
	绝缘子		—
从一地到另一地导引或输送能量、信号、材料或产品	高压母线、母线槽	W	WA
	高压配电线缆		WB
	低压母线、母线槽		WC
	低压配电线缆		WD
	数据总线		WF
	控制电缆、测量电缆		WG
	光缆、光纤		WH
	信号线路		WS
	电力线路		WP
	照明线路		WL
	应急电力线路		WPE
	应急照明线路		WLE
	滑触线		WT
连接物	高压端子、接线盒	X	XB
	高压电缆头		XB
	低压端子、端子板		XD
	过路接线盒、接线端子箱		XD
	低压电缆头		XD
连接物	插座、插座箱	X	XD
	接地端子、屏蔽接地端子		XE
	信号分配器		XG
	信号插头连接器		XG
	（光学）信号连接		XH
	连接器		—
	插头		—

转换开关电器

转换开关名称	简称	符号来源
转换开关电器	TSE	GB/T 14048.11—2008
自动转换开关电器	ATSE	
遥控转换开关电器	RTSE	
手动转换开关电器	MTSE	

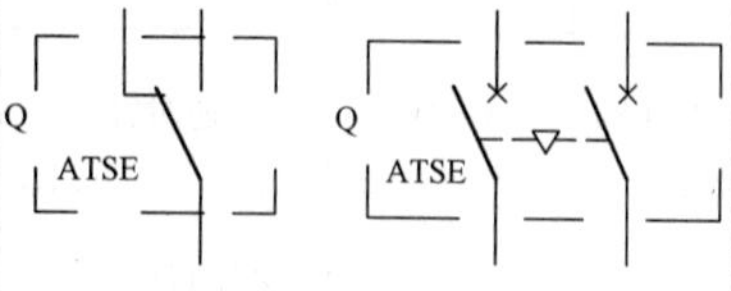

Q ATSE　　Q ATSE

转换开关表示方式

附表 16 常用辅助文字符号

序号	文字符号	文字名称	英文名称	序号	文字符号	中文名称	英文名称
3—071	A	电流	Current	3—090	D	延时、延迟	Delay
3—072	A	模拟	Analog	3—091	D	差动	Differential
3—073	AC	交流	Alternating current	3—092	D	数字	Digital
3—074	A、AUT	自动	Automatic	3—093	D	降	Down，Lower
3—075	ACC	加速	Accelerating	3—094	DC	直流	Direct current
3—076	ADD	附加	Add	3—095	DCD	解调	Demodulation
3—077	ADJ	可调	Adjustability	3—096	DEC	减	Decrease
3—078	AUX	辅助	Auxiliary	3—097	DP	调度	Dispatch
3—079	ASY	异步	Synchronizing	3—098	DR	方向	Direction
3—080	B、BRK	制动	Braking	3—099	DS	失步	Desynchronize
3—081	BC	广播	Broadcast	3—100	E	接地	Earthing
3—082	BK	黑	Black	3—101	EC	编码	Encode
3—083	BU	蓝	Blue	3—102	EM	紧急	Emergency
3—084	BW	向后	Backward	3—103	EMS	发射	Emission
3—085	C	控制	Control	3—104	EX	防爆	Explosion proof
3—086	CCW	逆时针	Counter clockwise	3—105	F	快速	Fast
3—087	CD	操作台(独立)	Control desk (independent)	3—106	FA	事故	Failure
3—088	CO	切换	Change over	3—107	FB	反馈	Feedback
3—089	CW	顺时针	Clockwise	3—108	FM	调频	Frequency modulation

序号	文字符号	文字名称	英文名称	序号	文字符号	中文名称	英文名称
3—109	FW	正、向前	Forward	3—128	M	中间线	Mid-wire
3—110	FX	固定	Fix	3—129	M、MAN	手动	Manual
3—111	G	气体	Gas	3—130	MAX	最大	Maximum
3—112	GN	绿	Green	3—131	MIN	最小	Minimum
3—113	H	高	High	3—132	MC	微波	Microwave
3—114	HH	最高(较高)	Highest(higher)	3—133	MD	调制	Modulation
3—115	HH	手孔	Handhole	3—134	MH	人孔(人井)	Manhole
3—116	HV	高压	High voltage	3—135	MN	监听	Monitoring
3—117	IB	仪表箱	Instrument box	3—136	MO	瞬间(时)	Moment
3—118	IN	输入	Input	3—137	MUX	多路复用的限定符号	Multiplex
3—119	INC	增	Increase	3—138	N	中性线	Neutral
3—120	IND	感应	Induction	3—139	NR	正常	Normal
3—121	L	左	Left	3—140	OFF	断开	Open，off
3—122	L	限制	Limiting	3—141	ON	闭合	Close，On
3—123	L	低	Low	3—142	OUT	输出	Output
3—124	LL	最低(较低)	Lowest(lower)	3—143	O/E	光电转换器	Optics/ Electric transducer
3—125	LA	闭锁	Latching	3—144	P	压力	Pressure
3—126	M	主	Main	3—145	P	保护	Protection
3—127	M	中	Medium	3—146	PB	保护箱	Protect box

续表

序号	文字符号	文字名称	英文名称	序号	文字符号	中文名称	英文名称
3—147	PE	保护接地	Protective earthing	3—166	SB	供电箱	Power supply box
3—148	PEN	保护接地与中性线共用	Protective earthing neutral	3—167	STE	步进	Stepping
3—149	PU	不接地保护	Protective unearthing	3—168	STP	停止	Stop
3—150	PL	脉冲	Pulse	3—169	SYN	同步	Synchronizing
3—151	PM	调相	Phase modulation	3—170	SY	整步	Synchronize
3—152	PO	并机	Parallel operation	3—171	S•P	设定点	Set-point
3—153	PR	参量	Parameter	3—172	T	温度	Temperature
3—154	R	记录	Recording	3—173	T	时间	Time
3—155	R	右	Right	3—174	T	力矩	Torque
3—156	R	反	Reverse	3—175	TE	无噪声(防干扰)接地	Noiseless earthing
3—157	RD	红	Red	3—176	TM	发送	Transmit
3—158	RES	备用	Reservation	3—177	U	升	Up
3—159	R、RST	复位	Reset	3—178	UPS	不间断电源	Uninterruptable power supplies
3—160	RTD	热电阻	Resistance temperature detector	3—179	V	真空	Vacuum
3—161	RUN	运转	RUN	3—180	V	速度	Velocity
3—162	S	信号	Signal	3—181	V	电压	Voltage
3—163	ST	起动	Start	3—182	VR	可变	Variable
3—164	S、SET	置位、定位	Setting	3—183	WH	白	White
3—165	SAT	饱和	Saturate	3—184	YE	黄	Yellow

附表 17　导体的颜色标识

名称	颜色标识	备注	颜色标识来源
导体(电缆或芯线、母线、电气设备或装置中的导体)			
交流系统 L_1 相	黄色(YE)	—	GB 50053
交流系统 L_2 相	绿色(GN)		
交流系统 L_3 相	红色(RD)		
中性导体 N	淡蓝色(BU)		GB 7947
保护导体 PE	绿/黄双色(GNYE)		
交流系统 PEN 导体	全长绿/黄双色，终端另用淡蓝色标志 全长淡蓝色，终端另用绿/黄双色标志	两种标识仅选一种	
直流系统的正极	棕色(BN)	—	
直流系统的负极	蓝色(BU)		
直流系统的接地中线	淡蓝色(BU)		

附表 18　常用图形符号新旧对比

序号	名称	作度符号	新符号	备注
4—001	应急照明线		WLE	————————虚线表示连接(机械连接；气动连接；液压连接；光学连接；功能连接；无线电连接)或屏蔽，见 09DX001 标准第 8 页符号 1—042、1—039。 —·—·—·——单点画线表示为物件外壳的边界线，见 09DX001 标准第 8 页符号 1—040。 导线、电缆、电线、传输通路、电信线路均采用实线表示，区别不同类型时，在实线上加标注，例如： WD(WP) 低压电力线路 TP 电话线路 WD(WL) 低压照明线路 TV 射频线路
4—002	控制线、测量线		WG	
4—003	接地线		E	
4—004	动力配电箱		AP	AH 35kV 开关柜、MCC 柜 AP 电力配电箱 XD 接线盒、接线箱 AK 10kV 开关柜、MCC 柜 APE 应急电力配电箱 XD 插座箱
4—005	照明配电箱		AL	AN 低压配电柜、MCC 柜 AC 控制箱、操作箱 QA 断路器箱 ACC 并联电容器屏(箱) AL 照明配电箱 AS 信号箱
4—006	事故照明配电箱		ALE	AD 直流配电柜(屏) ALE 应急照明配电箱 AM 电能计量柜 AR 保护屏 AT 电源自动切换箱(柜) AE 励磁屏(柜)
4—007	单相密闭带保护极的防水插座		1EN	(不带保护极的) (带保护极的) 1P—单相(电源)插座 1EX—单相防爆(电源)插座 3P—三相(电源)插座 3EX—三相防爆(电源)插座 1C—单相暗敷(电源)插座 1EN—单相密闭(电源)插座 3C—三相暗敷(电源)插座 3EN—三相密闭(电源)插座
4—008	暗装单相带保护极的电源插座		1C	
4—009	防爆单联单控开关		EX	为双极开关
4—010	双联单控开关			

附表 19　开关、触点符号的取向

编号	名称	符号（垂直）	符号（水平）
4—011	断路器		
4—012	隔离器	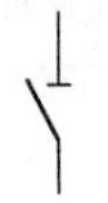	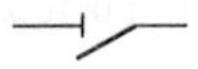
4—013	熔断器式隔离器		
4—014	熔断器式隔离开关		
4—015	动合（常开）触点		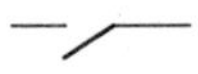
4—016	动断（常闭）触点		
4—017	延时闭合的动合触点		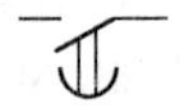
4—018	延时断开的动断触点		
4—019	接触器的主动合触点		
4—020	接触器的主动断触点		

注：

1. 开关、触点符号的取向原则：为了与设定的动作方向一致，当操作元器件时，水平连接线的触点，动作向上，垂直连接线的触点，动作向右。

见下图：

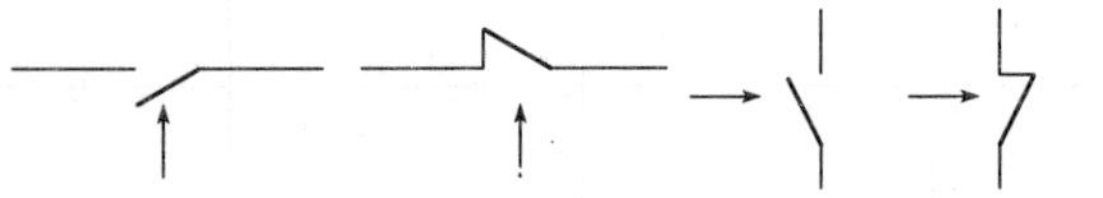

开关、触点符号的取向

（图中的箭头指明触点动作的设定方向，并不是符号的一部分）

2. 开关、触点符号的电源流动方向，水平连接为：由左往右；垂直连接线为：由上往下。

3. 开关在不同极数情况下符号是一致的，为了区分，必须标注开关规格，见下图：

□/1P　□/2P　□/3P　□/4P

单相单极断路器　单相双极断路器　三相三极断路器　三相四极断路器

4. 多回路电路的表示方法，见下图：

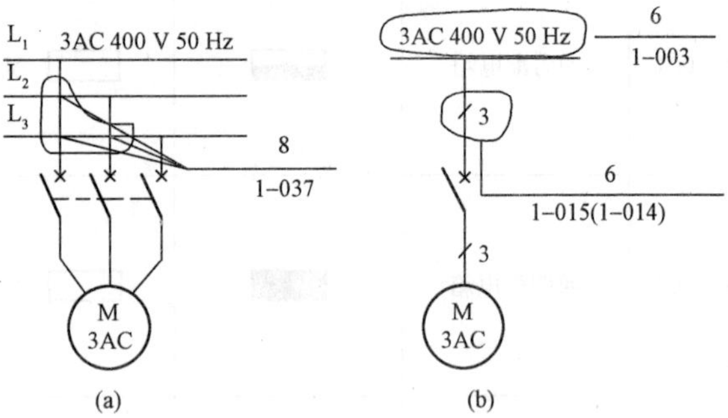

L_1 3AC 400 V 50 Hz　L_2　L_3　8　1-037　M 3AC

3AC 400 V 50 Hz　6　1-003　3　6　1-015(1-014)　3　M 3AC

(a)　(b)

多回路电路的示例

(a)多线表示；(b)单线表示

参考文献

[1] 杨光臣．建筑电气工程识图·工艺·预算[M].2版．北京：中国建筑工业出版社，2011.

[2] 何伟良，王佳，杨娜．建筑电气工程识图与实例[M]. 北京：机械工业出版社，2007.

[3] 周玲．建筑设备安装识图与施工工艺[M]. 西安：西安交通大学出版社，2012.

[4] 吴心伦．安装工程造价[M].7版．重庆：重庆大学出版社，2014.

[5] 刘钦．建筑安装工程预算[M]. 北京：机械工业出版社，2015.

[6] 侯志伟．建筑电气识图与工程实例[M]. 北京：中国电力出版社，2007.

[7] 江文，许慧中．供配电技术[M]. 北京：机械工业出版社，2011.

[8] 北京城建集团．建筑电气工程施工工艺标准[S]. 北京：中国计划出版社，2004.

[9] 全国电气信息结构 文件编制和图形符号标准化技术委员会，中国标准出版社第四编辑室．电气简图用图形符号国家标准汇编[S]. 北京：中国标准出版社，2009.

[10] 重庆市建设工程造价管理总站．重庆市安装工程计价定额 CQAZDE—2008[S]. 北京：中国建材工业出版社，2008.

[11] 中华人民共和国国家标准．GB 50300—2013 建筑工程施工质量验收统一标准[S]. 北京：中国建筑工业出版社，2014.

[12] 中华人民共和国国家标准．GB 50303—2015 建筑电气工程施工质量验收规范[S]. 北京：中国建筑工业出版社，2016.

[13] 中国建筑标准设计研究院．09DX001 建筑电气工程设计常用图形和文字符号国家建筑标准设计图集—电气专业[S]. 北京：中国计划出版社，2010.